U0023305

人力資源策略管理

李漢雄/著

序

本書主要撰寫目的，在於協助企業經理人、人力資源專業人員及大學院校研究生，瞭解人力資源管理之策略性意涵。本書內容，特別偏重在策略性人力資源管理與事業策略之間的關聯性，及強調人力資源策略如何協助高科技企業創造競爭優勢。

過去企業基於市場環境選擇其競爭策略，然後有人力資源策略的互補性規劃，著眼於配合事業策略調整其人力資源活動。最近管理學大師波特在台灣的演講指出：全世界包括台灣在內的企業，都只知道在營運上加強競爭力，而不知道加強策略上的競爭力。因此，未來的高科技產業必將摒棄過去被動的競爭策略，改採運用內部組織優勢進行主動出擊的競爭策略。

「人力資源」一向被認爲是企業內部組織優勢的來源之一。「人力資源策略」乃是透過人力資源對諸多企業所面臨之問題進行反應，以達成組織人力運用的目標，並維持或創造企業之持續競爭優勢的政策方針。本書從策略管理探討如何運用「一致性」與「符合」的概念，在策略性人力資源管理上與事業經營形成所謂策略夥伴關係；再從競爭策略列舉「彈性」、「聚焦」與「速度」等優勢手段，運用在人力資源策略上協助企業創造競爭優勢。

本書主要分爲三大部分：⑴人力資源管理的策略性議題，以及闡述人力資源策略與企業競爭優勢之相關性；⑵探討如何運用不同人力資源管理的各項功能，協助企業創造競爭優勢；⑶從組織變革與組織發展，說明人力資源經理人如何推動企業改造，以及從再造工程檢討人力資源部門如何進行角色移轉與功能轉換。

面對跨世紀人力資源管理的典範移轉，人力資源專業人員除了必須關注於如何創造管理價值外，還必須從策略面提升企業競爭優勢。本書延續過去學者在策略性人力資源與人力資源策略等領域的探索，以企業競爭優勢之維持及建立，作爲未來人力資源管理之主要訴求。除試圖提升人力資源管理在組織之主導地位外，這些論述對於後續研究將可提供相當專業之參考方向。

本書之完成除了感謝家人的體諒與支持外，中正大學勞工研究所師生的鼓勵與協助更是功不可沒。本書之出版，敬請各界賢達不吝賜教。

李漢雄

目 錄

1 人力資源管理的基本策略

□人力資源管理與企業策略
□人力資源管理的策略規劃
□企業願景、目標與人力資源策略
□人力資源策略的形成
□人力資源策略分析與檢視

人力資源管理與企業策略

策略（strategy）應用在管理學上認爲企業策略與產品市場相互關聯，企業策略爲引導企業改變組織結構的具體方針；策略是企業對於其目標及達到目標的政策與計畫。由內向外的策略管理，在這樣的競爭策略研究下，人力資源被看做是互補性資產的角色。每一個企業首先基於市場條件選擇其競爭策略，然後伴隨著策略性資產，像是人力資源就是配合事業策略，如今採取權變途徑的人力資源研究，皆是著眼於配合事業策略調整其人事活動。

從「理性」面來看策略性人力資源管理（SHRM），基本上是環境評估，長期策略主導下以投資組合概念去規劃人力資源活動。由於人力資源具有策略潛能，因此需要HRM扮演更動態的角色，視員工爲策略性資源及競爭優勢的主要來源，是達成企業成功的重要關鍵。從「人性」面來看，由於就業人口結構改變，員工需求及價值觀隨著社會、經濟、科技發展也呈現相當多元。就人際關係理論來看，員工的參與、認同與承諾也是人力資源管理另一關注的焦點。這也就是一般學者會把密西根模式（Michigan model）看成「硬的」（hard），把哈佛模式（Haward model）看成「軟的」（Tichy, Fombrun & Deranna, 1982; Beer & Spector, 1984）人力資源策略模式。前者強調量化、事業策略導向，理性的將人力資源視爲經濟因素；後者源自於人際關係學派，強調溝通、激勵與領導。

基本上企業組織之人力資源策略（human resource strategy）可

區分爲許多不同類別；Carroll（1991）將人力資源策略區分爲利用者（utilizer）、累積者（accumulator）及推動者（facilitator）。康乃爾大學的研究中心則將人力資源策略歸類爲吸引策略、投資策略及參與策略（何永福、楊國安，民82）。吳惠玲（民79）將台灣地區高科技公司人力資源管理型態分爲家長型（paternalism orientation）及功能型（functional orientation）兩種。儘管如此，大多數的學者在探討人力資源策略時都會針對外部環境、企業文化、事業策略、不同組織發展階段等提出人力資源管理的不同配合策略類型。尤其是事業策略和人力資源策略的整合與配合具有以下四項優點（Lengnick-Hall, 1988）：

1. 對組織面臨的複雜問題提供一範圍廣泛的解答。
2. 使組織的人力資源、財務及科技能力能在一既有目標的考量下相互配合。
3. 使組織能清楚評估自我實力，考量所需之組織成員。
4. 人力資源管理和組織策略之間的整合會使政策執行不致受限於既有的人力資源，亦不會忽略人力資源作爲競爭優勢來源的重要性。

基於人力資源必須落實公司的策略，Ulrich（1992）指出，策略必須與人力資源一致。因爲策略與人力資源合作可以達到三個優點：

1. 使公司執行的能力增加。
2. 能使公司適應變化的能力增加。
3. 因爲能產生「策略的一致性」，而使公司更能符合顧客需求與接受挑戰。策略的一致性通常存在下列三種狀況，當這三種一致性存在時，公司就更容易產生競爭優勢。

- 垂直的一致性：指公司從高層主管到新進人員的全體人員，都能有共識。
- 水平的一致性：指不同部門之間的員工共識。
- 外部的一致性：指公司外部的顧客或供應商與公司內部的員工有共識。

Ulrich（1992）並提出策略與人力資源管理制度的關係圖（如**圖1-1**），說明未來的人力資源制度與策略的連結才能創造顧客與員工的一致性，進而創造組織的競爭優勢。透過此一架構，可以有效的將顧客的期望經由策略的能力轉換成組織的能力，因此顧客與員工較能瞭解公司的運作過程而達到策略的一致性。

Miles和Snow（1984）在〈設計策略性人力資源系統〉一文中提及事業策略和人力資源策略之間的配合（如**表1-1**）。防禦者（defenders）專精於狹窄但較穩定的專一產品市場，因此強調建立自己的人力資源。探勘者（prospectors）不斷地找尋新的商機，因

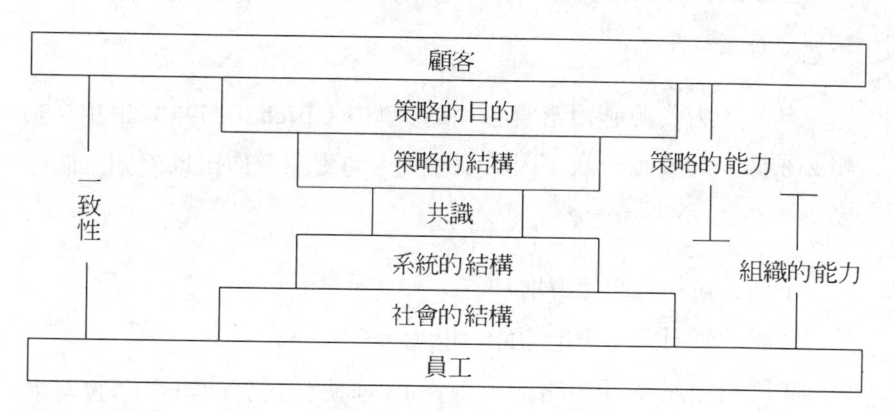

圖1-1　策略與人力資源管理制度之關係圖

資料來源：Ulrich（1992：50）

表1-1　Miles & Snow之事業策略與人力資源管理策略配合

HRMS	防禦者	探勘者	分析者
基本策略	建立人力資源	取得人力資源	配置人力資源
招募、甄選、安置	・強調「做」 ・基層以上較少招募 ・以「排除不試用」爲甄選員工基礎	・強調「買」 ・各層級的招募均甚複雜 ・甄選項目包括任用前心理測驗	・強調「做和買」 ・混合式招募和甄選方式
人員規劃、T&D	・訓練內容正式、廣泛 ・技術的建立 ・廣泛訓練計畫	・訓練內容非正式、有限 ・技術認定和採用 ・有限的訓練計畫	・訓練內容正式、廣泛 ・技術建立和採用 ・廣泛的訓練計畫 ・有限的外部任用
績效評估	・過程導向 ・對訓練需求有認知 ・個人／團體績效評估 ・長時間比較評估	・結果導向 ・對任用需求有認知 ・部門／公司績效評估 ・跨領域（如其他公司）的評估	・幾乎是過程導向 ・對訓練和任用需求有認知 ・個人／團體／部門績效評估 ・大部分是長期評估，有些跨領域的比較
薪資	・以公司位階爲導向 ・內部一致性 ・總薪資傾向於現金，同時注重上司／下屬的差異	・以績效爲導向 ・薪資具外部競爭性 ・總薪資重視獎金同時配合任用需要	・大多是以位階導向，少部分以績效爲考量 ・內部一致性和外部競爭性 ・現金和獎金

資料來源：Raymond E. Miles & Charles C. Snow, "Designing Strategic Human Resources System", *Organizational Dynamics*, 1984, p.40.

此強調如何取得人力資源，分析者（analyzers）則重視人力資源的配置，其措施介於防禦者和探勘者之間。

Bird & Beechler（1994）則將Miles和Snow之事業策略構面與人力資源管理構面加以配合，得到以下結論：

■防禦者／累積者策略

組織採行防禦者策略是限制其新機會，而集中注意力在增加組織效能，內部採中央集權控制、制式化程度高和高度發展的控制系統；而以累積者爲人力資源管理策略，則是以建立最大參與、高度執行技術爲基礎。累積者策略由於緩慢的發展人力資源需求，和集中在提供漸進式的技術發展的防禦者策略十分吻合。

■分析者／幫助者策略

所謂分析者，代表了組織一方面追求現有市場的穩定，另一方面也尋求產品市場的改變，這種公司在改變和穩定上同樣重視效能，而在人力資源上，不論是靜態或動態，其要求均十分相仿。由於分析者對新市場的追求，幫助者的人力資源管理策略能夠提供僱用外部勞動市場、同時發展內部員工以配合分析者維持現有產品線的企圖。

■探勘者／利用者策略

探勘者採行的是以持續尋找新市場、在廣大的產品市場區隔中不斷改革競爭的策略，由於環境的反覆無常，探勘者期望在人力資源管理上採行利用者策略，尋求適當、立即可用的人才以滿足不斷改變下的需求，在這種情況之下，當試圖達到高技術效能時，員工承諾就不被重視了。

Gomez-Mejia（1995）也將Miles和Snow之組織事業策略與人力資源策略之關係加以整理，其結果如**表1-2**說明。

唐郁靖（民85）在其論文研究中亦曾在Porter的競爭策略分類下，就事業策略以及人力資源策略的關係加以整理，研究發現如**表1-3**說明。

張耀仁（1996）在其論文研究中將人力資源管理制度與經營策略連結之相關文獻整理，結果如**表1-4**說明。

總之，從過去的文獻研究中不難發現，企業組織要能有效運作，除了人力資源管理策略必須與組織策略整合外，其人力資源管理系統亦需要與組織文化、組織結構、組織環境及組織發展階段等相互配合，才能夠達到綜效。甚至事業策略與人力資源策略的不同組合型態，企業文化與人力資源管理策略的不同配合型態等，均會分別影響組織之經營績效及員工士氣績效（楊雅媛，民86）。

個案介紹

企業組織會因應不同競爭策略而採用不同人力資源管理策略；以下將針對創新、品質提升、降低成本等不同事業策略，提出個案公司相對應之人力資源管理策略（Schuler & Jackson, 1987, pp.213-215）。

◎創新策略

追求創新策略，在工作設計上重視協調，績效考核反映長期和團體成果，允許員工發展多樣技能，薪資系統強調內部公平，有入股辦法及提供員工寬廣的生涯途徑。

表1-2　事業策略與人力資源管理策略之配合

策略性人力資源領域	防禦者策略	探勘者策略
工作流程	・有效率的生產 ・強調控制 ・完整的工作說明 ・詳盡的工作計畫	・改革 ・彈性 ・工作類別廣泛 ・鬆散的工作規劃
任用	・內部招募 ・人力資源部門做甄選的決策 ・強調技術和技能的資格 ・正式任用和社會化過程	・外部任用 ・部門主管做甄選的決策 ・強調員工和組織文化的配合 ・新進員工非正式任用和社會化過程
員工離職	・提供自願離職的誘因 ・凍結人事僱用 ・持續關心離職員工 ・重新再僱用的優惠政策	・暫時解僱 ・需要時再僱用 ・離職員工各走各的 ・對暫時解僱的員工沒有特別待遇
績效評估	・統一評估流程 ・利用評估作爲控制方法 ・評估範圍狹窄 ・高度依賴上司評估	・特定的評估程序 ・將績效評估視爲員工發展工具 ・多目標評估 ・從多方面的投入進行評估
訓練	・個別訓練 ・在職訓練 ・針對特定工作的訓練 ・內部培養所需技能	・以團隊爲基礎或跨功能訓練 ・外部訓練 ・一般訓練強調彈性 ・自外部購買技能
薪資	・固定薪資 ・以工作爲基礎的薪資 ・以年資爲基礎的薪資 ・集權的薪資決策	・變動薪資 ・以個人爲基礎的薪資 ・以績效爲基礎的薪資 ・分權化的薪資決策

資料來源：Gomez-Mejia, Luis R., *Managing Human Resources*, 1995, p.59.

表1-3　事業策略與人力資源管理策略之配合

事業策略	成本領導策略（價格競爭）	差異化策略（創新性產品）	集中策略（高品質產品）
人力資源策略	吸引策略	投資策略	參與策略
人力資源管理作業			
工作流程：			
・效率或創新	・有效率的生產	・創新	・強調效率與創新
・控制程度	・強調控制	・彈性	・強調控制與彈性
・工作說明	・明確的工作說明書	・工作類別廣泛	・結合二者
・工作規劃	・詳盡的工作規劃	・鬆散的工作規劃	・結合二者
招聘：			
・員工來源	・外在勞動市場	・內在勞動市場	・兩者兼用
・晉升梯階	・狹窄、不易轉換	・廣泛、靈活	・狹窄、不易轉換
・甄選決策	・由人力資源部門負責甄選的決策	・由部門主管負責甄選的決策	・結合二者
・所強調的甄選標準	・強調技能	・強調應徵者與組織文化的契合	・結合二者
・僱用與社會化過程	・正式的僱用和社會化過程	・非正式的僱用和社會化過程	・結合二者
績效評估：			
・時間性觀念	・短	・長	・短
・行爲／結果導向	・結果導向	・行爲與結果	・結果導向
・個人／小組導向	・個人導向	・小組導向	・結合二者
・評估程序	・一致的評估程序	・特製的評估程序	・結合二者
・評估之用途	・利用績效評估作爲控制方法	・利用績效評估作爲員工發展之工具	・結合二者
・評估範圍	・評估範圍狹窄	・多重目的之評估	・結合二者
・評估者	・高度依賴上司評估	・從多方面的投入進行評估	・結合二者

（續）表1-3　事業策略與人力資源管理策略之配合

事業策略	成本領導策略（價格競爭）	差異化策略（創新性產品）	集中策略（高品質產品）
人力資源策略	吸引策略	投資策略	參與策略
培訓： ・內容	・應用範圍局限的知識和技巧	・應用範圍廣泛的知識	・應用範圍適中的知識和技巧
・個人或團隊爲基礎	・個人訓練	・以團隊爲基礎或跨功能的訓練	・結合二者
・在職或外部訓練	・在職訓練	・外部訓練	・二者皆採用
・自行培養或購買所需技能	・公司自己「培養」所需技能	・自公司外部「購買」技能	・二者皆採用
薪酬： ・公平原則	・對外公平	・對內公平	・對內公平
・基本薪酬	・低	・高	・中
・歸屬感	・低	・高	・高
・僱用保障	・低	・高	・高
・固定或變動薪資	・固定薪資	・變動薪資	・結合二者
・薪資計算基礎	・強調以工作或年資爲基礎的計薪方式	・強調以個人能力或績效爲基礎的計薪方式	・結合二者
・集權或分權	・中央集權的薪資	・分權的薪資決策	・結合二者

資料來源：唐郁靖，〈台灣地區中、美、日企業人力資源管理策略之研究〉，中央大學人力資源管理研究所未出版碩士論文，民85年。

表1-4　人力資源管理制度與經營策略連結之研究

研究型態	研究者	研究內容
特定的人力資源管理制度與策略連結	Wright（1974）	・提出「策略與管理者的一致性」的研究方法
	Hofer and Davoust（1977） Leontiades（1982） Wissema et al.（1982）	・資深管理者的特質必須能夠反應配合不同的工作所需的知識、技術、態度與見解
	De Vanna, Fombrun and Tichy（1981） Tichy, Fombrun and De Vanna（1982）	・歸納出人力資源的活動受企業使命與策略、外部限制所驅使與影響 ・不同的策略必須配合特定的人力資源管理制度 ・主張三種策略性選擇：(1)設計一個跨越組織整體的篩選與晉升系統，以支持組織的使命；(2)創造人員內部的流動以正確執行公司的策略；(3)關鍵管理者與策略的一致性
	Migliore（1982） Lawler（1986） Milkovich（1986）	・討論績效評估、薪資制度與公司策略的關係
	Hall（1986） Odiorne（1988）	・討論訓練、發展、生涯規劃與長期企業目標的連結
	Mahler and Drotter（1986）	・系統性的繼承者規劃可以影響組織目標的成功性
	McLaughlin（1983）	・員工與公司間、員工與工作間的配合也是高績效因素 ・個別的工作單位與策略本身有特定的人力資源管理制度 ・主張要有更多的心理學與社會學的研究來說明有效的人力資源管理制度
	Gupta（1984,1986）	・對於管理者必須與策略符合提出正反面的看法 ・管理者與策略的符合之限制所在：(1)需要策略的彈性；(2)需要管理發展；(3)動機性問題；(4)缺乏管理上的慎重
	Ulrich（1991）	・利用Porter（1985）的國家競爭力模型來說明人力資源的重要性 ・用Porter（1981）所提出的低成本與差異化來說明公司的人力資源管理制度應該如何配合

（續）表1-4　人力資源管理制度與經營策略連結之研究

研究型態	研究者	研究內容
人力資源規劃與策略規劃	Niniger（1982）	・經由人力資源規劃與策略規劃的連結來增進組織的有效性 ・人力資源規劃與策略規劃之間的連結最重要的原則 ・利用加拿大的一家公司實證指出人力資源規劃應與策略規劃同時進行
	Balard et al.（1983）	・人力資源規劃是受策略性商業規劃所驅使 ・與其他傳統的模型的不同在於：(1)文化是一個很明顯的資源投入；(2)資訊必須遍及整體組織才能發展並執行策略；(3)人力資源是重要的資產因爲它負責完成計畫；(4)發展一個人力資源策略是一個互動的過程，無法強求或假借他人之手；(5)參與整體組織營運是連結人力資源規劃與公司策略規劃成功的不二法門
	Mikovich et al.（1983）	・確定人力資源規劃與完成策略的四個步驟：(1)人力資源規劃與事業策略規劃連結；(2)分析內部與外部環境；(3)確定並考慮人力資源計畫；(4)評估結果
	Dyer（1986）	・將人力資源規劃的方法分成二群：(1)聚焦式（強調僱用、短期的規劃程序、目的在於組成一個有限的員工團體）；(2)理解式（多重活動、長期、整體組織的考慮） ・理解式人力資源規劃優先於競爭策略的建立
	Golden and Ramajujam（1985）	・人力資源規劃與策略連結的四種形式：(1)監督式：很少連結，人力資源只負責傳統的行政工作；(2)單通路式：策略規劃領導人力資源規劃（或相反）；(3)互惠與相依式：雙方同時進行；(4)整合式：二者以互動關係式同時進行

（續）表1-4　人力資源管理制度與經營策略連結之研究

研究型態	研究者	研究內容
概念式的模型以將人力資源管理與策略連結	Galbraith and Nathanson（1978） Galbraith and Kazanjian（1986）	·發展一個策略執行的模型以確定在執行的過程中特定的人力資源管理制度應該扮演的角色 ·績效考核、薪資生涯發展、領導風格與策略、結構配合 ·如何使上述的關係配合，甚至人力資源管理制度應做如何的修正
	Miles and Snow（1978, 1984）	·將組織形式分成四種：探勘者、分析者、防衛者與反應者 ·人力資源管理制度與特定的策略配合：防禦者、探勘者、分析者策略的人力資源作業不同
	Fombrun, Tichy and De Vanna（1984）	·人力資源是達成組織目標的工具，Anthony所建立的管理三種層次（策略、管理、作業）來說明人力資源管理制度如何從甄選、考核、薪資、訓練與發展四方面來達成組織目標 ·用績效來衡量個人或組織層次的有效性，結果發現人力資源系統與績效的相關並不大
	Odiorne（1985）	·模仿經濟理論而將人力資本轉換成產生「租」的資產 ·發展人力資本四方格：明星、金牛、問號、苟延殘喘的事業
	deBejar and Milkovich（1985）	·事業單位與人力資源策略必須配合 ·事業單位策略是人力資源策略的基礎 ·人力資源策略的組成可分成四種：地區性、資源配置、綜效、競爭策略
	Beer et al.（1985）	·人力資源如何發展、配置、激勵與控制才能增進外部與內部策略一致性 ·總經理必須確定競爭策略、人力資源策略與其他政策相配合 ·人力資源策略部門的使命就是要設立政策以監督人員活動的發展與執行 ·將員工影響、管理人力資源的流量、薪資系統與工作系統整合成一個架構 ·將人力資源管理定義爲：發展組織的各方面以鼓勵人們並引導管理性行爲

（續）表1-4　人力資源管理制度與經營策略連結之研究

研究型態	研究者	研究內容
	Guest（1987）	·人力資源管理與策略配合必須達到下列四個目標：整合、員工承諾、彈性與適應、品質 ·每一個目的所配合的架構以提供政策上的觀點
	Schuler and Jackson（1987）	·人力資源管理必須配合公司的三個策略：低成本、高品質、創新 ·將行爲分成八個向度，並配合人力資源六大制度（規劃、僱用、評估、薪資、訓練）的實施以形成競爭優勢 ·每一個策略所應配合的行爲與制度不同，同一個公司通常有兩種策略以上
	Baird and Meshoulam（1988）	·人力資源管理與策略必須是內外配合的（內部指的是：人力資源管理的組成與支援；外部指的是人力資源管理與公司生命週期的配合） ·將人力資源發展分爲五個階段與六個策略因素，並因此形成人力資源管理的30方格，以發展人力資源成爲策略執行的助手 ·人力資源管理必須達成內外配合才能發揮效用
	Lengnick-Hall and Lengnick-Hall（1988）	·將策略性人力資源管理分成成長與準備性方格而形成四種模式：擴張、發展、生產性、改方向 ·成長指的是達成公司的目標，準備性指的是人力資源是否已具備執行策略的可行性 ·方格之內的移動是因爲人力資源與環境互動與限制的程度不同所致

資料來源：張耀仁（1996：pp.26-28）

◎品質提升策略

在推動品質提升的同時，在人力資源系統下有較固定的工作說明，主張員工參與，績效考核兼顧個人與團隊但採短期、結果導向方式，較重視員工平等待遇及僱用保障，強調廣泛持續的教育訓練。

◎降低成本策略

在推動降低成本策略時會採用較固定的工作說明，狹窄的工作生涯發展空間以鼓勵專業、效率化，重視短期成果，緊密監看市場薪資水準，較少的員工訓練發展，管理當局爲了追求效益會緊密監控員工行爲活動。

人力資源管理的策略規劃

人力資源策略代表著企業長期對組織的人力資源給予管理、控制、監測，藉以協助創造附加價值，達成組織任務目標。但是人力資源策略要能成功，必須基於以下前提：

1. 高階主管的經營理念、價值觀得到全體員工的認同。
2. 人力資源策略的運作必須依賴那些眞正在工作場所有影響力的人。
3. 人力資源策略必須與企業策略一致，以符合企業要求。
4. 人力資源策略要能協助維持一適度的組織文化。

5. 人力資源管理中各個功能面之間的衝突與矛盾必須予以消除。

人力資源策略的規劃與執行由於牽涉範圍及部門相當廣，因此策略展開的層級方式需要加以討論。首先，人力資源的任務或政策要從企業經營理念或組織願景展開得來；在經營理念上要視員工爲生存發展的成功關鍵，從願景而來要能激發員工引導員工的行爲和績效。這種政策或任務要能眞正抓住員工的心，反映組織哲學，支持企業目標，並清楚說明期待的員工績效與行爲。其次，組織的文化與結構也必須與人力資源的任務與政策一致，甚至會去影響改造員工的態度行爲。最後，人力資源策略的目標必須與組織中每一個層級之目標結合，激發員工對組織目標與文化的高度認同，招募並發展高品質員工，在功能和組織結構上保持彈性以提升創新力。

人力資源策略要能有效協助達到企業目標，必須有內外符合(fit)、軟硬兼施、鬆緊適中的策略規劃方式。所謂外部符合意指人力資源策略必須能配合外部環境的變化因應調整；內部符合則包括各個功能水平整合及政策實務上下的一致性。硬的人力資源策略則是透過管理控制手段，去降低成本提升生產力及效率；軟的一面則在透過溝通、激勵與領導去增進員工對組織的認同。至於鬆的係指將過去一部分人力資源部門從事的工作經由分權逐漸交付給直線主管去執行；而整個公司的重要政策、策略與控制機制則由中央緊緊掌握。

人力資源管理的層級到底要放在那裡？根據文獻研究資料的統計，已經有越來越多的企業認爲人力資源管理應扮演更前瞻性的角色，人力資源規劃應併入企業策略規劃中的一部分，甚至於應藉由人力資源的優劣勢分析來影響策略方向的規劃，因此大多數人建議人力資源策略的層級應置於「董事會」，人力資源的最高主管應是董事會的成員之一。此外，策略性人力資源管理應具有事業導向(business-led) 的功能，組織中各個不同階層的主管應同時承擔人力資源的管理工作，將人力資源視爲策略夥伴，朝向創造、維繫競爭優勢而努力。總之，人力資源策略應該被定位在公司階層(corporate level)，而策略性人力資源管理應該在事業部層級(business level)。

個案討論

企業組織在面對競爭壓力時會推出一連串的變革策略，修正人力資源策略，形成新的勞資關係。「莫太」化學公司一向重視品質和科技管理系統，強調團隊合作、員工參與、公開公平及內部訓練。但是，在80年代早期，公司面臨關廠、生產合理化、組織再造的壓力。於是，公司開始推動「轉型」計畫，試圖透過降低成本，成立新單位，改造組織結構等達成目的。但是到最後才發現人的因素才是關鍵，透過組織文化變革，發展自我激勵、較佳技能的員工才能創造競爭優勢。

總裁於是宣示文化變革的決心，試圖去改變員工做事的方式。首先由主管和工會代表組成「推動」團隊，藉由參與討論進行溝通。接著透過企業使命的展開說明，強調品質、客戶滿意、成本控制及人力資源的重要性，並且強化員工問題的解決能力、團隊運作等訓練，希望藉由授權賦能去改造員工工作方式。

經過這樣的改造之後，中階主管對這種「軟性管理」頗有微詞，工會也覺得如果員工喜歡這種工作方式，工會的角色將何去何從？至於員工則認爲參與、溝通已有改善，但是做得更辛苦卻看不到升遷機會。換言之，整個改造計畫要能成功，人力資源管理策略必須採取整合方式將這些問題通盤解決。

企業願景、目標與人力資源策略

今日的主管是否需要有能力設定未來的願景（vision），成為企業頻頻討論的話題與重心，提起vision這個字是很難捉摸、充滿神秘感的，讓你不得不去想像未來的願景。

尤其現在的企業環境裡，主管應肩負領導變革，致使這項願景規劃技能顯得格外重要。因為現在的企業環境充滿複雜與不安定，快速的改變使得我們不能再憑著過去的經驗行事。為了在市場競爭中獲勝、占優勢，主管必須把他們的視野放遠，企業眞正需要的是一股拉力，是一種半想像半強迫地將人們的能量釋放集中在某一項理念中，就是我們所說的「願景」。

一、願景是變革催化劑

對企業組織而言，「願景」是一帖邁向變革的催化劑，它不只是提供方向，同時可以將官僚式的組織結構轉變成整合的、彈性的網路組織，相關的改變方式，譬如：

1.整合不同的員工及不同的工作型態，一起將重點集中於追求變革。

2. 描繪一幅生動的畫面，讓員工對現況與未來產生聯想，並由進度的跟催中得到比對。
3. 激發員工對企業未來的認同，這股自我激勵的原動力要比由主管驅動來得有效。
4. 經由想像及情緒上的誘導，「願景」可以成爲工作生活上的一部分，維繫同仁的向心力，即使面臨再困難的難關也要達成目標。
5. 它表示一種決心，清楚的說明願景才會使我們員工的努力與願景朝向一致。

也許主管們會進一步追問「願景」到底與任務、目的、目標或計畫有何不同。基本上，「願景」是創新與理想所組合而成的，象徵著樂觀與希望。目標是預測未來，通常是根據我們過去的作爲，規劃出我們期待未來所能達到的境界。「願景」不啻是過去到未來的延續，也攸關未來可能的變化；他的存在不外對過去的挑戰，價值的蛻變，思考邏輯重新調整等，促使組織持續成長。至於願景可能很大，大到像目前流行的國際觀、全球觀引導我們前進。願景也可以「很小」，單純只爲追求新的事物，例如，產品、系統、服務或方法等。無論如何，願景所釋放、含括的魅力絕對跟我們過去所想、所做的不一樣。

到底「願景」聽起來像什麼？美國黑人解放領袖馬丁・路得曾生動的描繪此一景象：白人與黑人的小孩手拉手走在一起，農奴的小孩與農莊主人的小孩坐在一起情如手足，這種刻骨銘心的景象使人們願意有所行動。一個公司的願景也一樣，端視能否激發員工的潛能與心靈朝理想努力。我們不妨也瞭解一下一些知名公司的願景何在。

1. 員工較重視他們的工作空間，設施部門的工作在提供美麗、清潔、多功能、熱情的環境，贏得喝采，卓越的服務。標誌是一個熱氣球。
2. 一個花店的願景是：我們不賣花，我們賣的是美麗。
3. 蘋果電腦的願景是：我們代表的是創新，是希望、自由和歡樂；將電腦帶給人們分享歡樂，讓人類的心靈分享蘋果電腦的愛。
4. 有一個玩具公司的願景是：幫助小孩藉由自我價值觀的發揚而成長，讓世界變得更完美，讓小孩長大成人。

如馬丁路德的社會觀，美國全錄致力成為一個全面追求品質的公司（total quality company），他們的願景可描述為：

1. 創造一種使得每一個人為持續的品質改善活動而努力的企業文化。
2. 為滿足客戶需求作永無休止的貢獻。
3. 管理型態及工作環境維持高度效率與紀律，由團隊合作的工作方式讓每一個人發揮最大的潛能。

二、夢想實現需要時間與共識

值得一提的是，創造「次」願景（sub-vision）正是每一個主管的責任。首先他必須掌握內外環境，保持靈敏、機警以應付變革；他需要具備直覺、主動和透視力；同時擁有好奇心、想像力並配合冒險，大致說來，主管在發展「次」願景有三個主要步驟：⑴「想要境界」的形成；⑵描述你達到「想要境界」所看到和感覺到的事物；(3)將「次」願景與其他人溝通並激發他們建立共識。

■步驟一：「想要境界」的形成

相信你自己的直覺。由於對未來的不確定，你需要更具創意的思考方法，例如，怎樣做最好？什麼樣的工作滿足感最高？什麼是工作中最重要的？我們有那些資源可以整合？什麼是我們的利基？品質改善的機會點在那裡？

■步驟二：描述你達到「想要境界」所看到和感覺到的事物

發揮你的想像力，回想一下在KTV放鬆一下的鏡頭，或者幻想一下你安排的旅行活動，將這些想像力應用到組織上，把眼界著眼在未來即將發生的事物上，同時將未來幾年內預期達成的境界描述出來，你可以透過以下這些問題的答案找到所想到的境界：

1.提供什麼樣的產品和服務給客戶？
2.未來的工作環境看起來像什麼樣子？
3.什麼樣的工作流程可以彰顯環境的特徵？
4.組織將如何構成？
5.什麼樣的人擔當重要角色？
6.什麼樣的人會受到獎勵？爲什麼？
7.組織提供什麼樣的機會給員工？

描述願景的階段，需要保持開放性，又有創意；只要你發展出一個願景，先試試它在你內心產生激勵與滿足的程度；它是不是能讓你眞正開心、全神貫注，持久且帶有情感性。再試試其他人的反應是否眞正被感動？大家能否同意那是正確方向？

■步驟三：將「次」願景與其他人溝通並激發他們建立共識

假如願景本身扮演著拉力的作用，那麼它必須與其他人分享。換句話說，藉著有力的激勵領導將部屬整合起來，下面就是你應該採取的辦法：

1.強而有力的說服技巧。

2.反映出共同的價值觀。

3.表達希望與樂觀。

4.使用不同的表達方式來激發情感。

據研究統計顯示，領導者如果清楚地將願景表達出來，他的組織則有較高的工作滿足、共識、忠誠及生產力。

綜觀而言，願景絕不是幻影，而是一種可能的夢想！但它絕對需要時間和努力去取得共識；它必須是活潑的、有感情的，也可以分享的。願景儼然成爲啓動變革的始點，一旦掌握方向與目的地，你就可以開始著手規劃了。

一個企業組織的願景、使命與策略要能具體落實展開，人力資源策略扮演非常重要的角色。但是策略的執行成功與否，必須依賴有效的上下溝通及有利的組織環境才能奏效。

■組織與員工個人的需求一致

管理階層應該建立一雙向溝通的系統以確信員工的問題及意見可以充分討論納入。員工所關心的是他（或她）可以擁有多少，被允許擁有多少；這種所有權（ownership）的概念是員工激勵的成功關鍵，也是員工最關切的。從人力資源策略來看，讓員工成爲股東，允許做決策，擁有某種程度的權力，能夠提出更好的意見去實踐它，能夠被認同及獎勵其成果等，都可以具體讓員工當自己的主人。

此外，負責任的企業及良好的雇主在形成人力資源管理的使命、目標與策略時，除了應依賴產業、企業的需求去吸引、激勵和留住有價值的員工外，應設定具體、可衡量的指標去評估檢討招募、薪酬及訓練發展政策。將勞雇關係的維護及員工工作權的維持視爲雇主應盡的社會責任。

最後，組織必須強調授權，將各事業部的運作交由專業經理人統籌負責。在組織設計上明確區分中央與地方的權責，讓第一線的員工擁有足夠的「權能」去承受來自策略目標、競爭市場的壓力。在人力資源管理的策略與政策上支持被授權的組織能有效執行其事業策略。

■人力資源策略中組織結構與文化的一致性

事業策略目標，人力資源策略目標及組織結構與文化三者之間如果沒有良好的配合，組織的績效與生產力就會無法有效提升。尤其是傳統的、機械式的組織系統將員工關在組織的框架中，阻礙員工發展。動態的、有機式組織系統能讓員工跳脫組織的框架，降低組織與員工個人的隔閡，增強員工對組織的認同與貢獻。

同樣的，人力資源策略必須扮演組織文化變革的催化角色，依照事業策略與外部環境變化，協助形成員工新的價值觀與工作態度。尤其是員工的激勵與認同常會因主管的領導管理、教育訓練及對企業文化的接受度而有所影響，如果再給予適度的獎勵，將形成正面的強化作用，改造員工的心態與價值觀。

員工個人與企業文化的配合對組織績效的影響極大，因此在人力資源策略上的因應便顯得相當重要。在招募選用上，文化一致性的考量是否列入？在訓練發展上是否強調對企業文化的認知？透過人力資源策略去增進員工個人與企業組織在文化上的配合將對員工的留用（retention）及組織上的績效產生具體的貢獻。

個案介紹

「捷邦科技」是一資訊軟硬體服務公司，爲使人力資源策略能有效協助事業策略之推動，特別安排一系列的變革活動：

1. 讓地區經理依據競爭環境，在沒有任何限制狀況下發展分公司組織，提供客戶最佳服務。
2. 實施客戶調查及員工調查，瞭解客戶及員工最重視的因素爲何。
3. 透過資料回饋與員工溝通，經由組織結構改造與人力資源策略的修訂，去訓練發展員工逐步將分公司建立成學習型組織。

人力資源策略的形成

企業組織在制訂人力資源策略時必須先考慮其參與經營策略制訂的層次。如果人力資源管理的功能是在反映經營者策略的需要，支持經營策略目標達成的話，這種單向連結或稱「順向或順流策略」(downstream strategy)，只能稱爲「策略性」人力資源管理。人力資源主管如果能協助經營策略的擬訂，將經營策略與人力資源的策略性意涵雙向整合，這樣的「逆向或溯流策略」(upstream strategy)才能使人力資源主管被視為「策略夥伴」(stragegic partner)。這種將經營策略與人力資源的策略性意涵作雙向整合的觀念即為人力資源策略的基礎。

要形成人力資源策略必須先從企業願景與經營理念談起。經營者或高級主管除了要瞭解企業經營方向、需要何種人才、對「人」的基本信念也是重要關鍵。如果我們用Schuler（1994）人力資源管理5P的概念模式來描述，就不難瞭解人力資源策略的發展程序。首先，從企業的願景說明中，由客戶、員工、股東、社區及經營者等利害相關人員（stakeholders）共同規劃出企業未來希望達到的境界，以及當達到那樣境界時我們的員工看起來像什麼？企業如何看待這些員工？其次，我們希望我們的員工成為怎樣，我們希望如何看待員工，那麼我們在人力資源管理上的指導方針是什麼？最後，在此一指導方針的引導下，我們應有那些策略手段及作業系統等亦應一併規劃（如**表1-5**）。

如果從「策略夥伴」的逆向策略思考來看，人力資源主管應協

表1-5　人力資源策略的形成概念表

願景規劃（visioning）	未來企業希望達到的境界
哲學（philosophy）	我們如何看待員工？我們的員工像什麼？
政策（policies）	建立與人力資源有關的行動方針
計畫方案（programs）	形成各種不同人力資源管理的策略方案
運作制度（practices）	針對每一策略方案提出不同施策手段
操作流程（process）	發展每一施策手段的操作流程

資料來源：Schuler（1994：60）

助經營策略的推行，直接參與決策事務。人力資源主管必須清楚企業人力資源的優劣勢，配合企業外部市場的機會與威脅提出事業策略規劃的建議。舉例來說，從人力資源的競爭優勢中規劃出那些「核心事業」是我們專長的；那些事業不是我們專長的，則建議採用外包或策略聯盟方式進行。此外，經由經營分析或人力資源分析，參考組織內外環境可能的變化，提出變革策略，如組織扁平化、彈性化等，亦爲人力資源策略的主動積極作法。

■策略性選用

經營策略是達成企業使命的工具和方法，不同的經營策略在員工選用（selection）上就有不同的定義和作法。經營的策略不同，工作需求亦有所差別，連帶所需的人才亦有所不同，因此，在人員選用上需要不同能力或特質的人。組織的文化不同，在人才選用上自然會考量當事人的人格特質、價值觀、信念及其行爲規範等是否與組織的要求一致。

■策略性績效評估

經營策略依組織生命週期、產品市場變動及競爭策略等有所不同，因此，對績效評估的意涵與作法也不同，其主要差異在評估的項目、效標與標準的衡量上。績效評估與經營策略相整合將可促使員工表現出經營策略所需的行爲與績效，協助其他人力資源管理功能的推動，以及評估企業組織人力資源的優劣勢。

■策略性薪酬

薪酬制度的設計具有激勵員工績效、引導員工行爲的作用，薪酬制度如能與經營策略相結合，可使員工表現出經營策略所需的行爲和績效，協助達成組織的策略性目標。此外，薪酬制度的設計可以反映出企業經營策略的不同，從薪酬的結構、組合，薪酬在勞動市場的競爭水準，薪酬調整的機制及薪酬管理的型態等，都有其策略性的考量。同時，不同的事業經營策略或競爭策略其所採取的薪酬策略也不相同。最後，由於薪酬制度的設計會影響員工的工作態度與行爲，因此，許多企業組織在推動組織發展（organization development, OD）或文化變革（cultural change）時，常會將薪酬制度的改變視爲重要的手段之一。

■策略性訓練發展

企業訓練與發展常是經營策略實施成敗的重要關鍵。訓練發展如能與企業經營策略相結合，除了能提供訓練的效益外，使人才的培育能與企業的發展一致。此外，不同的經營策略、生命週期及競爭策略應有其不同的訓練發展策略。

■策略性勞資關係

勞資關係在經營策略的配合上應扮演積極面的角色。勞資和諧本來就是企業經營的成功關鍵；但是爲了經營策略的執行，更應重視員工的參與及承諾，因此，在勞資關係上應採取勞資協商與勞資合作的各項方案；除了訊息的溝通外，取得工會與員工的支持，推動產業民主制度與員工參與計畫等，都能透過協商與合作模式共同達成企業目標。

「策略」是市場導向的概念，傳統上的人力資源管理被定位在「功能別」與「事業別」層級，其目的在確保產品與員工品質的一致性。人力資源策略則涵蓋所有決策與行動，確保各階層員工共同指向創造和維持企業競爭優勢。

人力資源策略分析與檢視

人力資源管理的策略性在強調人力資源功能與策略決策的整合；而整合的程度則要看組織策略型態與高階主管視員工爲策略性資產的重視程度而異。在許多的研究中發現，人力資源管理參與策略管理的層級越高，人力資源的效益及核心知能的受重視程度也越高（Bennett, Ketchen & Schultz, 1998; Wright, McMahan, McCormick & Sherman, 1998）。Barney和Wright（1998）運用VRIO（value, rareness, imitability, organization）架構來檢視人力資源可否協助企業維持競爭優勢，結果說明人力資源管理在發展人力資產、提供競爭優勢上確實扮演一重要角色。

一、人力資源策略的分析架構

Ulrich（1992）認爲唯有人力資源管理制度與策略的連接，才能創造顧客與員工的一致性，進而創造組織的競爭優勢。Schuler（1994）以5P（即philosophy、polices、programs、practices及process）來說明策略性人力資源管理與組織策略的配合。因此，一致性（consistency）或配合度（fitness）的概念便成爲分析人力資源策略的基本概念。由願景、使命所呈現的組織策略目標，要能轉化成經營理念與人力資源政策。換言之，政策與實務上下一致性的考驗便形成人力資源策略的分析架構。

其次，爲了符合動態競爭環境下不斷追求改進與創新的精神，一個整體性人力資源策略的分析過程至少應包含下列七個步驟：人力資源管理策略矩陣、進入檢核、開始檢核、修正策略、執行策略、評估結果、調整策略等。第一個步驟爲「初擬人力資源管理策略」，可將人力資源管理所涵蓋項目置於矩陣上端，將5P置於矩陣的右端，如此上下左右交叉形成一矩陣圖，每一方格都可視爲一策略點。但是就公司整體性或中長期策略規劃時，應就整個「策略5P」做考量。

接下來開始檢核可以利用Lewis（1997）《零阻力經濟》一書中的六大原則，包括：「主流化」、「速度」、「累進學習」、「正反饋」、「不斷改善績效表現」、「虛擬族群意識」等六大項。茲分別將其與人力資源策略結合後展現之意義分述如下：

1. 主流化：公司人力資源管理策略是否能協助展現其在該行業內之競爭優勢。
2. 速度：公司人力資源管理策略是否能配合環境變遷迅速提出對應。
3. 累進學習：公司人力資源管理策略是否能推動組織學習，創造累積知識。
4. 正反饋：公司人力資源管理策略是否能對員工的行爲及績效給予正向回饋。
5. 不斷改善績效表現：公司人力資源管理策略是否能幫助員工與組織不斷改善績效。
6. 虛擬族群意識：公司人力資源管理策略是否能創造員工對組織的認同與向心力。

整個分析架構中的策略矩陣及檢核箱中的項目可以依各個企業

的組織特性修正；而策略5P的一致性考驗及各項策略方案的檢核，其目的在確保人力資源管理策略的效率與效能。有關人力資源策略的分析架構如**圖1-2**。

二、人力資源管理的策略模式

在面對日益競爭的環境與決策漸趨複雜的組織之中，人力資源專業人員必須每天面臨作策略抉擇的時候。例如，在僱用時考慮內部晉升或外部招募；績效考核是過程導向或結果導向；薪酬制度是講求內部一致性或外部競爭性；勞資關係是主張工會化或非工會化等。其實任何的人力資源策略應該是依企業組織、產業特性、競爭環境、管理型態和組織文化而量身定做的。

因此，爲了建立一人力資源管理的策略選擇模式，首要之務必須先檢視現行人力資源管理的實務運作，依據不同分類診斷其優缺點。其次，參考各項人力資源管理制度策略性議題（如**表1-6**），決定所要的選項，以作爲未來政策發展的依據。最後，在每一人力資源管理的策略決策項中陳述長、短期目標及主要的行動方案。

當然，如果我們有各項量化指標可以協助我們作成策略決策是再好也不過的。但是在許多情況下人力資源管理的策略選擇仍然依賴政策導引。如何依據各企業組織的特性、問題點及未來願景，發展出自己可以適用的策略選擇模式，相信對人力資源專業人員又是另一挑戰。

⑴人力資源管理策略矩陣

人力規劃	甄選任用	薪酬管理	績效管理	訓練發展	其他HRM項目	
						哲學
						政策
						計畫
						制度
						程序

⑵送入檢核

⑶開始檢核

檢核箱						
						主流化
						速度
						累進學習
						正反饋
						不斷改善績效表現
						虛擬族群意識

⑷修正策略

⑸執行策略

⑹評估結果

⑺機動性調整策略

圖1-2 HR策略分析架構

表1-6　Schuler（1988）之人力資源管理制度與策略議題

人力資源管理制度	策略議題
1.規劃（planning）	·正式vs.非正式 ·短期vs.長期 ·明顯的工作分析vs.不明顯的工作分析 ·簡單化的工作vs.豐富化的工作 ·員工低度參與vs.員工高度參與
2.僱用（staffing）	·內部資源vs.外部資源 ·專才vs.通才 ·單一晉升管道vs.多重晉升管道 ·明確的標準vs.不明確的標準 ·有限的組織社會化vs.廣泛的組織社會化 ·封閉程序vs.開放程序
3.考核（appraising）	·行為的標準vs.結果的標準 ·員工低度參與vs.員工高度參與 ·短期標準vs.長期標準 ·個人vs.團體
4.薪資（compensating）	·底薪低vs.底薪高 ·內部公平vs.外部公平 ·很少補貼vs.很多補貼 ·固定薪資設計vs.彈性薪資設計 ·低度參與vs.高度參與 ·沒有誘因vs.很多誘因 ·短期的誘因vs.長期的誘因 ·沒有員工保險vs.高員工保險 ·階層制vs.高參與式
5.訓練（training）與發展（development）	·長期vs.短期 ·低度應用vs.高度應用 ·強調生產量vs.強調工作品質 ·沒有計畫的vs.有計畫的 ·個人導向vs.團隊導向 ·低度參與vs.高度參與

資料來源：Schuler（1988）

2 人力資源策略與企業競爭優勢

- □人力資源策略的基本概念
- □從資源基礎論看人力資源與競爭優勢
- □人力資源策略與企業競爭優勢
- □競爭優勢在人力資源策略上的運用
- □結論與建議

人力資源策略的基本概念

將策略管理的概念應用到人力資源管理已漸成趨勢，本節主要在探討策略分析的技巧，檢視策略成功的基本因素，最後再將策略管理對問題的認定及策略管理的流程概念等技術運用到人力資源管理的功能面上。

過去「策略」的主題係針對預算控制與中長期計畫，最近的綜合企劃或策略管理除仍傾向長期觀點外，對於內外部環境分析、策略流程管理及持續監控、評估等有較多涉獵。尤其是不同功能的整合，朝向一特定策略目標的協調與彼此強化，已成爲各功能別（如人力資源管理）策略規劃的主軸。司徒達賢（1997）對策略管理的基本概念則採取較廣義，但也不失重點指向的解釋，他認爲策略管理的角色與內涵應包括：

1.重點的選擇。
2.環境內生存空間的界定。
3.功能性政策取向的指導。
4.建立相對、長期的競爭優勢。
5.維持與外界資源的平衡關係。
6.對資源與行動的長期承諾。
7.落實執行是必要條件。
8.是企業主持人責無旁貸的責任。

由於策略管理的研究範圍、方法及對象因人而異；有的只是深入探討問題，有的甚至還要提供問題的解決方法。儘管如此，本書參考司徒達賢教授的基本概念，對策略管理的定義強調：

1.組織內部知能（competences）與能耐（capabilities）的評估。

2.外部機會與威脅的評估。

3.決定組織活動的範圍。

4.創造並溝通策略願景。

5.組織持續的推動變革。

策略管理通常分爲三種層次：全公司綜合企劃、事業部策略及功能部門策略；而策略規劃的流程有所謂的溯流（upstream）與順流（downstream）。傳統上人力資源管理是屬於「功能別」與「順流」此二範疇的策略管理；因爲人力資源管理被視爲支持事業策略，達成功能部門和事業部門績效目標之重要手段。

一、策略管理應用在HRM上的分析手法

依照波特（Porter）的觀點，企業組織在面對競爭時三種一般性策略（generic strategies）可用來超越其他競爭者，取得競爭優勢地位。這三種策略在HRM上的管理意涵分別陳述如下：

■低成本策略（cost leadership）

從人力成本的結構來看，低成本能讓公司擁有較佳的彈性應付成本調漲。如果人力規劃與薪資管理上保持彈性，不管從數量彈性（numerical flexibility）、功能彈性（functional flexibility）或財務彈

性（financial flexibility）來看，企業組織就能維持低成本地位的先決條件。如果加上組織改造、流程再造等人事精簡策略的推動，就必然能壓低整體人力成本所占比率。

■差異化策略（differentiation）

差異化的目的在構成進入障礙，獲取顧客的忠誠度。就HRM來看，實施差異化的策略在創造員工的差異程度，讓客戶承認某公司的員工高人一等，客戶願意支付較高金額來購買商品或服務。同時公司如能以良好的環境來吸引一流的員工，在整體公司形象及勞動條件上所造成的差異化對人力的吸引及留用有極大的影響。

■專精策略（focus）

所謂專精係指市場定位區隔的範圍，專注於特定的客戶、產品或地區。這個策略的基本概念在縮小營運範圍，從事自己專精的事業，以滿足特定目標的需求。從焦點集中的結果來看，公司可以因此而建立差異性，降低成本，提高獲利構成競爭優勢。核心知能或組織能耐的觀念即是因應專精策略而產生的；企業必須運用資源，結合內部核心知能形成組織能耐，創造獨特競爭優勢。其實有關核心知能的確認、發展及擴散，並藉由產品或服務的提供建立競爭優勢，基本上就是人力資源策略的一部分。

有關低成本策略與差異化策略下之人力資源管理制度，請參考**表2-1**說明。

表2-1　低成本與差異化策略之人力資源管理制度

人力資源管理制度	低成本策略	差異化策略
組織規劃	・組織水平化 ・多技能 ・許多專家 ・精簡人員 ・責任廣且深 ・規律化的工作	・產品設計與發展的專家 ・研發預算高 ・不同部門的整合以生產產品
甄選	・僱用經驗少的 ・尋找技術代理人 ・適用狹窄的網路來僱用員工 ・不重視組織文化 ・產生留任的誘因 ・創造組織忠誠度 ・其他低薪工作的來源	・僱用各領域的菁英 ・各功能部門基於品質的僱用 ・資源配置於僱用 ・用象徵性或品質的理由來規劃成功的程序
獎賞	・低於產業的水準 ・基於績效的獎勵方式 ・低底薪且長期升遷的系統 ・使用紅利而非額外的薪水 ・提供非財務性誘因 ・產生同儕表現的壓力 ・分享成本的節省	・設立產業標準 ・各部門與品質息息相關 ・為品質提供創造性的獎勵 ・獎勵發明（金錢、會議與旅遊） ・衡量品質與數量 ・獎勵有限時間內的發明
發展	・強調效率 ・強調技術的訓練 ・依靠公司內管理者做訓練 ・要求雙重的技能 ・強調現場訓練	・強調品質 ・利用訓練產生想法與程序 ・技術、管理與顧客關係的訓練 ・利用直線管理者提出關鍵的品質議題
考核	・設立成本標準 ・基於成本而做回饋 ・確認效率並舉個案討論之 ・分享成本達成的資訊與利益 ・立即且特殊的回饋 ・指定個人的目標與責任	・在重要的領域設立品質的標準 ・公布達成品質標準的比率 ・使用者的資訊作為品質的指標 ・鼓勵團體考核以建立團體品質 ・使用向上的考核
溝通	・分享組織與競爭者的成本資料 ・每一個資訊都強調效率與成本節省 ・使用口號、錄影帶與演講等來強調低成本 ・工作設定、設備的價錢、餐廳與管理者的辦公室說明著低成本	・與競爭者比較品質 ・每一個資訊都強調品質 ・邀請顧客來談論品質標準

資料來源：Ulrich（1991：150）

二、價值鏈的觀念運用在流程改造上

組織內的主要活動及支援活動與價值創造之間形成一個所謂的價值鏈（value chain）。價值鏈是一個分析資源運用與競爭優勢來源的工具；它對於組織流程再造上的主要用途爲：

1. 分析流程中的各項操作是否創造附加價值；從流程分析中判斷那些活動可以去除，可以合併整合。
2. 從主要活動及支援活動的垂直水平交叉中找出差異化與競爭優勢的來源，再從核心知能與人力成本的觀點研擬後續對應策略。
3. 將工作設計由傳統功能導向轉換成流程導向，將有助於把垂直階層組織予以扁平化成水平式組織。

三、策略面中人力資源的另類思考

成功的企業不僅員工要與眾不同，甚至還要創造卓越。過去談追求卓越總會想到策略，特別是強調一些量化資料的分析，專注於如何做好事情。甚至回到30年代泰勒主義的科學管理，一般人常做的是靜態分析，講求最好的方式（one best way）。其實組織的運作主體在「人」，因此，在談策略展開時便強調願景引導、組織文化改造等。勞動力對生產力的影響一直是「隱性」的一面，就像河水一樣可以載舟又可以覆舟；就像海綿一樣可大可小。換言之，如果把人力資源管理仍定位在「把適當的人，在適當的時間，擺在適當位置」的作法，忽略了人性面，或稱爲人力資源管理「軟性」的一面，那麼也就談不上策略的積極面了。

換言之，人力資源策略從分析、決策到執行可以說很難是「線性的」；因爲人的問題是千變萬化的，而且有些可以深思熟慮，有些卻要立即做決定。這也就難怪越來越多的經理人相信「權變」(contingency)，因人、因事、因地而制宜。其實要完成任務目標除了要依賴傳統管理的指揮控制外，組織學習或策略學習的員工參與，可能是另一思考方向。

過去常有一些企業喜歡模仿抄襲其他公司人事制度；有些人事經理藉由跳槽將同一套制度在不同公司操作，其實都患了同一弊病，因爲不同的管理型態應有不同的策略規劃。通常組織依集權、授權程度區分爲策略規劃、財務控制及策略控制等三種類型(Goold & Campbell, 1991)。策略規劃型主張中央規劃與彈性控制，強調協調合作；財務控制型主張低度控制及高度財務控制，強調個人責任信用與高績效標準；策略控制則主張中央有低度規劃影響但高度策略控制，因此也強調個人的責任與信用。因此，從不同管理型態來看，在人力資源策略上「策略規劃型」較強調透過訓練發展去達成長期策略目標；而「財務控制型」與「策略控制型」允許各事業體有較大決策自由；但由於強調獲利，因此，在人力資源政策上多少會受到成本上的考量限制。

由於每一個企業的策略內涵及背景不同，未來企業的競爭優勢即在於其資源運用與策略內涵的一致性。首先，企業策略願景由上往下展開，在政策與實務一致的情形下讓所有員工參與策略內涵的執行。其次，透過組織學習策略協助員工發展核心知能，再藉由資源投入與流程整合形成所謂組織能耐。這種將員工視爲新的競爭來源的說法的確爲人力資源管理的策略性思考帶來新的希望。

綜合以上所述，企業競爭策略勢必要依賴其勞動力的策略能耐，這意謂著人力資源管理必須採取前瞻性的角度去檢核、發展員工知能。而直線主管在人力資源管理策略的規劃與執行上更顯重要，其他的人事系統亦必須配合目前及未來的需求隨時調整。

從資源基礎論看人力資源與競爭優勢

人力資源管理各個功能面的整合及其與組織策略的配合，一直是策略性人力資源管理（簡稱SHRM）關注的焦點。由於SHRM受到傳統以工作分析爲人力資源管理核心的限制（Snow & Snell, 1993），因此，已有學者將其歸類在事業部組織的營運策略之中(Ulrich, 1997)。SHRM的目的在將事業策略轉化成組織能耐及人力資源管理運作；而人力資源策略（HRS）則定位在總公司人力資源最高執行長身上，其目的在建構一策略，組織與行動方案，試圖去改造人力資源功能（Ulrich, 1997）。

如果說SHRM是具有系統性的、角色的、和諧的、與環境互動的等四大特徵（Snow & Snell, 1993），那麼，HRS則是主動積極的、持續變革的、更人性化的設計。根據 Ulrich （1992）的說法，策略的一致性及策略能力、組織能力的提升使企業更容易產生競爭優勢。由於SHRM隱含有三項假設；演繹式的（deductive）、被動式的（reactive）、既定策略與人力資源緊緊配合的（Snow & Snell, 1993），因此，在適用與實證上受到相當大的限制。爲了克服上述被動的缺失，從資源基礎面來探討如何經由人力資源管理來克服策略被動的窘境，並進而創造組織持續競爭優勢，已成爲新的研究方向（張耀仁，1996）。

近年來，策略管理在學術、實務界的日益受到重視，使得不少學者紛紛建構不同分析模式作爲研究工具；如SWOT（strength優勢，weakness劣勢，opportunity機會，threat威脅）分析、五力分析（five forces model）和價值鏈模式等。學者大多強調產業外部環境因素作爲組織決定策略的主要關鍵。直到90年代、Senge與Hammer & Champy相繼提出學習型組織（learning organization）與流程再造（reengineering）概念後，使得學術界與實務界重新思考由企業內部獲得競爭優勢之可行性。向來少有學者從事人力資源策略與企業競爭優勢之研究，如果我們從企業的積極面來看，如何以人力資源策略爲催化劑，整合組織內部資源創造企業持續競爭優勢，可以是策略管理上相當具有潛力的研究課題。

資源基礎論認爲企業擁有構成策略資產的資源與能力，建議企業利用這些資源與能力，超越其他競爭者取得競爭優勢因而增加利潤。早期的文獻中指出，人力資源管理可以協助創造資源障礙，以防備有價值的員工流失；競爭策略的觀點也是藉由保護核心員工這樣的資產，以建立產品市場上的競爭優勢。在企業內部優劣式的分析上，Barney（1986, 1991）將其稱之爲「資源基礎模式」的策略分析取向。企業對外部分析難以掌握，因此，對資源與能力的內部分析，較適合作爲企業定位與成長的基礎（Grant, 1991）。

一、企業經營與人力資源的策略夥伴關係

從策略觀點，企業人力資源代表支持、推動組織運作的知識來源。就如同軍事戰略一樣，軍隊的優勢建立在於將內部力量推向並滿足戰場的要求。從SWOT分析中得知，企業策略的推演在於運

用、維繫內部優勢，克服內部弱勢；發掘外部機會，避開外部威脅。從策略管理的流程來看，它包含內外環境的分析，任務與政策的形成，執行與調整評估等。因此，企業在面對不同情況下必須：

1.發掘外部機會去運用或延伸優勢。

2.維持優勢避開威脅。

3.發掘機會建立新的優勢。

過去企業常用Porter的五力分析尋求競爭優勢的來源；但在資源基礎論（resource-based theory）的主張下，認爲競爭優勢來自於有效運用資源的「能力」。換言之，企業如能運用他的長處，去從事其他競爭者所無法執行之附加價值活動，就能夠建立競爭優勢。而這種長處的主要來源即在於企業獨特的核心知能（distinctive core competence）。

至於如何發掘核心知能，企業可以從價值鏈中之主要活動與支援活動的交集中找出獲利及優於競爭者的部分，或從活動分析中找出相對成本與附加價值差距較大且優於競爭者部分，再從優勢部分探討是否來自核心知能。如果核心知能是有價值、稀少、難以模仿，且是由組織提供者，就必然能夠協助企業維持其競爭優勢。最後，企業如能以人力資源策略作爲形成核心知能的催化劑，透過有效人力資源管理，發展、維持並擴散核心知能至既有或新的市場，就能不斷創造競爭優勢（如**圖2-1**）。

二、知能本位的人力資源策略

所謂「人力資源」乃泛指組織內所有與員工有關的任何資源，包括員工人數、類別、素質、年齡、工作能力、知識、技術、態度

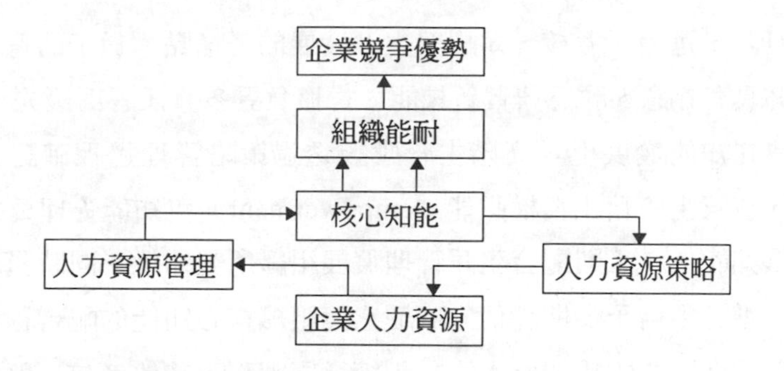

圖2-1　企業人力資源與組織競爭優勢

資料來源：李漢雄、郭書齊（1997：10）

和動機等均屬之。「策略」爲決策一個企業的長期目標，以及爲了確保達成此項目標所必須採取的一連串行動與相關資源的配置活動。「人力資源策略」乃是透過人力資源對諸多企業所面臨之問題進行反應，以達成組織人力運用的目標，並維持或創造企業之持續競爭優勢的政策方針。

未來的組織必將摒棄過去被動的競爭策略，改採運用內部組織優勢進行主動出擊的競爭策略。企業成功的基礎在於改善和強化組織的核心事業（core business），因此，企業必然強調組織與個人知能的發展，尤其是員工的努力、彈性與激勵。傳統的人力資源管理強調以工作分析爲整合基礎，未來則將導入知能本位（competency-based）制度作爲人力資源管理的核心。因此，未來的人力資源管理不再討論職位而在探討個別員工；不再強調職位說明而在描述、刺激與發展員工的知能，並專注於如何提升員工執行某項職務所需具備的專業與知能。

因此，人力資源管理要能協助企業創造競爭優勢，必須注意確認與發展員工個別知能，視個人知能與組織核心知能的配合程度作爲任用、選用、考核、薪酬與生涯發展的考量點。員工的選用對象也以具有創意、願意學習新技能、肯擔負更多責任者爲優先。

在知能發展上，高階主管應該透過策略管理過程確認核心知能，直線主管藉由授權賦能（empowerment）與知能管理要求員工發展知能，員工則配合生涯管理發展組織所需知能。同時員工的知能水準必須給予定期評估，瞭解它與組織核心知能的配合程度，並適時提供必要的「知能本位」訓練發展課程。其他考核、薪酬部分亦應以知能的取得與運用爲決定因素。

三、小 結

「組織正如生物一般，有其生命週期，在週期中的每一階段，都需歷經其特有的掙扎與蛻變。但不同於一般生物的是，企業組織不必非要逐漸老化，直到死亡。」企業組織之所以能擺脫老化或死亡的關鍵就在於核心知能的掌握，唯有掌握核心知能，並將其落實於組織的實際運作中，才能眞正爲企業創造持續競爭優勢，且立於產業中不敗之地位。成功的經營管理必須同時兼具效能與效率，「效能」可使企業活動之結果足以爲企業創造競爭優勢；「效率」則可縮短競爭優勢形成所需時間，以制敵機先。由於「人」是企業運作所不可或缺的主要因子，因此，人力資源在此所扮演的角色，即在於提升人力對於核心知能發展的貢獻，並進而協助建立企業競爭優勢，使其能達效能與效率兼具的目標。總之，人力資源策略爲因應知能本位時代的來臨，必須將：

1.人力資源策略與企業策略一致。

2.傳統工作組織型態改以團隊運作。

3.薪資制度改採知能評價與成果回饋。

4.組織建構成持續學習的環境。

5.績效管理的考核項目強調客戶滿意與品質。

6.組織文化變革列爲重要工作。

人力資源策略與企業競爭優勢

Kleiman（1997）沿用Porter的說法，他認爲有效的人力資源管理，能藉由創造成本領導和產品差異化去提高公司的競爭優勢。在招募、甄選、教育訓練和薪資上能藉由有效的人力資源管理而達到成本領導，對競爭優勢產生直接衝擊。另外在人力資源管理的實施上，如果採取以員工爲中心的作法，能使員工的能力、動機和工作態度提升，間接影響競爭優勢；如果以組織爲中心的作法，能使組織的產出、持續力、適法性及企業形象不斷提高，亦能間接影響競爭優勢。不管以員工爲中心或以組織爲中心的人力資源管理，皆可以藉由產品的差異化提高競爭優勢。

高素質人力厚植的企業組織一向是建立企業競爭優勢的關鍵；而所謂高素質人力即反映在組織的核心資源——人力資源上。企業策略與人力資源策略的相互依賴關係及構成的人力資源策略管理，企業競爭策略與人力資源策略彼此影響（Lengnick-Hall & Lengnick-Hall, 1988）（如**圖2-2**）。因此，企業競爭優勢係來自於「員工」和「流程」能夠傳遞「客戶滿意」或是「快速創新」等企業策略（Gratton, Hope-Hailey, Stiles & Truss, 1999）。

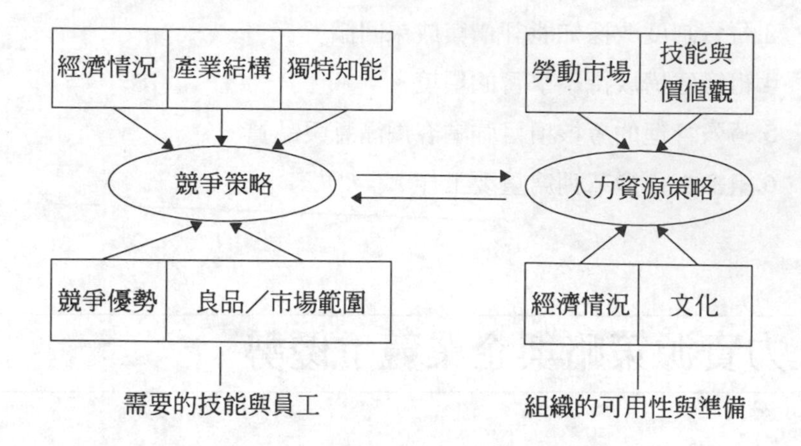

圖2-2　企業策略與人力資源策略的相互依賴關係

資料來源：Ulrich, D.（1991）. Using human resources for competitive advantage, *Making Organization Competitive,* San Franciso: Jossey-Bass Inc., pp.129-155.

Cascio（1998）認爲人力資源本身即代表一種競爭優勢。因爲只要運用智慧去管理就必然能增加利潤。他更進一步提出下列各種人力資源管理上的策略應用，可以被視爲競爭策略中的可行方案：

■創新策略

所謂創新的競爭策略，包括選用具有創新能力的員工，給員工更多的選擇空間，減少不必要的干預，投資在人力資源發展上，允許員工嘗試錯誤，採用較長期間的績效考核等。

■品質提升策略

爲了配合品質提升策略，人力資源部門在「選用」與「訓練」上必須強調有效性，改造員工工作態度與工作方式。由於員工重視產品與服務的品質，對組織有較多的參與及認同，由較少的員工去完成同樣數量的工作等，都可以創造企業競爭優勢。

■成本降低策略

通常企業在控制成本上會採用減少員工人數，追求經濟規模等。提升生產力的重要手段是降低每位員工的單位成本，而降低成本的方法包括降低員工人數、減薪、僱用部分工時員工、外包、自動化、改變工作規則、工作指派允許更大彈性等。

■速度策略

在追求速度策略上，首先必須選用高技能、認同速度管理的員工，組織內部塑造追求速度的文化，組織設計上講求網路式、跨功能的工作團隊。尤其是任用、訓練、獎酬和績效管理上必須能支持速度管理的哲學。

張耀仁（1996）在其論文研究中歸納擁有持久性競爭優勢的人力資源應該具備：⑴關鍵人物；⑵創新能力；⑶學習能力；⑷顧客（行銷）導向能力；⑸合作能力。他更進一步指出，爲了建構這些關鍵人物及能力，企業組織在選、訓、用、考、留等人力資源管理制度上應有一些特殊的作爲（如**表2-2**至**2-6**）。這種經由人力資源策略來創造與維持競爭優勢的作法與傳統的競爭策略不同，由資源基礎論來說明組織藉由內部勞動市場的建立形成新的競爭優勢是值得學者與業界重視的。

Begin（1997）比較日本、美國、英國、德國、瑞典及新加坡等國之人力資源管理系統（HRMS）與競爭優勢的相關性後，歸納出下列競爭優勢來源與人力資源管理系統的重要關係：

1.員工知能水準受到高HRMS功能與員工對學習的認同等因素

表2-2　關鍵人物的建構

人力資源能力的建構	人力資源制度	卓越人力資源管理制度的特徵
能力的取得	選（規劃與甄選）	2.長期規劃的 5.豐富化的工作 6.員工高度投入 9.內部僱用爲主 10.強調通才 11.多重升遷管道
	訓（訓練與發展）	1.長期的 2.廣泛的 5.高度參與的
能力的強化	用	3.不強調地位差距 5.跨職能的工作輪調
	考	2.重視長期的

資料來源：張耀仁（1996：123）

表2-3　創新能力的建構

人力資源能力的建構	人力資源制度	卓越人力資源管理制度的特徵
能力的取得	選（規劃與甄選）	3.不明顯的工作分析 5.豐富化的工作 6.員工高度投入 9.內部僱用爲主 10.強調通才
	訓（訓練與發展）	2.廣泛的 5.高度參與的
能力的強化	用	1.彈性的薪資設計 2.強調獎勵制度 3.不強調地位差距 4.強調工作品質 5.跨職能的工作輪調 6.賦予員工活力
能力的維持	留（溝通）	1.經營資訊共享

資料來源：張耀仁（1996：123）

表2-4　學習能力的建構

人力資源能力的建構	人力資源制度	卓越人力資源管理制度的特徵
能力的取得	選（規劃與甄選）	1.整體的經營哲學 2.長期規劃的 3.不明顯的工作分析 5.豐富化的工作 6.員工高度投入 7.開放的僱用程序 8.強調人格特質 9.內部僱用爲主 10.強調通才
	訓（訓練與發展）	1.長期的 2.廣泛的 3.有系統的 4.團隊導向的 5.高度參與的 6.廣泛的組織社會化
能力的強化	用	1.彈性的薪資設計 2.強調獎勵制度 4.強調工作品質 5.跨職能的工作輪調 6.賦予員工活力
	考	1.重視行爲與人格特質 2.重視長期的 3.重視團體導向的
能力的維持	留（溝通）	1.經營資訊共享 2.定期衡量人力資源狀態

資料來源：張耀仁（1996：124）

表2-5　顧客導向能力的建構

人力資源能力的建構	人力資源制度	卓越人力資源管理制度的特徵
能力的取得	選（規劃與甄選）	3.不明顯的工作分析 6.員工高度投入 7.開放的僱用程序 8.強調人格特質
能力的強化	用	4.強調工作品質
	考	1.重視行爲與人格特質
能力的維持	留（溝通）	1.經營資訊共享

資料來源：張耀仁（1996：124）

表2-6　合作能力的建構

人力資源能力的建構	人力資源制度	卓越人力資源管理制度的特徵
能力的取得	選（規劃與甄選）	1.整體的經營哲學 4.強調就業穩定 8.強調人格特質 9.內部僱用爲主
	訓（訓練與發展）	3.有系統的 4.團隊導向的 6.廣泛的組織社會化
能力的強化	用	3.不強調地位差距 5.跨職能的工作輪調 6.賦予員工活力
	考	1.重視行爲與人格特質 3.重視團體導向的
能力的維持	留（溝通）	1.經營資訊共享

資料來源：張耀仁（1996：125）

正面影響，且高知能水準的條件為：

·高的功能彈性

·低的外部數量彈性（員工移進／移出調整彈性）（external numerical flexibility, ENF）

·高的內部數量彈性（工時彈性）（INF）

·高的員工認同

·高的組織整合

2.功能彈性水準受到高HRMS功能因素正面影響，且高的功能彈性其條件為：

·低的ENF

·高的INF

·高的組織整合

3.外部數量彈性（ENF）水準受低HRMS功能因素正面影響，且高的ENF其條件為：

·高的財務彈性

·低的員工認同

·低的組織整合

4.內部數量彈性（INF）水準受高HRMS功能因素正面影響，高的INF其條件為：

·低ENF

·高的財務彈性

·高的組織整合

5.財務彈性水準受高HRMS功能因素正面影響，高的財務彈性其條件為：

·高的組織整合

·高的績效

·組織認同

6.員工認同受高HRMS功能因素正面影響，高的員工認同其條件爲：

·高的知能

·高的組織整合

·高的INF

·低的ENF

7.組織整合受高HRMS功能因素正面影響，高組織整合的條件爲：

·組織績效

·高的組織認同

8.組織績效受高的組織整合及高的財務彈性因素正面影響，受下列因素負面影響：

·與競爭者比較，在HRMS功能上的費用較高且費用部分不受生產力／價值策略所抵銷

·與競爭者比較，低的HRMS功能費用

競爭優勢在人力資源策略上的運用

從以上人力資源策略與企業競爭優勢的關聯性說明來看，企業必須在策略上強化競爭力，而非只是在營運上加強競爭力。因此，不管在策略性人力資源（SHRM）、人力資源策略（HRS）、人力資源管理的定義與範疇中，「內、外部一致性」、「內、外部符合」、

「彈性」、「焦注」(focus)與「速度」可以被歸納爲人力資源策略的主要競爭優勢來源。

一、內外「一致性」在人力資源策略上的運用

人力資源管理的功能主要有人力資源規劃、任用、薪酬、績效評估、人力資源發展、勞資關係等六項，而這些功能基本上是相互關聯、有連貫性的，並非獨立和分散的，因此，組織在一個高度競爭的環境中，有必要著眼於整體，包括組織內部環境與外部環境，從策略性的觀點，以人力資源規劃使其發揮最大的效能及效率。

要瞭解人力資源管理在組織策略中所扮演的角色，則必須對組織策略有所瞭解。組織的策略可以說是以目前與未來資源的配置和環境交互活動的一種規劃；亦可說是組織追求其所欲達成的組織目標，考慮組織外部環境的機會與威脅及本身內部的優勢與劣勢，所擬定的行動方向。組織的策略思考必須建構在競爭優勢的分析與均衡上，亦即尋求組織內部的優勢與劣勢，以及組織外部的機會與威脅之間的平衡。

所謂外部環境的範圍包含極廣，舉凡一切與企業經營及組織管理有關的組織外部因素皆屬之，例如，政府的法令及政策、經濟、科技、社會文化等因素。而內部環境則屬於組織內的特性，例如，組織結構、組織文化、組織的權力結構、員工的特性等。諸如上述種種的因素，不論是外部或內部的，皆會影響到一個組織其策略的擬定，也因而會決定一個組織其人力資源管理部門所扮演的角色及人力資源策略的形成。因此，影響組織策略發展的內部及外部因素，亦是影響人力資源策略的內部及外部因素。

內部一致性所指乃是企業內是否有共同的理念，不論是各層級

之員工或是各功能別、事業別部門的員工，對於企業之遠景是否知行合一。內部一致性又分爲垂直的一致性及水平的一致性。所謂垂直的一致性是指，企業所有上上下下的員工，對於企業的經營是否具有共識，是否有相同的經營信念，企業是否有其堅信的文化，員工是否共同享有或持有內在化的價值，它包括了企業政策、計畫及其執行的方式、態度是否各層級都相同等。而這些是可以透過人力資源管理的功能來達成的，例如，藉由訓練、透過溝通使（新進）員工瞭解企業的文化，使員工在企業內或企業外的言行舉止都有一致的內涵，時時刻刻表現出某種氣質；也可以透過招募的時候，仔細篩選符合組織文化或是符合組織價值的人，一來可使其容易進入適應組織氣候，且其可能降低組織員工的流動率。而水平的一致性就如實行績效考核制度般，評比出來員工的績效，皆可作爲人力資源其他功能整合之用，不論是用於訓練需求的評析上、員工生涯規劃的參考上、或是薪資給付的依據上，都是相同的。

外部環境的範圍包含極廣，舉凡一切與企業經營及組織管理有關的組織外部因素皆屬之；例如，政府的法令及政策、經濟、科技、社會文化等因素。然而，面對種種不同的外部環境，企業在訂定策略時應保持其彈性，使其靈活應變，才不致喪失其競爭力；而人力資源也應維持彈性，以降低環境改變所帶來的衝擊。傳統的管理是由上而下所形成的、是控制導向的、是集權導向的；而彈性則強調個體化、選擇與廣度多面向的、組織與員工兼顧的。例如，企業在海外的國家設廠，其人力資源管理的方式可能就有所差異，因爲當地的勞動市場及當地的文化及價值觀可能與母國不同，所以不宜將母公司的人力資源管理制度及組織文化完完整整的帶過去，是必須依當地的勞動市場、法令、文化等因素納入考量，使其與外部環境相配合，以求得外部一致性。此外，面對外部環境的不斷變化，人力資源策略應保持其適當的彈性，例如，量的彈性（邊陲人力的彈性運用、外包等）、質的彈性（培養多能工、訓練第二專長等）、組織的彈性（彈性編制、組織再造、流程再造等）。

二、「符合」在人力資源策略上的運用

人力資源策略的另一種分析方法則是運用「符合」的觀念。人力資源管理符合組織發展狀態稱之爲外部符合（external fit）；人力資源管理能與組織內部其他管理功能相輔相成，則稱爲內部符合（internal fit）。

■外部符合

企業組織的發展通常依循一定的軌跡或階段，不同的發展階段，人力資源管理應採取不同的觀點與策略（Meshoulam & Baird, 1987）。

1. 草創期：企業在草創階段需要維持人事記錄、進行招募和處理薪資作業。
2. 功能成長期：各部門不斷專精、成長及擴充之際，人力資源管理必須能協助各部門招募、訓練足夠人才。
3. 控制成長期：通常企業組織成長到一定程度會開始進行合理化，此時人力資源管理必須開始控制成本。
4. 功能整合期：功能整合、協調及授權是此一時期的特色，人力資源管理在此一階段必須整合人力資源的次系統，將部分功能授權給直線單位去規劃執行。
5. 策略整合期：此一時期講究彈性、適應與跨功能整合，將人

力資源管理的功能併入事業部的策略規劃與決策中。

外部符合即效能的表現，人力資源專業人員能符合改變中的組織需求去做對的事（do the right things）。瞭解目前及未來的組織發展階段去做適切回應，符合組織發展的需求。

■內部符合

人力資源管理有六個內部策略元件必須彼此符合、相互支援。這六個元件分別是：管理者的認知、人力資源功能的管理、投資組合（portfolio）方案、資訊科技、人力資源專業技能及內外環境的認知等（Meshoulam & Barid, 1987）。人力資源管理的六個策略元件除了要彼此相互支援外，不同企業發展階段其策略元件內涵亦不相同。

內部符合是效率的要求，要求人力資源專業人員能將事情做對（doing things right）。在處理人力資源管理的問題時必須留意上述六個元件是否維持平衡，是否都已準備妥當，特別是在不同發展階段中落後的、關鍵的元件是否備齊。舉例來說，有許多企業常常外購或內製一些人力資源管理方案，如生涯規劃、績效考核等；但是，往往由於主管的認知不足或其他配套措施無法支持，使得這些方案無疾而終。

三、「彈性」在人力資源策略上的運用

企業組織在面臨競爭壓力之下的首要工作在提升生產力與降低勞動成本，其次在市場變化與不確定下需要採取適當的用人策略，最後由於科技的變化使得企業也必須思考新的用人政策。同時由於

不景氣的持續及失業率的持續攀高，使得勞動條件的限制解除，類似部分工時的彈性僱用方式也逐漸流行。凡此種種都有利於「彈性」（flexibility）在人力資源策略上的運用。

「彈性」在人力資源策略上的運用涵蓋不同型式的彈性；「彈性」通常包含：數量彈性、功能彈性、遠距策略（distancing strategies）、薪資彈性（pay flexibility）四種，分述如下：

■數量彈性

企業組織為了因應季節、景氣或產量變化，常會在需要增加產出時增聘部分工時、臨時性、短期契約等僱用型態的勞工；或採用輪班、加班、調整休假等彈性工作方式來配合生產。

■功能彈性

企業組織在不增加員工人數的前提下，要求員工的技能能符合不同職務的要求，可以在業務需要時在不同功能的職務上移動。

■遠距策略

員工與公司脫離原有僱用關係，改以「轉包」方式訂定新的承攬契約關係。

■薪資彈性

薪酬制度為了配合數量彈性和功能彈性的實施，薪資結構本身亦必須略做調整。通常薪資彈性的基本原則在降低固定薪資的比率，增加變動薪資的比率。因為固定薪資成本的降低有助於企業整體固定成本的下降，進而強化其競爭優勢。

彈性組織通常包含兩類團體員工，其一為核心團體員工（core

group employees），講求功能彈性；另一類爲邊陲團體員工（peripheral group employees）。藉由數量彈性策略與遠距策略，當組織業務擴充時採用定期契約方式來增聘勞動力；當業務緊縮時終止契約不再聘用。企業組織中的核心團體員工享有一定程度的就業安全，以及較佳的待遇、福利、訓練與升遷機會。

改變企業用人的方式是彈性策略的最大特色，將用人的重心轉移至核心事業、高價值產品或活動上；而將市場季節性因素、成本效益因素列爲進用邊陲團體員工的考量點。核心團體員工強調功能彈性，邊陲團體員工則採用數量彈性或遠距策略。從整體薪資成本來看，薪資彈性則是集前三種彈性之大成外，薪資結構的重新設計爲其另一特色。

企業組織要從「彈性」的策略來強化其競爭優勢，除了上述四種彈性外，組織分工的重設計、大量使用新科技、加強員工跨功能訓練、改變員工工作型態等，皆爲必要之配套措施。但彈性策略並非全無缺點，工會的抗拒、邊陲團體員工的技能水準及其對組織的認同，不同體制下人員的管理與移動問題等仍有待克服。

四、「焦注」在人力資源策略上的運用

1998年各報章媒體曾針對瑞聯事件，對多角化的經營提出警訊，認爲台灣企業在多角化的階段需要專業的生產及焦點集中的策略，此一論點的確值得各界深思。

過去企業常用波特的五力分析尋求競爭優勢的來源，但在資源基礎論的主張下，認爲競爭優勢來自於有效運用資源的「能力」。換言之，企業如能運用長處去從事其他競爭者無法執行之附加價值活動，就能夠建立競爭優勢，這種長處的主要來源即在於企業獨特

的核心知能。企業可以從價值鏈中之主要活動與支援活動的交集，找出獲利及優於競爭者的部分，再從優勢探討是否來自核心知能。如果該核心知能經判斷是有價值、稀少、難以模仿，且是由組織提供者，就能夠協助企業建立競爭優勢。

從SWOT策略分析的模式看來，企業在面對不同競爭情況下，必須不斷發掘外部機會去運用或延伸優勢，維持優勢避開威脅，發掘機會建立新的優勢，因此，企業如能以人力資源策略作爲發展核心知能的催化劑，透過有效人力資源管理，發展、維持並擴散核心知能至既有或新的市場，就能不斷創造競爭優勢。

爲瞭解台灣資訊科技產業競爭優勢的來源，與核心知能發展之間的關係，作者曾針對台灣資訊科技產業，抽取其中員工人數一百人以上的企業五百家進行調查研究。依據受訪企業認爲競爭優勢占有「領先」地位的狀況來看，製造技術和品牌兩項占「領先」的次數居多，各占34.5％；其次是「生產規模」，占27.7％；再其次爲「人才素質」，占25.9％。另外，在回收有效問卷中，企業以「資金調度能力」具有領先能力的最多，占36.9％；其次是「技術開發能力」，占30.6％；再其次是「產品轉型能力」，占28.2％，第四位則是「品質控制能力」，占25.9％。顯示目前台灣地區資訊科技產業仍以產品製造技術最具有競爭優勢。

至於在競爭優勢形成與核心知能發展之間關係，發現影響產品製造技術之核心知能有技術開發能力、員工向心力、品質控制能力、降低成本能力和產品設計能力等。進一步探討人力資源策略與核心知能發展的關係時發現，隨著企業環境及客戶需求來改變公司的策略和願景，高階主管願意協助員工成長，運用自主工作團隊定期檢討製造流程等，都有助於建立關鍵技術能力。

五、「速度」在人力資源上的運用

最後，「速度」已儼然成爲二十一世紀企業競爭優勢的主要來源之一，特別是全球資訊網（WWW）及電子郵件（e-mail）已盛行於國內外，且近年來，越來越多的人察覺到資訊系統與資訊的價值，資訊科技被視爲一種策略性的資源在近年來也成爲一項共識。而企業網路（intranet）的興起更使得企業可以簡化其工作的流程、方便迅速取得公司資源、方便內部溝通，且又較internet傳輸速率快、網路的傳輸較爲安全、企業的資料管理維護更爲簡易。當然不論是internet還是intranet對於人力資源競爭優勢的提升，都有其一定的功能。例如：

1. 在流程改造方面：透過網路的快速傳輸，可以提升行政效率，不必再忍受公文長途旅行又遇到塞車的困擾，且可以提升作決策的速度，而當面對客戶時，可藉由網路的方便性，以較快的速度爲顧客提供服務。
2. 在組織文化方面：可藉此讓「速度」根植於員工腦海裡。
3. 在人力資源規劃方面：可藉由網路的流通，在短期內便可瞭解目前各個分公司或各個部門人力資源狀況，並可隨時取得公司員工的檔案資料。
4. 在招募、任用方面：可藉由網路徵才，省時又省錢，且可以隨時擴充人才資料庫，以利往後的招募工作。
5. 在績效考核方面：可以快速的在員工及其同儕、主管、人力資源主管中，取得績效考核之評比，以便作決策。另外，也可直接在網路上與員工溝通，說明績效考核制度及考核之結果。

6. 在人力資源訓練方面：可以透過網路訓練WBT（web-based training），傳送遠距教學，尤其適用於跨國性的公司，藉此可以節省人力、物力、財力。或者也可以透過電傳視訊系統，在不同的地點召開會議或是實施教育訓練。

7. 在勞資關係方面：主管可以藉由網路與員工進行溝通，可以不受地點之限制，亦可節省大筆電話費。也可以開放電子郵件，讓員工可以直接與高階主管聯繫、溝通，藉此降低勞資爭議的可能性，促進勞資和諧。

人力資源管理資訊系統（HRIS）為企業整體管理資訊系統的一個子系統。HRIS在必要時可以為企業組織各階層企業提供適切之人力資源資訊，使企業管理者得以適時下達決策。企業如果使用資料庫作為人力資源規劃將是一大競爭優勢（Robert, 1999）。最近以企業流程為導向的標準軟體系統如ERP（enterprise resource planning）大量使用在包含人力資源管理的企業管理領域中，對組織結構設計、企業流程改造及人力資源規劃提供相當強而有力的工具（Kirchmer, 1999）。

一個完整的資訊系統必須具備電腦系統、通訊系統及管理系統，所以HRIS的基本條件有：⑴迅速而正確的電子資料處理；⑵整體的資料處理，使各層級各部門的資訊能夠流通交換、綜合而自動化；⑶迅速且有次序地提供人力資源計畫與控制所需之資訊。傳統觀念認為授權與否會受時間、地域、能力與組織範圍的影響而改變，HRIS則會將這四個因素的影響降至最低，組織因授權而分散的個體，在此系統運作下又重新組合，且各級管理人員的業務控制能力有向上集中的趨勢，可以避免分權管理產生之問題。所有作決策的參考資料可以直接在SBU經過整合，迅速的下達給各部門、層級，免去了召集各地區之主管開會決議的時間，且HRIS可快速提供許多HRM各功能更細膩的資料，以便作爲人力資源規劃、發展之決策。

結論與建議

透過人力資源取得競爭優勢必須從策略面來管理人力資源。即使人力資源的策略管理會增加許多有形、無形成本，但是將人力資源管理與企業策略整合仍是值得的。整合可以提供解決複雜的組織問題，資源做合理的配置，員工有一致遵循的方向，以及調和組織上下對人力資源的認知。人力資源的策略管理使人力資源的組織層級由功能面轉向策略面，重視政策方案而非操作流程，強調「策略配合人」而非「人去配合策略」。

從企業組織的成長策略或競爭策略去檢討現行組織是否已準備可以迎接挑戰，再從其中的差距去發現對人力資源的需求，如此自然可以找出人力資源策略與企業策略相互依賴程度及需要改進之處。此外，從企業組織內部的主要管理議題與人力資源管理制度的一致性做查檢，也可以發展一些改進方案。一致性、符合、彈性、焦注及速度的新主張是引導企業人力資源策略建立組織競爭優勢的最佳選擇。

3 建立競爭優勢的人力資源策略：以創新發展爲例

「不創造，便死亡」(Kao, 1991)，這句話看似駭人聽聞，但在競爭激烈的產業環境中，又彷彿成爲企業經營的最佳寫照。英特爾總裁葛洛夫在領導英特爾面對競爭者猛烈的攻擊時，感嘆現今的產業環境已邁入了十倍速競爭的時代，企業在面對如此快速變化的環境，若未能即時掌握策略轉折點，將隨時面臨企業生存的危機(Grove, 1996)。生存，需要具有足夠的創新力，組織中唯有厚植創造性的人力資源，方能強化創新力，使企業立於不敗之地（李仁芳，1992)。

組織創新與競爭優勢

核心知能是以企業能力去累積企業資源、改變資源現象，擴大現存組織能耐，發展新的、有效的生產功能，並協調、整合與運用企業知識和資源去達成策略目標。在企業發展的過程中，維持一定程度的競爭優勢是確保企業永續經營的不二法門，爲使企業能夠維持長期的競爭優勢，必須建立競爭者無法仿效的能力。因此，組織能力與競爭優勢的結合將是未來企業經營所必定面臨的挑戰。然而，此一過程的成功與否在於企業能否透過策略發展員工的核心知能，並予以有效整合成組織能耐。

一、創新力與創新活動

管理學大師Peter Drucker最早曾對「創新」的觀念下定義，他認爲創新是賦予資源創造財富的新能力，使資源成爲眞正的資源。Chacke（1988）與Frankle（1990）則將此概念加以衍伸，此二學者認爲創新是修正或發明一項新的概念，以使其符合現在或未來潛在的需求，並可藉由改進與發展使其原有之功能達到商業化的目的。Betz（1987）亦認爲創新的目的是將新產品、程序或服務介紹到市場。Gattiker（1990）與Holt（1983）則認爲創新活動是一經由個人、群體及組織的努力與活動所形成的產品或程序，且該過程應包含用以創造和採用新的、有用的事物之知識或相關資訊。

對產業環境變動的適應能力而言，創新力應包括成功的意志、動機與適應力，且爲一擁有高度動機與創意的團體所掌握，其表現往往勝過擁有數個或較多有形資源的團體；若組織缺乏此種能力，將無法適應多變的外在環境，尤其是競爭者進行創新活動後所帶來的改變。對企業而言，當創新活動進行的同時，因其能發展差異化的商品與服務，消費者將願意付出較高的價格以取得該產品或服務，此一額外價格（price premiun）即爲企業進行創新活動時所獲之具體利益（McGrath, 1993）。

綜合上述學者的看法，可將「創新力」一詞定義如下：

所謂創新力是修正或發明一項新概念，是一種符合現在或潛在需求的能力，此種能力可用於適應外在環境的變動，以達到創意商業化之最終目的。而「創新活動」則是透過個人或群體的努力，將新的技術應用於現有的或創新的產品、製程或服務，並將產品或服務介紹到市場上的過程。此一過程不但能爲企業帶來具體利益，更能強化企業面臨競爭者挑戰時之應變能力。因此，我們可由各學者之主張中發現，創新力爲企業生存所必備的重要能力，而創新活動則爲企業創新力具體應用於組織運作之表徵。

二、組織能耐

企業的眞正價值並非來自於實體資產，而是來自於組織能耐（organization capability）（Quinn, 1992）。組織能耐乃由組織所握有之資源而來，凡藉由資源的運用而達成某項工作，即可稱之爲組織能耐的表現（Grant, 1991）。組織能耐其實就是存在於企業之中，結合員工知能、企業流程及資訊科技，且可用以創造差異化、優勢的能力。

然而，在組織能耐形成的過程中，並非僅由單項資源即可爲之，當組織欲創造某項特定的組織能耐時，往往同時需要藉由數種資源的掌握才能達成（Teece, 1982）。組織能耐的形成來自於企業資源的掌握，雖然並不屬於實體資產，但其所帶來之效益往往更甚於實體資產，且企業可透過組織能耐的掌握以維持、創造或強化競爭優勢。

三、核心知能

核心知能（core competency）乃用以執行某項特定工作時所需具備的關鍵能力（李聲吼，1997），藉由核心知能的掌握可協助企業降低成本或提升價值，並進而形成企業的競爭優勢。因此，核心知能可視爲企業競爭優勢的基礎，其內涵可由下列九個方向加以定義之（Hamel & Parahald, 1990）：

1. 核心知能不是零碎、分割、間斷與單一的技能，而是一套完整的技藝與能力。

2. 核心知能不是靜態的資產，而是一種活動累積性的學習及有形無形兼具的知識。

3. 經由核心知能所展現的產品或服務必須充分彰顯予顧客使用後之價值。

4. 核心知能必須是企業所獨有的，且此種差異是競爭者短期間難以模仿的。

5. 核心知能的最終目的在於能夠順利啓動進入市場之門路。

6. 核心知能並不會隨著它的使用與時間經過而減輕價值，反而會隨著運用與分享提升價值。

7. 核心知能從技術層次觀點，或是市場顧客觀點，其最終表現在於使顧客知覺其所創造出來的產品與眾不同，且能符合顧客眞正需要。

8. 透過核心知能的表現才能衍伸出企業的核心產品，而核心產品就是企業利潤績效來源的最大主力。

9. 高階管理者的責任在於以前瞻性的作法建構與導引企業的核心知能，並加以固守之。

由以上的定義中可進一步得知，核心知能應具有持久性、廣泛性（Prahalad & Hamel, 1990）、稀少性、不可模仿性、不可替代性、耐久性與互補性（Amit & Schoemaker, 1993）等特性。

四、關鍵成功因素

關鍵成功因素（key success factor, KSF）係指一產業中最重要的競爭能力或競爭資產，成功業者所擁有的優勢必然爲產業關鍵成功因素中的優勢，失敗的業者通常缺少關鍵成功因素中某一個或數個因素（Aaker, 1984）。由於關鍵成功因素的形成大多由於產業的特殊結構與環境因素而來（Rockart, 1990），因此，確認成功的關鍵因素是產業分析時最需考慮的要項。然而，關鍵成功因素的內容亦會隨時間與產業的不同而改變，所以企業往往只要能掌握少數幾個關鍵成功因素即可取得競爭優勢。

五、競爭優勢

精於策略思考的企業，其策略分析必須建立於競爭優勢的分析與衡量上，並且會根據競爭優勢來判斷投資決策的優先順序，而這些企業在市場競爭中也比較容易脫穎而出。競爭優勢（competitive advantage）乃是企業透過各決策領域以及資源運用（Hofer & Schendel, 1991），並輔以技術與資源的選擇性採用（Uyter Hoven et al., 1973），而形成個別產品或市場中之獨特資產（Ansotf, 1965），以使企業能在競爭者中取得獨特或有利之地位。因此，競爭優勢的探索可稱之為廠商在其所屬的市場結構中尋找正確的區隔與定位，並集中注意力在建立組織內部的特定能力（Stalk, 1992）。

競爭優勢的目的在於形成確實可保有的經營優勢，其終極目標在於建立持續競爭優勢（sustainable competitive advantages, SCAs）。持續競爭優勢之形成必須同時包括以下三要件（Aaker, 1984）：

1. 須囊括該產業之關鍵成功因素。
2. 須足以形成實質價值，並進一步在市場中形成相當程度的差異性。
3. 須足以承受環境之變動與競爭者之挑戰。

此外，企業之競爭優勢乃以企業資源為基礎，並透過組織運作流程產生核心知能，再由此核心知能發展爲組織之競爭優勢（李漢雄，1997）。因此，企業競爭優勢的形成端賴關鍵成功因素與組織核心能力的配合程度，若彼此間充分搭配，將可創造高績效，反之，則會形成低績效（何明城，1994）。

六、人力資源策略

所謂人力資源（human resource）乃泛指組織內所有與員工有關的任何資源，包括員工人數、類別、素質、年齡、工作能力、知識、技術、態度和動機等均屬之（林欽榮，1995）。「策略」（stratcgy）爲決定一個企業的基本長期目標與目的，以及爲了確保達成此項目標，所必須採取的一連串行動與相關資源的配置活動（chandler, 1962），簡言之，策略就是競爭的方法（許士軍，1987）。

而人力資源策略除了具備上述之策略特性外，其乃是透過人力資源對諸多企業所面臨之問題進行反應，以達成組織人力運用的目標，並維持或創造企業之持續競爭優勢的政策方針（林欽榮，1995；James, 1992）。在企業的運作中，其最終目的在於獲得持續競爭優勢，而持續競爭優勢的產生必須按部就班，先行透過組織能耐、核心知能與競爭優勢的形成，才能建立企業所屬之持續競爭優勢。然而，由於核心知能的形成是產生競爭優勢的關鍵所在，且競爭優勢是以產業相對性爲衡量標準，因此，在企業培養核心知能前，必須融入產業關鍵成功因素，才不致脫離產業現況。對現代企業而言，競爭優勢通常建立於創新能力之上，並透過顧客的回應迅速表現於品質和服務要求的提升（Stalk, 1992）。

本節經整合以上所提出之各項概念後，規劃以人力資源策略發展核心知能（創新力），形成組織能耐（創新活動），建立企業競爭

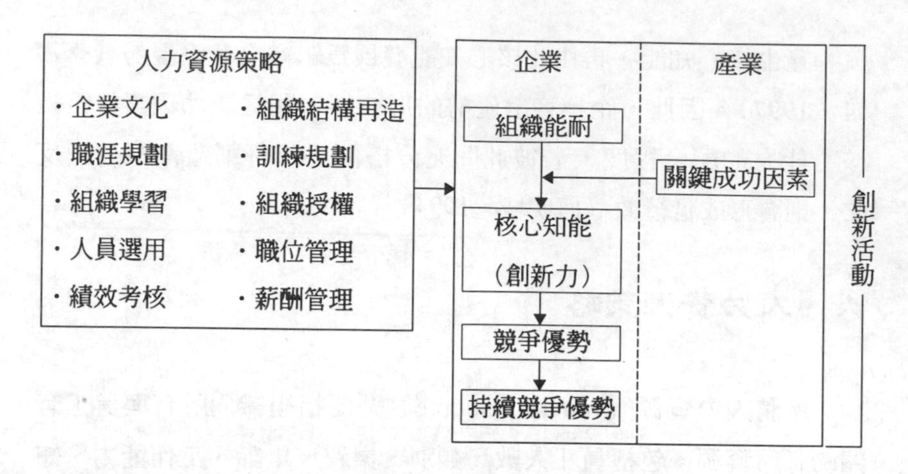

圖3-1　人力資源策略、核心知能與企業競爭優勢

資料來源：李漢雄、郭書齊（1997：369）

優勢之架構（如**圖3-1**）。

本章以持續競爭優勢的形成作爲企業運作目標；爲達此一目標，企業必須由創新力的建構開始，而這一連串的過程可稱之爲創新活動。同時，本章將嘗試以人力資源策略作爲形成創新活動的催化劑，並希望能整合出數個人力資源策略方向，以作爲企業界未來形成與發展創新時之參考依據。

人力資源策略與創新活動

人力資源策略所涵蓋之構面相當多，本節蒐集國內外學者之研究結果，重新規劃以企業文化、組織結構再造、職涯規劃、訓練規劃、組織學習、組織授權、人員選用、職位管理、績效考核與薪酬管理等十構面，來分析人力資源策略與創新力發展及創新活動形成之關係。

一、企業文化

即使創新力的形成必須透過組織與個人的共同努力，但是組織亦可營造適當的環境來激勵組織內的創新活動。Twiss（1986）即認為一個成功的創新活動必須是在組織願意採取創新活動的前題下方能進行。組織文化會影響企業運作的過程與結果，無論是人與人之間的情誼或組織中所瀰漫的氣氛，都將會影響創新活動的成敗，而文化正是塑造這些非正式的人際關係與組織氣氛的主要動力（蔡敦浩，周德光，1994）。

此外，若組織成員堅信企業之生存主要依賴成功的創新活動時，將可加速創新活動的進行，並增加效能。況且，創造性的工作氣氛將使員工產生信賴感，減少部門間對創新團隊的不信任感（Gupta, 1990）。企業若想要將創新之成果迅速產生並推出市場，必須藉由組織文化之協助，以使組織中所有階層產生求新求變的需求與共識（Vesey, 1991）。由於在創新活動的發展過程中必然會遭遇許多挫折，為避免這些挫折造成組織成員裹足不前，必須建立一鼓勵學習與容忍嘗試的企業文化（Betz, 1987）。因此，企業內部應建立能在各自責任範圍內自由地進行新構想產生與測試的觀念（Edosomwan, 1987）。

Frohman（1982）則認為一個企業的組織文化（organization culture）若能激勵與支持創新活動，將能進一步增進創新產品或服務商業化的機會。經由其對企業文化的研究，發現高階管理者的態度是促進企業創新力形成的主要因素。由於高階管理者掌控企業運作的主要資源，因此，能否獲得其對創新活動的認可及承擔風險的意願顯得格外重要。另外，就組織觀點而言，高階管理者對創新活動的漠視有礙組織創新活動的進行（Quinn, 1985）。Gupta與Wilemon（1990）經實證研究後亦發現，高階主管的經營理念與態度，經常是影響組織文化的主因，尤其當對創新活動抱持抗拒心理時，更將扼殺創新活動成功的機會。

Maidique與Zirger（1984）在研究美國電子業的創新活動後發現，高階管理者對創新活動的一貫支持有助於創新活動的進行。除此之外，企業主管對創新活動的參與及承諾將有助於建立一具有創新氣氛的組織環境（Cyert, 1988; Weis, 1988）。雖然維持創造性的環境與關鍵性人力的成本可能很高，但企業內的高階主管已逐漸明白，創新氣氛的塑造成本雖然很高，但無法維持創新活動的代價可能更高（Kao, 1991）。

綜括而言，一個支持創新的組織文化必須具備下列特質（Knowles, 1980）：

1. 個人方面：強調自我導向、尊重個體的差異、注重個人需求與組織需求的平衡對等。
2. 人際關係方面：強調信任、親密、平等、開放與合作的關係。
3. 對威權與決策的看法：尊重決策的參與，強調上、下距離的縮短，加強上、下及平行的溝通。
4. 對環境適應的看法：認為創新、改革、學習與成長是克服危機的不二法則；資訊的取得、分析與決策則主張採取問題導向及顧客取向。

二、組織結構再造

Drucker（1984）認爲創新性組織必須能夠接受創新，並視之爲機會，而非威脅，除了必須承擔創業家的艱鉅任務外，也須同時制定培養組織內創新氣氛的政策與實務。Betz（1987）認爲組織溝通對創新活動而言相當重要，因此，若企業的組織結構能進行扁平化之再造將有助於組織溝通的進行，因爲扁平化的組織結構不但能減少組織層級，還能提供創新活動中最需要的非正式溝通，而非正式溝通常能促進組織成員間的相互學習。Albrecht（1987）認爲塑造組織創新力的先決條件在於建構具有創新力的組織，此一組織必須包含以下特徵：

1.它能意識到環境中的變化，並正確加以概念化。
2.它能由本身的運作過程是否適合環境需要來評估本身的表現。
3.它能持續調整內部的運作過程，以求適應環境的變化。

在企業經營中，由於傳統的功能式組織逐漸失去對於環境的應變能力，Starr（1992）指出若欲打破過去傳統的運作模式，建立一個快速反應的組織，關鍵在於解除官僚體制的限制。王國明等專家（1992）亦同意，爲保持組織活力，組織的層級必須少而淺，且必須能夠長久保持彈性與機動性。Hull與Hage（1982）亦認爲有機式的結構、扁平層級與分權將有助於創新。有機式協調機能的好處在於降低個人與功能團體間的障礙，形成充滿創新概念的氣氛（Olson, 1995）。此外，爲追求創意的產生，可考慮採行專案式組織或矩陣式組織，以便於組織內的功能整合（王國明等，1992）。

Rockart（1990）則認爲，由於過去所採取之矩陣式組織型態過於複雜，且缺乏效率，因此，應以專案團隊的方式運作，以提升創新活動的效率。McGill（1992）等學者則認爲，創造性組織對建構組織創新力助益良多。由於創新性組織慣於求變，核心競爭力亦常有轉變，使用網路式組織進行創造性的學習，以團隊運作方式達到自我控制、建立共識的效果。

雖然學者對於組織結構再造後之組織型態仍有相當多之意見，但仍大多認爲一個以促進創新力爲目的之組織必須具備以下十項管理功能（Kao, 1991）：

1.創造並分享願景。
2.清楚而有彈性的溝通。
3.人際間的相互支持。
4.團隊的領導與訓練。
5.讚美的修養。
6.尊重失敗。
7.運用衝突解決技巧。
8.明確訂定創新時程。
9.在開創性與資源的限制間取得平衡。
10.在願景與細節的注重間取得平衡。

三、職涯規劃

組織欲追求創新力，必須使組織成員瞭解目前所處之事業環境，且塑造組織與成員間的共同願景，所有的目標均爲提升組織競爭力，而這些目標與任務應使組織中所有成員充分瞭解。此外，組織應協助成員發展完善的職涯規劃，使其在個人生涯成長的過程中有實施新構想的機會（Edosomwan, 1987）。就前程因素而言，不同階段研發人員所需之生涯規劃方向並不相同，一般而言，新進人員尚未穩定，對生涯規劃的輔導需求較低；年資較長的研發人員對生涯規劃輔導的需求度較爲強烈，因此，企業必須以年資爲考慮因素，規劃員工不同的發展方向。

對於新進人員而言，若能直接提供富有挑戰性的任務，可協助其未來在生涯發展上成功。或可協助員工訂定生涯目標，並藉以發現訓練需求與新工作的輪調機會。新進人員固然會遭遇工作不適應的狀況，但工作年資界於三至六年者，其工作心理最爲浮動，也最需要主管或生涯導師的指導（劉怡媛，1988）；而工作滿十年者，容易進入創新停滯期，需要激勵生涯發展，以避免影響群體士氣；至於面臨中年危機者，則需對其進行再教育，激勵其重新學習，以培養第二專長；而即將面臨退休者，則有賴人力資源之相關人員對其進行生涯輔導與諮商（蔡玥珍，1991）。

除此之外，國內外多項研究均發現，「升遷機會」是影響研發人員工作滿足與離職傾向之重要因素（Agho, Mueller & Price, 1993; Garden, 1989；蕭琨哲，1992），但隨著年資的增加，由於組織所能提供之空缺越來越少，所以年齡之成長與升遷需求呈負相關（Lea, Brostrom & Richard, 1988）。就發展因素而言，研發專業人員通常有強度的成長需求，其需求內容多包含個人的成長機會、在職進修、國外派訓、新知識的訓練課程等，且不會因年資的不同而產生差異，但在需求方向上則有不同（蕭琨哲，1992）。根據曹國雄（1991）的研究發現，許多員工離職原因並非因爲對於現職的不滿，而在於其他競爭者提供更好的機會，因此，員工的生涯規劃若能與薪酬管理、授權賦能等相互配合，將能大量降低員工離職率。

四、訓練規劃

相較於管理導向的主管人員而言，專業導向的研發人員將更需要有關專業能力增強的教育訓練，以維持創新能力（Garden, 1989）。對於以創新力為關鍵成功因素的產業而言，越需要以完善的訓練規劃提升技術等級，否則將會被淘汰，而完善的訓練規劃來自於對未來訓練需求預測的準確性與訓練計畫和組織成員生涯規劃的結合度（Cascio, 1988; Brown, 1993）。

Lotito（1992／1993）曾針對美國的高科技產業進行實證研究，發現要使創新能力在產業界居於領先地位，唯有透過教育訓練來培養高技術的員工。Dollar（1993）亦認為，以高科技產業為例，在競爭激烈的國際市場中，短期內的利益來自於技術，但就長期觀之，技術將會成為產業間的公共財，唯有投入較多的教育訓練才是擁有比較利益的最佳方式。

由於知識的缺乏是導致錯誤發生的主要原因，因此，研發人員的訓練方向可由專業知識與跨功能知識二方面著手；專業知識可用以縮減解決問題的循環週期；跨功能性的知識則可用以增加對開發活動異動的應變能力，跨功能性的知識可透過輪調產生知識移轉，達到跨功能性知識的累積（Murmann, 1994）。

根據劉念琪（1991）的研究發現，創新人員在專業領域的表現較人際關係方面為佳，因此，應多給予研發人員有關人際關係方面的訓練以提升創新績效。隨著人口高齡化與技術的不斷升級，員工工作生涯的期間不斷增長，但技術的生命週期卻不斷縮短，因此，未來企業必須導入階段式訓練規劃的概念（李章順，1991）。

五、組織學習

學習是一種過程而非結果，而且學習的焦點在於組織而非個人，個人的學習必須與他人分享，再經評價與整合後才能成爲組織學習（organization learning），組織學習對企業所帶來的效益大於個人學習的總和。由於組織學習必須由個人發生，由工作中累積經驗與知識，所以組織學習既可以是一種溝通模式的學習，也可以是專業領域的學習。

組織學習是組織面臨外在環境不確定下，由過去經驗中學習如何採取新的活動，以因應環境的變遷（March & Olsen, 1976），或是組織所進行的結構重整（Simon, 1969）。是故，組織學習的目的即在於以組織力量，在面對外在環境的劇烈變動下所形成一連串的學習活動。

由於縮短創新活動時程的策略核心在於增加組織學習效率，因此，組織中的學習可視爲一個重複的過程，並藉此將個人見解發展成爲組織知識（Meyer, 1993）。組織學習亦可視爲在不確定性技術及市場環境中，爲達到提升創新效率，以維持或提升創新效率之努力過程（Dodgson, 1993）。

創新活動的重點在於產生過去從未發生過之事物，因此，其無法依賴第二手資料的學習（如經驗學習、模仿學習等），而必須建立創造學習的觀念，藉由改善活動、試驗、創新等活動的進行來學習，並達成創新目的（Lyles, 1992）。創造學習的觀念適用於技術開發階段，此時的學習重點在於對問題的定義與活動、答案的建構等（Meyers, 1990）。

組織學習的來源相當多，但必須與組織能力相關（Chiesa &

Barbeschi, 1994）。Cohen與Levinthal（1990）則認爲企業對外在環境的吸收與同化，將有助於企業內部創新活動的進行。組織學習的策略方向可分爲適應性學習（adaptive learning）與創新性學習（generative learning），適應性學習的目的在於增強組織成員解決現有問題的能力；創新性學習則是爲了培養組織成員重新研判問題的能力，使成員獲得新價值、新知識與新行爲，且包括適應未來環境變遷的能力（McGill, Slocum & Lei, 1994）。

在組織學習的過程中，學習動機可包含外在與內在二方面；對於外在動機而言，如未來願景的期待，對於內在動機而言，如自我認識、自我提升等。爲使組織成員能樂於融入組織學習的過程，企業未來必須兼顧外在與內在的需求，使組織成員能自發性的融入組織學習的過程中（Knowles, 1984）。

擁抱創新在於鼓勵與學習，一個組織若能體認環境變動的狀態是經常性事實，則必須設法強化組織的學習意願，使資訊能迅速轉換成智慧，並將構想精確地落實爲行動（Drucker, 1993）。學習活動能否順利進行的關鍵在於組織是否能塑造一個開放且相互信任的環境（張耀宗，1994）。高度交互的與激勵的學習環境能持續的協助發展創新活動（Quinn, 1985）。

六、組織授權

相對於過去集權式的組織架構而言，如何賦予組織成員權力以獲致成果，已成爲組織成功改造的關鍵因素之一（Gore, 1993）。降低創新活動時間的關鍵在於對團隊領導者授予明確的任務與必要的職權，並給予完全的支持（Cooper, 1994）。此外，創新小組應該要有絕對自主性，對創新團隊加以授權，以免浪費過多的時間在準備報告上（Uttal, 1987）。組織對創新團隊的正式檢討應該減少，以避免過度的干預，若能給予創新團隊更多的責任與彈性，將可使團隊成員更迅速因應變動，而增加創新活動的效率（Mabert, Muth & Schmenner, 1992）。

高階主管在組織中應對低階員工給予充分授權，而高階主管的任務僅在於組織方向的策略控制（Betz, 1987）。給予研發人員更充分的自主、自由，將能減少束縛，提高留職率（Cascio, 1988）。決策行爲就是做決定的行爲，可依序分爲目標決定、手段選擇與事實認定等三層次，高階主管僅負責目標決定；中階主管與低階員工則分別負責手段選擇與事實認定（董翔飛，1991）。

爲促使組織成員能主動參與企業決策，高階主管可採用參與式管理（participate management）、目標管理（objective management）與建議計畫（suggestion plan），給予員工學習如何參與企業決策的機會（李嵩賢，1996）。企業管理者應讓員工參與決策，授權員工組成自我管理團隊小組，聆聽員工的意見，員工也將樂於參與學習改善的活動（張耀宗，1994）。

七、人員選用

人員選用可分爲招募與調任二部分，團隊領導者的招募部分，由於團隊領導者會影響創新活動的進行速度與成功機率（Karagozoglu & Brown, 1993）。因此，團隊領導者是否有創意的態度，給予團隊成員自由的空間去思考創新的方法，是主要的選用條件（McDonough lll, 1993）。

McDonough lll（1993）曾針對專案領導者對新產品研發速度之相關性進行研究。發現對於專案領導者而言，職位、資歷、年齡、教育程度與創新成效呈反比之關係，其中，越少的教育程度可避免領導者過度管理，使成員陷入技術迷思中。

至於創新團隊的成員招募部分，應採自願參與方式，才能使團隊更積極、更有效率的達成目標（Gupta & Wilemon, 1990）。但其選用重點在於經驗，在於能否將工作上所學習到的經驗應用於創新活動中才是致勝關鍵。對團隊成員而言，成員的教育與創新成效呈正相關，而年資與創新成效則呈負相關（McDonough lll, 1993）。

由於在不同創新階段所著重的工作性質並不相同，所需之人力亦有不同，因此，企業往往必須按適當之時機投入適當之成員，以提高創新效率；但是Mabert等學者（1992）認爲成員的升遷與工作轉換將會由於不連續而延長創新時間，故應儘量避免，且全職成員比兼職成員更有助於創新時間的縮短。所以，原則上應當使用相同的一批人參與整個研發的過程，但若其在某一階段產生明顯的不適應時，則可將其調離，以使其在別的工作崗位上發揮更大的效用。

此外，企業內部若能透過事前規劃選拔優秀人才，當較高職位出缺時優先考慮由內部選任，將能有效提高組織員工的士氣（林江風，1992）。

八、職位管理

在過去的職位管理中，專業人員在組織中必須同時參與專業體系與行政體系，亦即必須同時扮演兩種不同的角色，且由於專業職位與行政職位在組織中所抱持之原理原則完全不同，因此容易造成角色的衝突與混淆（Scott, 1996）。

Garden（1989）認爲，可根據發展方向與工作內容的不同，將組織成員劃分爲管理導向的主管人員與專業導向的專業人員，並進行雙軌體系（dual system）的管理。其目的在於（詹靜芬，1995）：

1. 爲所有不願意或不能升任行政層級的專業人員提供升遷機會。
2. 使得在專業領域上有所成就的專業人員能獲同樣待遇、聲望、地位與成就感。
3. 爲專業人員提供較大的自主空間。
4. 使行政職位體系不致於干擾專業人員的專業貢獻。

Starr（1992）亦認爲，爲防止現行作業活動影響創新活動的進行，新產品創新活動應與現行作業活動分開，所以新產品研發小組應從現有組織體制中分開，以免受到官僚體系的影響。

九、績效考核

Mohrman（1988）等學者的研究發現，由於創新人員多處於多變的環境之中，很難透過事前的績效規劃或完美的工作分類提升績效；此外，由於創新人員在進行開發工作時，更需要合作與協調，因此，績效管理的方式若以工作團隊爲基礎將較適合。

對創新活動的績效考核而言，發明與創新是其關鍵所在（毛治國，1985），而且高科技產業都會極力推動內部的改變動因，以利創新活動的進行（陳雲紋，1988），基於力求創新與發明的精神，應將產品創新的件數及產品獲得專利的件數加入績效考核的構面之中（許宏明，1995）。

十、薪酬管理

Lehr（1988）在3M公司進行實證研究時發現，企業必須透過不斷的回饋獎勵與肯定讚許來刺激組織成員進行創新活動。因此，企業對於各部門與各成員所提出之構想應予獎勵，才能刺激創新活動的推展（Edosomwan, 1987）。

物質報酬與權力的授予對研發人員而言，能明顯影響生涯發展策略中之事業驅動力，因此，必須隨時注意研發人員之薪資與福利的配合（劉怡媛，1988）。由研究中亦發現，高薪資者較低薪資者有較高的工作滿意度與組織承諾。因此，若能加強薪酬與福利方面之獎勵，對於創新力之增強將能產生明顯的效果（林詩芳，1993）。此外，專業型導向的研發人員較一般人員重視內在報酬的獲得以及個別認同的給予，例如，公開發表成果、獎勵等。Cascio（1988）曾針對新加坡之惠普公司進行實證研究，發現新的人事政策（如分紅入股、完善的福利等）對降低研發人員的流動率有顯著的影響。

人力資源策略與創新活動的整合分析

「組織正如生物一般，有其生命週期，在週期中的每一階段，都需歷經其特有的掙扎與蛻變。但不同於一般生物的是，企業組織不必非要逐漸老化，直到死亡。」（Adis, 1991）沒錯，但企業組織之所以能擺脫老化或死亡的關鍵就在於創新力的掌握，唯有掌握創新力，並將其落實於組織的實際運作中，形成創新活動，才能眞正爲企業創造持續競爭優勢，且立於產業中不敗之地位。

經本文綜合中外學者的文獻後發現，一個成功的創新活動必須同時兼具效能與效率，「效能」可使創新活動之結果商業化，以爲企業創造利潤；「效率」則可縮短創新活動所需時間，以制敵機先。由於「人」是企業所不可或缺的主要因子，因此，人力資源在此所扮演的角色，即在於提升人力對於創新活動的貢獻，並進而協助推動創新活動，使其能達效能與效率兼具的目標。爲進一步整合人力資源策略對創新力可能產生之影響，以下將整理相關文獻列表分析之。（如**表3-1**至**表3-10**）

經文獻的蒐集與整理後，本文發現人力資源策略在促進創新活動的成功過程中扮演不可或缺的角色，而一創新活動亦需同時搭配人力資源策略的施行，才能爲企業創造競爭優勢。因此，本章即根據此一概念，繪製成功創新活動的模式圖（如**圖3-2**）。

影響創新活動成敗的變數很多，若以商業化作爲成功的標的，包括：機器設備、行銷策略、財務規劃等，均可能影響創新活動的最終結果。但是，無論在創新活動的過程中融入多少變數，人力資源策略仍是創新活動成敗的基本因子，透過人力資源策略的規劃，企業可將其所擁有之人力素質發揮至極限，自然也能藉此影響其他變數的投入品質。除了人的因素之外，職務本身與組織背景因素均是影響創新活動的主要槓桿來源（Kao, 1989）。

本章從許多中外的文獻中發現，足以影響創新活動的人力資源策略構面相當多，但是，創新力之所以爲企業之核心知能，且爲競爭者所難以模仿者，即在於其必須能隨外在環境之變化而變化，是極富彈性的一種組織能力。

表3-1　企業文化

專家學者	策略內容	對創新活動的影響
Frohman（1982） Twiss（1986）	建立激勵與支持創新活動的組織文化	·增進創新活動的成功機會 ·增加創新商業化的比例
Betz（1987） Edosomwan（1987）	建立鼓勵學習與容忍嘗試的企業文化	·避免創新活動的挫折使組織成員裹足不前 ·使組織成員能在各自的責任範圍內自由地進行新構想的產生與測試
Gupta（1990） 蔡敦皓 周德光（1994）	建立創造性的工作氣氛	·培養組織成員的創新力 ·培養組織內非正式的人際關係 ·使員工彼此間產生信賴感，減少部門間對創新團隊的不信任
Gupta（1990） Vesey（1991）	建立組織成員推行創新活動的共識	·加速創新活動的進行 ·增強創新活動的效能 ·使創新活動的成果能迅速推出市場
Frohman（1982） Maidique & Zirger（1984） Quinn（1985） Cyber（1988） Weis（1988） Gupta & Wilemon（1990）	高階主管的支持與承諾	·便於營造一具有創新氣氛的組織環境 ·增加創新活動的成功機會

表3-2　組織結構再造

專家學者	策略內容	對創新活動的影響
Hull & Hage（1982） Olsen（1995）	有機式結構	·促進高效率的創新活動 ·建立組織內部的創新氣氛
Drucker（1984） Albrecht（1987） McGill（1992）	創新性組織	·利於組織進行創造性學習 ·能夠隨時因應外在環境的轉變 ·培養組織內的創新氣氛
Hull & Hage（1982） Betz（1987） 王國明等（1992）	扁平化組織	·提供創新活動所需的非正式溝通 ·促進組織成員間的自我學習 ·促進高效率的創新活動 ·保持組織彈性與機動性
Rockart（1990） 王國明等（1992）	專案團隊	·提升創新活動的效率 ·利於組織內部的整合
王國明等（1992）	矩陣式組織	·利於組織內部的整合
Starr（1992）	快速反應組織	·打破官僚體系的限制
McGill（1992）	網路式組織	·以共識價值達到自我控制的效果 ·利於創新人員以團隊的方式運作

表3-3　職涯規劃

專家學者	策略內容	對創新活動的影響
Edosomwan（1987）	建立共同願景	‧協助組織成員發展完善的職涯規劃 ‧使組織成員在個人生涯成長的過程中有更多實現新構想的機會
曹國雄（1991）	結合人力資源管理之其他功能面	‧降低創新人才之流動率
劉怡媛（1988） 蔡玥珍（1991） Aldag & Steams（1991）	以年資爲基礎的生涯規劃差異化	‧使處於各階段的組織成員均有一最適當的生涯發展方向

表3-4　訓練規劃

專家學者	策略內容	對創新活動的影響
Cascio（1988） Lotito（1992/1993） Dollar（1993） Brown（1993）	完善的訓練規劃體系	‧提升技術等級 ‧使創新能力在產業中居於領先地位 ‧獲取企業經營的長期利益
Garden（1989） Murmann（1994）	專業知識的強化	‧維持創新能力 ‧增加解決問題的能力
Murmann（1994）	加強跨功能性知識	‧增強對創新活動異動所需之應變能力
劉念琪（1991）	加強人際關係的訓練	‧提升創新績效
李章順（1991）	階段式的教育訓練規劃	‧使組織成員的工作生涯能獲得最佳之運用 ‧解決技術生命週期不斷縮短所帶來的威脅

表3-5 組織學習

專家學者	策略內容	對創新活動的影響
Simon（1969） March & Olsen（1976） Quinn（1985） Lyles（1992） Meyer（1993） Dodgson（1993）	建立企業內組織學習的觀念	‧提升創新活動的效率與效能 ‧應付外在環境所帶來的劇烈變動
Levinthal（1990）	吸收與同化外界資訊	‧加速創新活動的進行
McGill, Slocum & Lei（1994）	適應性學習	‧增強組織成員解決現有問題的能力
McGill, Slocum & Lei（1994）	創新性學習	‧培養組織成員研判問題的能力 ‧使組織成員具有適應未來環境變遷的能力

表3-6 組織授權

專家學者	策略內容	對創新活動的影響
Cooper（1994）	對團隊領導者明確的授權	‧降低創新活動所耗費的時間
Uttal（1987） Mabert, Muth & Schmenner（1992）	給予創新小組絕對的自主性	‧降低創新活動所耗費的時間 ‧使團隊成員更迅速的面對外在環境的變動
張耀宗（1994） 李嵩賢（1996）	參與式管理、目標管理與建議計畫	‧使員工學習參與企業決策的機會 ‧使員工樂於參與學習改善的活動
Cascio（1988）	對低階員工充分授權	‧降低員工離職率

表3-7　人員選用

專家學者	策略內容	對創新活動的影響
Karagozoglu & Brown（1993） McDonough lll（1993）	以創新能力作爲團隊領導者的選用依據	・使團隊成員有更自由的空間思考創新的方法與想法 ・縮短創新活動的時間 ・增加創新活動的成功機率
Gupta & Wilemon（1990）	以自願方式招募團隊成員	・使團隊更積極與更有效率的達成目標
Mabert et al（1992）	以全職員工代替兼職員工	・縮短創新活動所需時間
林江風（1992）	職位出缺時由內部優先選任	・提高團隊士氣

表3-8　職位管理

專家學者	策略內容	對創新活動的影響
Garden（1989） 詹靜芬（1995） Scott（1996）	職位雙軌制	・避免造成工作角色的混淆與衝突 ・避免現行作業活動影響創新活動的進行 ・提供創新人員更多的升遷機會 ・提供創新人員更大的自主空間
Starr（1992）	將創新團隊由現行體制中獨立出來	・避免創新團隊受官僚體系的影響

表3-9　績效考核

專家學者	策略內容	對創新活動的影響
Mohrman（1988）	以工作團隊爲績效考核的基礎	·符合創新人員的工作特性（合作與協調）
毛治國（1985） 陳雲紋（1988） 許宏明（1995）	將創新活動的具體績效納入績效考核的內容	·符合創新與發明的精神 ·加速創新活動的進行

表3-10　薪酬管理

專家學者	策略內容	對創新活動的影響
Edosomwan（1987） Lehr（1988）	持續的回饋獎勵與肯定讚許	·刺激創新活動的推展
Janch（1988） Taylor（1990） 劉宜媛（1988） 林詩芳（1993）	同時提升有形與無形的報酬	·較高的工作滿意度 ·較高的組織承諾 ·增強創新績效
Cascio（1988）	實施新的人事政策（如分紅入股等）	·降低人員流動率

企業文化	組織結構再造	職涯規劃	訓練規劃
・激勵與支持 ・鼓勵學習 ・容忍嘗試 ・成員信念 ・創造氣氛 ・主管支持	・創新性組織 ・扁平化 ・有機式 ・專案團隊 ・矩陣式 ・快速反應 ・網路式	・共同願景 ・差異化 ・整合其他功能	・完善體系 ・專業知識 ・跨功能知識 ・人際關係 ・階段式規劃
		職位管理 ・職位雙軌制 ・系統獨立	**績效考核** ・團隊基礎 ・具體績效

創新活動 →

組織學習	組織授權	人員選用	薪酬管理
・建立觀念 ・吸收同化外界資訊 ・適應性學習 ・創新性學習	・團隊領導者 ・創新小組 ・低階員工 ・參與式管理 ・目標管理 ・建議計畫	・創新導向 ・自願招募 ・全職任用 ・內部選派	・持續回饋 ・提升報酬內容 ・人事政策

圖3-2　創新活動的模式

高科技產業人力資源策略與創新發展之現況

二十世紀經濟成長的主要來源是技術進步。未來，在全球競爭激烈的世界中，傳統的天然資源與資本不再是經濟優勢的主要原因，新知識的創造與應用將更形重要。目前政府積極以科技白皮書公開宣示六大行業，爲未來產業發展重點。但是如果缺少動態、創新與知識密集的特性，我們推動的只能算是高科技產業的製造基地，並不算擁有高科技技術的核心知能。因此，如何運用人力資源策略去開發企業組織創造力、形成創新活動，進而建立競爭優勢是企業策略規劃的重點。

一、我國高科技產業的特性

我國高科技產業目前以電腦、周邊設備製造以及積體電路等行業爲主要。而在產業競爭優勢評估上，目前高科技產業廠商認爲其在製造品質及技術、品牌形象、資金調度能力、品管控制能力及市場資訊取得能力上具有競爭優勢，其中又以製造品質及技術爲最，並約有三分之一的廠商認爲其在專利數上有落後的優勢評估，顯示我國在技術研發上仍須再努力。以上述的製造品質與製造技術爲基礎，未來要建立符合「科技島」發展目標的眞正高科技產業，應以新產品數目、製程改善程度、產品附加價值、從業員工學歷、智慧財產權數量、研究發展支出比例、動態組織調整彈性及系統整合能力等爲努力方向。

二、創新力與創新活動的關聯性

我國高科技產業企業的創新力與創新活動之間呈現低度正相關，表示企業組織創新力的高低與創新活動的實施與否相關程度甚低。因此，爲提高組織創新力，企業不應只是實施工作獎金、工作豐富化或品管圈等創新活動，應從組織軟硬體等做全面改善才能提高組織創新力。而創新活動能否協助企業關鍵成功因素之形成，發現我國高科技產業企業實施的創新活動與其創新活動績效之間呈現高度正相關，表示創新活動的實施成效會影響創新活動績效的滿意度（李漢雄，1999）。

再者，就人力資源策略支持創新活動的探討上，基本人力資源策略的重要性與創新活動成效之間呈正相關，表示基本人力資源策略的重要性程度與創新活動的成效有正面影響。而加速創新人力資源策略的重要性與創新活動實施之間則呈現略高於前者的正相關，表示加速創新人力資源策略之重要性程度對創新活動的實施成效有更高的正面影響。而就人力資源策略實施成效與創新活動的關係來看，基本人力資源策略的實施成效優劣與創新活動成效之間呈高度正相關，表示基本人力資源策略的實施成效與創新活動的成效有正面影響。而加速創新的人力資源策略的實施成效與創新活動實施成效之間則呈現略高於基本策略的正相關，表示加速創新人力資源策略之實施成效對創新活動的實施成效有更高的正面影響。由此可得知人力資源策略的重要性程度和實施成效對創新活動的正面影響，其隱含可能能支持創新活動。

三、影響組織競爭優勢的科技創新力

目前高科技產業廠商認為其在製造品質及技術、品牌形象、資金調度能力、品管控制能力及市場資訊取得能力上具有競爭優勢，其中又以製造品質及技術為最。若以高科技產業廠商所實施的創新策略及加速創新的活動成效來看，大致上策略及活動的實施成效都在水準之上，其中以工作團隊及製程作業研發的策略及活動實施成效最好，提案制度的實施成效最差。配合吳思華教授定義的高科技產業特質——動態、創新及知識密集來看，我國目前高科技產品的製造品質與製造技術已具競爭優勢，未來要建設符合「科技島」發展目標的眞正高科技產業，應以發展高附加價值的智慧財爲主。而所需的科技創新力即在於高學歷員工的研究精神及知識、企業研發能力、產品專利數開發等。未來我國高科技產業應以新產品數目、製程改善程度、產品附加價值、從業員工學歷、智慧財產權數量、研究發展支出比例、動態組織調整彈性及系統整合能力等，作爲努力方向及創造企業競爭優勢指標。

四、人力資源策略對創新力發展與創新活動導入之影響

研究結果顯示，不論是基本人力資源策略或加速創新的人力資源策略（即圖3-2所示之創新策略）對組織創新力的解釋能力都不高，但仍然是加速創新的人力資源策略會略高於基本人力資源策略的解釋力。其中在基本人力資源策略方面，只有組織授權分配的因素達到顯著水準，顯示當組織授權的實施成效越好時，對組織創新力將有正面提升作用；而加速創新的人力資源策略方面，則只有組織學習達到顯著水準，顯示當組織學習的實施成效越好時，對組織創新力將有正面提升作用。以組織創新力來說，企業組織須著重的人力資源策略是組織授權及組織學習方面的運作。

其次，創新活動又分爲創新活動本身的實施成效及實施創新活動所獲之績效滿意度兩層面。在創新活動成效方面，加速創新的人力資源策略對創新活動成效的解釋力很高，而基本人力資源則顯得較不能解釋創新活動成效。其中，基本人力資源策略要注意的顯著影響因素是組織再造及職涯規劃，顯示當組織再造及職涯規劃的實施成效越好時，對組織創新活動成效將有正面提升作用；而加速創

新人力資源策略中要注意的顯著影響因素為企業文化及職涯規劃，顯示當具創新的企業文化及職涯規劃的實施成效越好時，對組織創新活動成效將有正面提升作用。在實施創新活動所獲績效滿意度方面，基本的人力資源策略及加速創新的人力資源策略對實施創新活動所獲績效滿意度的解釋力皆很高。其中，基本人力資源策略要注意的顯著影響因素是績效考評，顯示當績效考核的實施成效越好時，對組織創新績效的滿意度將有正面提升作用；而加速創新的人力資源策略中要注意的顯著影響因素則為職涯規劃，顯示當職涯規劃的實施成效越好時，對創新績效滿意度將有正面提升作用。以組織創新活動成效來說，企業組織須著重的人力資源策略是組織再造、職涯規劃及企業文化方面的運作；以組織實施創新活動績效滿意度來說，企業組織須著重的人力資源策略是績效考評及職涯規劃方面的運作。

再者，創新力發展和創新活動導入無非都是希望達到企業競爭優勢的創造或維持。因此，若由人力資源策略來嘗試解釋企業競爭優勢的情形，基本人力資源策略對企業競爭優勢的解釋能力遠高於加速創新的人力資源策略對企業競爭優勢的解釋能力。其中，在基本人力資源策略方面，須注意的顯著影響因素為組織授權及職位管理，顯示當組織授權及職位管理的實施成效越好時，對企業競爭優勢將有正面提升作用；在加速創新人力資源策略方面，須注意的顯著影響因素為組織再造，顯示當具創新的組織再造的實施成效越好時，對企業競爭優勢將有正面提升作用。以企業競爭優勢來說，企業組織須著重的人力資源策略是組織授權、職位管理及組織再造方面的運作。

綜上所述，將本節結論整理為人力資源策略對創新力發展及創新活動導入影響策略模型圖，其示意及說明如**圖3-3**。

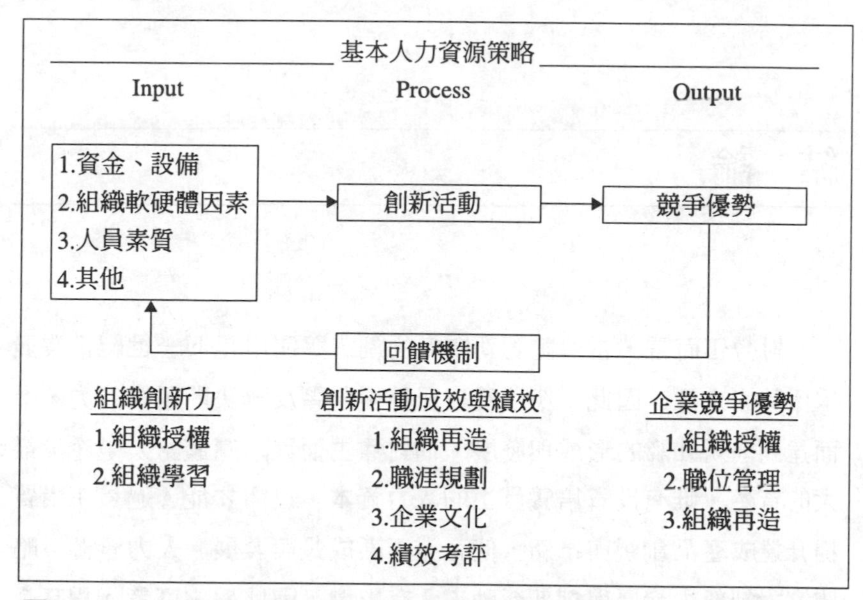

圖3-3　人力資源策略對創新力發展及創新活動導入影響策略模型

資料來源：李漢雄（1999：30）

以系統理論（輸入、過程及產出）來看，企業組織本身的資金、設備、人員素質及組織軟硬體因素（如組織架構、人事制度、組織氣候）等輸入因素會透過創新活動的過程來促成企業競爭優勢的形成或維持。其中在輸入的諸多因素中，待形成的組織創新力會受人力資源策略中的組織授權及組織學習活動影響。而創新活動的過程，則可藉由良好的組織再造、職涯規劃、企業文化及績效考評等人力資源策略的實施來提升效益。在促成的企業競爭優勢產出上，則可透過理想的組織授權、職位管理及組織再造的人力資源策略來協助達成。然此系統的動態維持還須包含基本人力資源策略的實施成效良好及適當的溝通回饋機制才算完全，亦即企業組織必須認同人力資源管理的功能使其完全參與企業運作，並且保有定期稽核與反應的回饋機制，使得企業透過不斷改善維持彈性。

結　論

對勞工而言，當須體認新知識的創造與運用是下一世紀企業競爭優勢的來源，因此，應培養自己積極學習及解決問題的能力，進而達到創新知識的形成與發展。而對雇主而言，應體認人是企業最大的資產，唯有投資培養員工的人力資本，組織才能透過員工素質提升達成產品創新與革新，使企業不斷成長與發展。人力資源策略確實對創新力發展與創新活動導入有影響，因此雇主可考慮提高企業人力資源管理的層次，使其更主動深入企業全面性策略，並且落實各項人力資源策略實施，使其促成企業創新活動進而形成或維持企業競爭優勢。對政府而言，20世紀經濟成長的主要來源是技術進步。未來，在全球競爭激烈的世界中，傳統的天然資源與資本不再是經濟優勢的主要原因，新知識的創造與應用將更形重要。目前政府積極以科技白皮書公開宣示六大行業，爲未來產業發展重點。但是如果缺少動態、創新與知識密集的特性，我們推動的只能算是高科技產業的製造基地，並不算擁有高科技技術的核心知能。未來要符合眞正高科技產業特質，應以新產品數目、製程改善程度、產品附加價值、從業員工學歷、智慧財產權數量、研究發展支出比例、動態組織調整彈性及系統整合能力等爲努力方向。

再者，有些企業主管認爲因爲政府在教育制度上的缺失，使得企業在追求產品創新與研發技術上付出了更多的成本。因此，政府爲發展科技島的承諾，除總體人力資源政策應調整外，在人才規劃及教育改革上也應迎頭趕上，協助企業獲得適當人才發展眞正科技研發等創新知識，而政府目前積極推動的終身學習則無疑能協助創新力形成及創新活動實施成效。

4 組織設計與改造策略

□組織設計與企業策略
□團隊型組織
□組織改造
□流程再造
□組織分析與診斷

組織設計與企業策略

策略包括了對任務、目標及行動方案的選擇；就組織設計而言，可能有許多策略可供選擇，藉以創造競爭優勢。過去品質與成本一向是競爭策略所探討的主題，如今已轉變為產品或服務運送給客戶的「速度」上。而傳統的官僚組織與文化由於缺乏彈性，無法因應產業的快速改變。因此，組織設計如何在「彈性」與「速度」上創造競爭優勢實在是一個相當重要的課題。

一、組織設計與競爭策略

所謂策略是企業為達其組織目標與競爭環境之間的互動計畫，策略是用來達成目標的手段。就組織設計而言，經理人應該研究如何建立內部組織特色，去對企業的永續經營做出貢獻。Daft（1998）從「追求組織卓越」的一些文獻中整理出下列四種策略類型：

1.策略導向：

- 接近客戶
- 快速反應
- 清楚的企業焦注與目標

2.高階管理的管理技巧：

- 領導願景

・行動取向

・形成核心價值

3.組織設計：

・簡單的形式與精簡的人員

・透過授權去增進創業精神

・在財務與非財務的績效評量與控制上追求平衡

4.企業文化：

・營造信賴的組織氣候

・鼓勵透過員工提升生產力

・採取長期的觀點

從策略的觀點，組織設計必先發展一種架構去評估外部環境以及組織如何因應。Ducan早在1972年即提出一套環境不確定性（uncertainty）的評估架構。他將環境複雜度區分爲簡單與複雜，將環境變化區分爲安定與不安定，再將這四個因素交叉構成四種環境不確定性的指標：

1.低度不確定性——簡單且安定；如飲料、食品加工等。

2.低、中度不確定性——複雜但安定；如電器製造、化學、保險公司。

3.高、中度不確定性——簡單但不安定；如化妝品、時裝、玩具製造商。

4.高度不確定性——複雜且不安定；如電腦、航太、通訊行業。

組織要如何因應環境的不確定性？組織需要其內部結構與外部環境達成「適配」（right fit）的一致性。組織因應外部環境的不確定性，通常採取下列策略（Daft, 1998）：

■職位與部門

外部環境的複雜度增高，內部組織的職位與部門數量也增加，內部複雜度也隨之增高。

■緩衝與跨越延伸界線

爲了配合外部環境的不確定性，組織內部可以成立緩衝（duffering）部門以吸納環境的不確定性。例如，惠而浦（Whirpool）每年付出不少經費去請客戶試用他們的產品；約翰・迪爾（John Deere）派生產線上的員工去拜訪農場以瞭解客戶所關切的問題點。而所謂「跨越延伸界線」（boundary spanning）係指組織與外部環境的主要角色相互交換情報的作法，藉以掌握環境變遷資訊，選出有利於組織的訊息。

■差異化與整合

爲了回應環境的不確定性，組織內各部門在認知、價值觀及目標上應有所差異；但應透過委員會、任務編組等方式去推動部門與部門間的合作整合。

■有機式的vs.機械式的管理過程

外部環境如果是安定的，通常大多採用機械式的（mechanistic）組織系統；但是在快速變遷的環境，有機式的（organic）組織反而是一種較爲合適式的組織結構。

■制度的模仿

企業爲了因應環境的不確定性，可以採用合併的方式去結合其他企業的能耐，變得更有競爭性。另外，也可模仿其他公司的成功作法，尤其是面臨同樣環境下的因應策略、管理技術與組織結構。

■規劃與預測

面臨環境不確定性的最後的絕活只有增進規劃及環境預測能力。

為了因應組織的不確定性，Daft（1998）特別規劃了一個組織因應的權變架構（contingency framework）。此一架構配合Duncan（1972）的四種環境不確定類型，提出組織設計上的不同策略，此一權變架構如**圖4-1**說明。

組織設計從古典派、新古典派到權變式的組織設計，已漸漸脫

環境變化 ＼ 環境複雜度	單純	複雜
安定	低度不確定性 ・機械式結構、正式、集權 ・較少的部門 ・很少的模仿 ・依目前的作業為取向	低中度不確定性 ・機械式結構、正式、集權 ・許多部門，有些跨越延伸界線行為 ・很少整合性角色 ・有一些模仿 ・有一些規劃
不安定	高中度不確定性 ・有機式結構、團隊工作、參與式、授權的 ・較少的部門、較多的跨越延伸界線行為 ・很少整合性角色 ・很快模仿 ・規劃導向	高度不確定性 ・有機式結構、團隊工作、參與式、授權的 ・許多部門，差異的、廣泛的跨越延伸界線行為 ・許多整合性角色 ・廣泛的模仿 ・廣泛的規劃、預測

圖4-1　組織因應環境不確定性的權變架構

資料來源：Daft（1998: 87）

離過去的強調分工及集權，改爲現在的重視個人的獨特性與環境的要求。榮泰生（1996）將Porter競爭策略的觀點與前述組織設計的演進整理出以下「策略一致性」的概念：

1. 古典派設計所強調的是複雜性、正式化及集權，故能配合成本領導者策略。
2. 強調差異化的組織，應採取新古典派的組織設計，即複雜性低、正式化程度低、集權程度低。
3. 採取集中策略的組織，則應採取古典派與新古典派混合的組織。

上述的說法與Robbins（1998）的說法不謀而合。Robbins認爲當企業採用創新策略時需要的是寬鬆結構、低度專業化、低度正式化、分權的有機式組織。當採用降低成本策略時應改用緊密控制、工作專業化、高度正式化及高度集權的機械式組織。至於採取模仿（imitation）策略時則應採用機械式與有機式的混合體；即針對現有活動嚴密控制，而對新的活動採較寬鬆的控制。

二、高績效的彈性組織

彈性，能因應變化的組織就是一個有競爭力的組織，但是，彈性的觀念帶給組織的不只是組織設計，還包括了彈性的員工、彈性的科技、彈性工時、彈性的思考，甚至彈性的經理人等（Pasmore, 1994）。

彈性的員工是心態開放、願冒風險、自信、關心別人、對學習有興趣的；他們是具有創意的一群。其實人生下來就應具有彈性的基因，只是我們活在傳統的官僚式組織中，讓我們變得沒有彈性。

因此，增加員工的彈性最佳的方法是幫助他們有效地參與決策；因爲要參與決策，他們就必須學習各種參與所需的技能。同時參與也可以影響員工的工作態度，增進員工對工作的投入及對組織的認同。但是「參與」不能只是說說而已，它需要在組織設計、工作設計、人力資源管理政策及整體企業文化的配合。

發展員工參與的能力需要提供員工必要的訓練與協助。參與基本上是達成目的的方式，是一種整合個人與組織需求的形態。如果把參與看成是一種變革，那麼組織變革與人的變革二者是指同一件事。

最近企業組織大量使用資訊科技去提升競爭力，如果使科技更具彈性，首先必須使員工更有彈性，學習如何有效運用科技。另一種員工彈性是指「差異性」（diversity），差異性可以在同一情況下發展出不同的思考觀點，使得解決問題的方式更具彈性。

爲了發展彈性員工、彈性科技，首先必須重視員工訓練發展，對於取得科技能力的努力給予獎勵。在工作分派與任用決策上，應該考慮目前的科技水準，允許員工花時間學習新的系統。至於科技系統的設計者應該學習「變革管理技巧」。組織的階層控制系統應儘可能消除，讓員工透過對工作的認同去控制自己的工作。此外，訓練員工系統思考的能力也是相當重要，使員工在思考問題時能將每一系統看成「社會科技系統」，重視內外環境的變遷。

彈性的工作（flexible work）不應只是增加任務，讓員工負更多責任，也非傳統的工作豐富化或工作擴大化。彈性的工作是要求員工的技能彈性，包括多樣技能與問題解決能力。讓員工可以在面對客戶的需求，能自行決定他（或她）應該操作的方式，去滿足客戶的需求。因此，爲了達成工作彈性，員工必須不斷學習新的技能，學習如何與不同的人相處。組織也應提供開放的環境，給予創新或任務完成獎酬，並依照專長分派決策範圍。Pasmore（1994）認爲彈性的工作場所的學習課程應包括：

1.人際技巧（human skills）。

2.專業能力（technical skill）。

3.商業常識（business skill）。

過去彈性的思考在研發、行銷和管理部分特別重要，但是未來彈性的思考對每一職務而言都是重要的。換言之，未來我們需要的員工是「知識工作者」。知識工作者的工作內容包括：探索、形成問題、溝通觀念、尋求支援及對行動方案形成共識等。在我國政府部門組織體系中的第一線員工往往是最優秀的（高普考的及格者），但是因爲缺乏授權作決策，久而久之也缺乏彈性思考。因此，唯一的解決方法就在於如何去除這一種傳統的官僚體制。其次，應該提供員工解決問題的機會，或透過集體思考的機制，並給予充分授權去實踐其行動方案。

如何讓組織會思考？有五個原則：

1.組織設計必須去除官僚階層。

2.組織必須被允許有最大自由的移動。

3.組織必須廣爲流傳、分享、容易取得。

4.組織必須在目標設定和行動整合時要求員工參與。

5.組織必須提供激勵、支持和獎勵學習的機制。

未來的「思考性組織」包含核心與周邊兩部分。核心的部分包括市場研究、人力資源或資訊管理等，提供專家及資源的支援；周邊部分則由不同階層的工作團隊（或稱學習團隊）組成。

彈性管理是指依情況需求，持續地改變領導者的角色與任務。

表4-1　官僚式組織運作與彈性管理的主要差異

官僚式組織運作	彈性管理
1.領導的權責依階層定義完善	1.領導的權責依情況需要時常在變
2.唯一權責系統	2.透過共識去發展規範與價值體系
3.對每一職務均有一套流程	3.共同參與研發流程系統
4.彼此關係不受個人影響	4.充分表達，公開辯論
5.選用的指標基於個人的專業知能	5.選用的基準爲知識與技能
6.嚴謹的組織分工	6.以短期任務爲導向的整合型專案團隊

過去官僚式組織的運作無法即時反應環境的變化或客戶的需求；未來則必須由彈性管理來給予取代。官僚式組織運作與彈性管理的主要差異歸納如**表4-1**（Pasmore, 1994）。

三、科技與組織設計

Woodward早在1965年的研究即發現：成功的小批量、持續製造流程的組織採用有機式組織；大量製造的成功企業則採機械式組織。組織結構特性與科技生產型態的一致性對企業成功與否有相當大的影響。今日的企業組織在追求競爭優勢同時，自然也必須考慮策略、科技與組織結構三者之間的共同一致性關係。例如，科技必須支持「彈性的」策略，組織結構與管理流程必須一致。當組織採用電腦整合製造系統時，除非採取新的組織結構與流程，授權員工並支持一個學習的環境，否則不易創造競爭優勢。服務業在引進科技系統時，在組織結構與控制系統上需要將核心員工擺在越接近客戶的位置上。

Daft和Macintosh（1978）將科技依任務變異性（variety）的高低及工作活動可分析性（analyzability）的高低分成下列四種構面：

1.例行性——變異性低、可分析性高。

2.工匠式（craft）——變異性低、可分析性低。

3.非例行性——變異性高、可分析性低。

4.工程式（engineering）——變異性高、可分析性高。

Daft（1998）更進一步將上述四種科技類型與組織結構和管理特性的關係再作以下說明（如**表4-2**）。

此外，科技越先進，通常需要員工在決策上的廣泛參與，決策的速度要快，並且更能運用組織的智慧（intelligence）。因此，組織在設計上要扁平化，以資訊爲中心，鼓勵員工參與、自主，改善溝通，提供較少狹窄的工作及較多專業人員的比率。總之，「彈性」、「一致性」及「速度」是企業在組織設計上追求競爭優勢的主要來源，唯有透過策略思考過程，才能將組織設計與競爭策略相結合。

先進的資訊科技可以降低中階主管及行政支援人員的需求，輕

表4-2　四種科技類型與組織結構和管理特性的關係

組織結構與管理特性	例行性	工匠式	非例行性	工程式
1.有機對機械式	機械式	大部分有機式	有機式	大部分機械式
2.正式化	高度正式化	適度正式化	低度正式化	適度正式化
3.集權化	高度集權	適度集權	低度集權	適度集權
4.人員之資格	很少的訓練、經驗	工作經驗	訓練加經驗	正式訓練
5.控制幅度	寬的幅度	適度到寬的幅度	適度到窄的幅度	適度幅度
6.溝通與協調	垂直、書面溝通	水平、言語溝通	水平溝通、開會	書面與言語溝通

薄的組織與較小的階層。整體而言，資訊科技可以透過作業效率的提升、部門之間的協調及快速再供應等來降低成本。可以鎖定客戶，提供客戶服務、發展產品與市場利基等，進而造成差異化。成本降低及差異化，事實上就是競爭優勢的主要來源。

團隊型組織

組織正面臨轉型，並且以團隊運作爲未來發展趨勢。團隊型組織是以客戶爲導向所建立的組織型態，用以激發組織應變的彈性，進而協助建立企業的競爭優勢。

團隊合作是未來組織發展的方向，根據美國訓練發展協會（American Society of Training and Development）的調查發現，若增加組織中團隊的分量，工作表現與成果都會有顯著的進步；有70％的公司增加生產力，72％的公司改善了品質，55％的公司減少了廢料，65％的公司改善了員工工作滿意度，55％的公司提高了客戶滿意度。除此之外，生產時間的安排更有效率，生產目標的設定更精進，團隊成員解決爭議的能力加強了（陳怡如譯，民85：294）。Zenger等人（1993）在其著作 *Leading Teams* 中指出：「一份針對全美員工高度參與的組織所做調查顯示，69％的管理者指出，組織改採團隊制後，員工工作滿意度大爲改善。有更高百分比的管理者表示，實施團隊制度改善了其他各項企業指標。」（譚家瑜譯，民84）。

一、團隊型組織的特性

Tompkins（1995）認為未來最成功的組織將是團隊型組織，團隊型組織的優點如下：

1.能迅速反應環境變化，並且能有效掌握機會。

2.品質及顧客服務更好。

3.減少成本並增加利潤。

4.改善溝通、士氣及員工滿意度。

5.比非團隊型組織表現優異。

本來最成功的組織將是團隊型組織，而影響團隊型組織成功的因素很多。建構團隊型組織，首先組織目標和變革策略必須符合公司策略，其次必須建構在一個工作知識環境，最後願景的引導及各階層員工的支持等都是主要的關鍵。至於在建構團隊型組織的過程中，Walton（1985）認為適合團隊型組織採行的策略有：

1.強調完整性的工作。

2.依改變的狀況決定彈性的責任。

3.扁平式組織。

4.工資差異較小，不強調階級。

5.合作和控制強調以目標分享、共同價值及慣例為基礎。

6.多樣的報酬以創造公平及增強群體成就感。

7.就業保障措施。

8.鼓勵員工廣泛參與。

9.共同分享商業資訊。

圖4-2　團隊型組織

資料來源：Tompkins（1995: 146）

Tompkins（1995）所提的團隊型組織（如**圖4-2**）與傳統組織最大不同點在其顧客導向的設計方式，以顧客需求及顧客滿意為優先考量。從個體移轉到以團隊為主的組織方式，以團隊的方式來解決公司的問題。團隊中的每一成員都是平等的，共同參與決策，集思廣益，同心協力來解決公司問題。

二、團隊型組織的類型

Tompkins（1995）同時將團隊型組織中五種不同型式的團隊，其目標、人數、開會次數等做了以下說明（如**表4-3**）。

表4-3　團隊的型態

	目標	人數	開會次數	其他
導航團隊	制定、傳達並且持續集中於成功模式以及支持領導團隊	5-10人	在成功模式以及領導團隊建立以前每週開會一次；之後則每個月一次	團隊的組成包含高階管理者和主要的幕僚。其團隊的領導者應爲高階管理者
領導團隊	工作方向調向成功模式；其責任爲：爲團隊下定義、允許其設立、糾正、鼓勵、激勵、支持並且評鑑團隊的績效	8-16人	前幾週每週開會兩次，之後每週一次	團隊的成立必須經過其認可；每個禮拜必須根據整個團隊的運作狀況作檢討
溝通團隊	讓組織中的每一個成員都很明瞭公司的成功模式，以及團隊和組織的狀態	10-20人	一週一次；每個月開一次溝通會議	該團隊必須報告其所做的溝通經驗；資訊和認知。並且該團隊的工作是透過組織進行資訊及知識的傳遞
設計團隊	藉著各種方法設計及再設計公司，並且以創造力的方式爲公司帶來重大的績效改善	依設計團隊的範疇，可能是3、4或10到20人	依設計團隊的範疇，從每天到每個月三次	這個團隊可以藉由突破性的想法變成一個創始性企業（genesis enterprise）的組織，因此對這個組織來說爲一個重要的成分
工作團隊	能帶來持續改善的過程；激發個人在組織的能力	6-9人	每週開一次會	・必須瞭解跨功能團隊及功能團隊的不同 ・跨功能團隊能幫助組織文化的轉化 ・功能團隊能幫助組織績效的改善

資料來源：Tompkins, 1995; p.85.

另外也有學者將團隊類型分為：問題確認團隊、參與式團隊、問題解決團隊及自我導向工作團隊。亦有將團隊的類型分為：部門內組織團隊、問題解決型團隊、跨功能團隊及自我導向團隊（譚家瑜譯，民84）。

三、團隊型組織的發展

至於在團隊的發展上，由於組織有生命週期的演變，因此團隊的發展亦有其階段性。Tompkins（1995）認為團隊的發展必須經歷以下幾個階段；形成期、震盪期、正常期、表現期、成熟期及再創顛峰期。尤其是前四個階段幾乎是每一個團隊發展的必經過程，企業如要發展團隊型組織，必須設計加速這四個階段的循環。

Scholtes（1988）則將團隊的組成分成形成（forming）、風暴（storming）、規範（norming）及表現（performing）四階段；Montebello和Buzzotta（1993）則進一步依團隊關係及任務完成程度將上述四個階段予以分類（如**圖4-3**）。

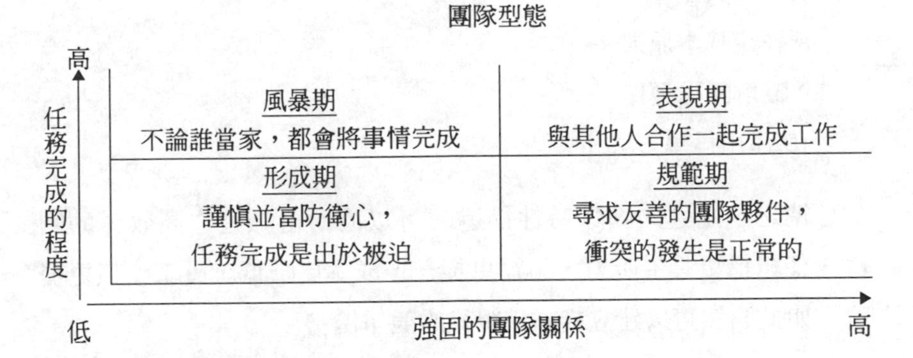

圖4-3　團隊型態的發展模型圖

資料來源：Montebello & Buzzotta（1993: 63）

瞭解了團隊的型態、發展及運作後，最後需要對高效率的團隊特性作一瞭解。Blanchard（1996）認為一個高效率的團隊必須具備七個特質，分別是：目標一致、授權賦能、良好工作關係與溝通、彈性、追求高生產力、肯定與讚賞、高昂士氣等。Tompkins（1995）則認為一個成功團隊，成員對團隊合作要有共同認知，肯投入、有信心、成員之間的溝通良好，成員均能體會自我評估的重要，並鼓勵藉由能力提升改善績效。Scholtes（1988）更提出下列十點特質：

1.明確的團隊目標。
2.改善計畫。
3.清楚的角色描述。
4.清晰的溝通。
5.有益於團隊的行為。
6.明確的運作流程。
7.平衡的參與。
8.評定基本原則。
9.瞭解團隊運作。
10.運用科學方法。

總之，上述的團隊特性描述，可以協助組織建立高效率的團隊，使組織更具生產力，品質更提升，成本更降低，員工士氣更提高，如此自然可以建立或維持組織的競爭優勢。

組織改造

組織改造其實有很廣泛的解釋，但一般認為只要在組織架構上重整或重組，透過這樣的方式就能提升企業競爭力。組織要有效運作必須能適時地結合企業策略作改變。在進入21世紀的全球競爭環境中，企業唯有力圖變小、變簡、變好、變快、變巧，才有持續獲利和成長的可能。尋求企業的永續經營並非不可能，因為企業是可以不斷地再造、蛻變，也就是說企業不是一個單一的個體，而是一個複合體，每一個組織都可在衰退的過程中適時注入活力，使企業由改造中重新成長茁壯。

組織改造一般有所謂「五S」的活動。

1. 變小（small）：組織精銳化。將企業原有部門組織重新組合，以專案方式設立企業部門組織，以期達到組織變小、活動力更強。
2. 變簡（simple）：管理精簡化。加強企業內部溝通，簡化管理層級，以減少組織衝突。
3. 變好（smooth）：流程平順化。時時檢討作業流程，持續改善生產作業流程，以求效率更高、效果更好。
4. 變快（speedy）：商品迅速化。建立商品企劃到銷售體系一貫化的產品管理，快速反應市場需求，發展策略性商品，以確保市場優越地位，提升市場占有率。

5.變巧（smart）：策略機智化。規劃經營策略，運用企業特性，建構企業核心技術，因應趨勢變化，持續開展新產品、新市場。

一、組織扁平化

幾乎所有的組織在組織再造與組織重整中，都曾進行過組織扁平化的工程。為了順應時代的改變，競爭力必須要提升，傳統的組織型態如金字塔型組織漸漸不合時宜。金字塔型的組織，層級過多，流程繁複，無法在現今需要快速改變及快速回應的環境中滿足顧客的需求，因此，削減組織層級，使組織的速度及彈性加大就是企業改造過程中不可或缺的。

想要擁有彈性的組織，在三到四層之間加上任務團隊的方式就可以運作得很好，例如總經理——經理——課長——課員，或是總經理——經理——專員。國內某家電公司曾在86年作過一次組織扁平化的改革，目標是減少20％的經理級以上主管員額，原本各產品事業部門改為戰鬥團體，削減中間主管，直接對董事長和總經理負責。而獎勵辦法則依據個人及組織對公司之貢獻度全面調整。此外，對於高階主管的任用，改以約聘式，推動家電業效率革命。

該公司進行組織改造的原因是1996年家電產業受整體經濟景氣低迷及市場飽和影響，公司營運獲利大幅降低，未來市場前景堪慮；全球產業趨勢轉往新興的科技電子資訊市場發展，使高度成熟的家電業備感壓力。為了拋開企業包袱提升公司形象及經營績效，因此設立革新小組進行業部門調整和組織扁平化。原公司人事架構共有九級，任務分派不清，許多人的工作是重複的。在扁平化之後，把原來九級縮減爲三個層級，縮短決策過程。以戰鬥體方式運作可以提升總體生產力。

在扁平化的組織架構下，公司初步分爲營業本部、電子事業部門和家電事業部，事業部之下則設戰鬥體，事業部設有總經理一名，各戰鬥體之下設經理和專員。

二、倒三角型組織

除了以扁平式組織改善金字塔型組織的效率低落之外，在注重顧客服務的組織，則有「倒三角型組織」的改造。倒三角型組織是指對外溝通，不再像傳統金字塔型組織由業務爲單一對外溝通點，改由各個相關部門（如財務、物流、行銷等單位）的成員共同組成一個小組，一起爲顧客服務。

發展倒三角型組織的案例代表是國內某知名外商公司。該公司改造的原因基於顧客導向，希望提高組織運作效率，來改善與顧客之間的關係，使企業再成長。該公司舊有的組織架構，對外溝通不良，在業務員跟顧客作點對點溝通時，一旦談判有變數，業務員必須回去請示各部門主管，因此，組織改採以專家對專家的方式，由被充分授權賦能的一線部隊與客戶正面遭遇，增進溝通效率與營運績效。

另外，國內某知名商業銀行在實施組織改造時提出「三機一體」的主張。該銀行的營業部門首先打破傳統的功能式分工體系，將授信、推廣及外匯合而爲一。依地區任務編組，由專案經理領導專業金融人員，搭配徵信人員，提供客戶完整服務。這種打破過去「菜鳥單飛」、「主管等鳥」的作業型態，由一線精銳部隊在授權賦能及後線充分支援的情況下，自然能提升營業戰力。此一案例也說明倒三角型組織在金融服務業也有其正面的成果。

組織部門的角色調整，影響的結果是各部門疆界愈來愈模糊，權力決策結構也隨之改變。過去各部門的決策掌握在各部門最高主管手上，現在則是移轉到每一個參加團隊的部屬身上；過去是最高主管負責決策、發號施令，現在團隊組織聽令專案經理的指揮，團隊領袖再向專案的最高主管報告。以前業務部門要從顧客那裡抱幾箱的訂單回公司，要跟顧客討價還價，現在則是專心地跟顧客一起討論如何滿足客戶需求，提供何種產品或服務。

在顧客導向的趨勢下，企業要將組織的焦點，從內部轉成外部。從建立有效的溝通管道、分享標準、建立電子資料交換（EDI）系統等開始，試圖與下游顧客建立有效率的供應鏈關係。以倒三角型組織方式運作，可以提升供應鏈的效率，由此創造前所未有的附加價值，提高潛在顧客購買比例。

三、學習型組織

學習的意義超越資訊的獲得，是組織創造與建立新事物能力。當一個組織能夠以積極、生產性的方式進行活動，並能持續增加其能力時，我們便稱該組織為「學習型組織」。學習型組織涵蓋了個人、團體、組織的學習，藉由資訊交換、實驗、對談、協調及共識的建立，達成組織的願景。

組織是否擁有學習能力，是大家關注的焦點。學習是指創造或建立過去所不具備的能力，學習型組織就是能不斷增強創造能力的組織。在科技不斷創新，社會不斷地變化，新的事物不斷地呈現，組織要鼓勵個人不斷地學習，才能在經營上有競爭的優勢及領先的力量。

在企業競相轉型爲學習型組織，找尋更多的知識及應變能力時，到底學習型組織給企業帶來什麼樣的效益呢？其實學習型組織最主要的理念，就是要提升組織成員的能力與動機。而人力資源管理與發展最主要的工作就是提升「有力無心」的員工的工作動機，以及「有心無力」的員工的知識和技能水準。因此，轉型爲學習型組織有兩個方向：一是專業知能的學習，一是員工心態的改變。

■專業概念學習

包含心智概念的學習，此方面的學習可以培養工作上問題解決所需的專業知識和技能，以業務處理、人際關係處理爲工作上問題解決的能力爲主。有了必要及充分要素的充實，工作上問題解決的能力增加，進而使業務達成率提高，同時亦可滿足工作上質與量的需求。

■價值澄清的學習

員工個人較能掌握人情互動的技巧及做事的正確態度，有了人際及處事的知能，自然產生較好的人際關係及處事效率，進而可以對組織氣候產生正面的影響，如士氣高昂、抱怨減少。藉由組織氣候營造良好的影響可以降低經營的成本，由顧客面來看滿意度的增加，間接提升市場占有率。

一個「學習型組織」成功的關鍵在於「知識創新」，由個人學習、團體學習到組織學習，促進組織的彈性與適應性，使組織具備一套應變的能力，發揮最大的綜合效益。

四、組織改造與競爭優勢

經過以上幾種不同方式的組織改造後，組織可以產生以下幾項優勢：

■彈性

透過團隊的作業方式，不論是扁平化或倒三角型組織都可以達到彈性的優勢來源。因爲沒有了過去多層級的金字塔型架構，團隊的運作可以彈性因應外在環境的需求，以顧客導向的方式來服務顧客，團隊較能以「量身定做」的方式令顧客滿意。

■速度

在減少組織層級之後，上下溝通的時間可以明顯縮短，因爲團隊中只有一名專案領導者，其餘都是同級成員，不需要往上層層請示，因此所有的決策過程會大幅縮短。這種速度的提升可以提高顧客服務的效率，更可以提高組織對外在競爭環境的反應力。只要有任何狀況發生，工作團隊即可立即調整作法，避免對組織造成不利的影響。

■創新

企業轉變成學習型組織之後，最重要的結果就是提升創新的能力。不管是內部創業或任何層面的構想，在競爭的時代中都需要極大的創新能力。創新是差異化的優勢來源，透過組織學習，提升組織的知識及反應力，共同激盪出新的經營構想，新的競爭方法，才能確保組織的優勢永遠不墜。

流程再造

再造工程（reengineering）並非一新名詞，最早曾被用於機械、工程方面；但使用於管理方面則始於Hammer。Hammer於1990年刊登於 *Harvard Business Review* 的一篇文章“Reengineer Work: Don't Automate, Obliterate”對企業及學術界帶來極大的震撼。

依據Hammer的定義：所謂企業流程再造是對企業流程進行根本思考和廣泛的再設計，以使得關鍵性的績效衡量指標，如成本、服務、顧客滿意等獲得大幅的改善。流程再造的定義首先將重點放在企業的核心流程，認爲去除不必要的程序甚至一整個部門，將導致公司價值與任務的重大改變。其次以客戶爲中心由下而上的管理方式，希望經由跨功能的處理流程，對績效產生重大的改善。最後的重點在於重新思考公司該如何經營？企業如何營運？

由上可知，企業流程再造的本質爲：

1. 以跨功能的流程重新設計，以消除功能別組織中的協調成本。
2. 合併組織中的流程。
3. 將顧客置於優先考慮，重新設計程序。
4. 充分授權第一線人員作決策。
5. 減少控制與檢查；在每一步驟建立回饋機制，以縮減檢查所需的時間。

6.儘量第一次就將事情做對。

7.將近代管理思潮、科技技術一併做整合。

8.儘可能做到組織內、組織間價值鏈的結合。

同樣以流程爲改進重點、追求更高的財務績效，爲大家所熟知的是全面品質管理（TQM）的流程改善（process improvement）；然而它們與流程再造兩者在觀念與作法上有極大的差異。如果我們把流程再造定義爲以一種全新的方法來執行原有的工作，那麼流程改善只能對原有的流程提高些微的效果。流程改善的效果一般可在幾個月內達成，流程再造則不然。由於其牽涉的範圍較廣，故常花費較多的時間，一般而言，不會少於兩年（福特的應付帳款改革花了五年）。因此，若再造的期間過長，以致平均每年的改善幅度不超過流程改善，則最好將流程改善與流程再造一併進行。

對於流程的持續改善，由下而上的參與較好；員工被鼓勵對自己參與的過程進行檢視並提出建議。而流程再造大多是由上而下的，並需高階主管全力地支持。由於大公司的組織結構多半無法反映出其跨功能間的工作流程，因此只有位居監督多項企業機能的管理者才能看出革新的機會。

但由於員工與中階主管通常不願意提出一些根本的改革，因此在執行流程再造時，就必須取得組織中各階層人員的共識，鼓勵成員參與過程設計以促進再造的達成。

執行流程改善的主要方法是統計過程控制，此爲一種解釋及縮小變異來源的技術。而不論這種方法或其他品質的改善方式都無法運用於產生巨大變革的流程再造上。流程再造隱喻著必須使用特殊的工具，而電腦和通訊強大的功能，便成爲流程再造的有利方法。人力資源發展和組織發展（如較大程度的授權、工作團隊的組成以及組織的扁平化）對流程的改變而言，如同其他技術工具一樣重要，如果科技與人力資源未能配合，其效果必大打折扣。

雖然流程再造與流程改革其本質上不同，但兩者都需具備強烈的文化意識、高度的組織紀律、過程方法及改革的意願。理想上，一個公司必須試圖去穩定一個流程並從事持續性的改善，而後再努力去從事流程再造。爲免於整個再造後的流程無法持續，一個公司在再造後，必須持續進行改善方案以維持流程再造成效。

一、以科技驅動流程再造

90年代企業最高主管最重要的任務在於將資訊系統的目標與企業目標整合；資訊系統對企業的貢獻則有賴於其對流程的改造程度而定。然而要達到兩者目標合一必須經歷四個階段：

1.功能部門的自動化。

2.功能部門間資訊系統的整合。

3.流程自動化。

4.程序轉換。

在前兩個階段中，資訊科技扮演了「自動化」的角色，而後兩個階段才是眞正以資訊科技來驅動（enable）組織的再造工程。

資訊科技對企業的影響在1980年代達到高峰。據麻省理工學院的研究顯示，當時美國典型的大企業每年平均投資約營業額8%在通訊、電腦軟硬體等高科技產品上，但其效益卻不如預期。Computerworld對*Fortune*100大企業的總裁作調查，結果顯示有64%的高階主管對資訊科技的效益抱持著懷疑的態度。這個事實告訴我們兩件事：其一是先仔細思考再自動化，因爲問題可能出在組織結構、人力資源方面；其二是先檢視舊有流程的合理性，因為舊有流程可能隨時被陶汰，已經不再適用。

企業流程再造與資訊科技是密不可分的；資訊科技具有驅動的效果，如果沒有資訊科技，流程再造幾乎不可能發生。對於企業最高決策者（CEO）而言，他關心企業的流程將如何用資訊科技予以轉變；對於企業最高的資訊主管（CIO）而言，其最關心的是如何以資訊科技支援組織作業。資訊科技的驅動效果可為企業帶來新的想法，打破舊有的假設、促使革新。透過科技橫跨組織、功能和人際去實現管理集中、決策分散的想法，運用資料庫及專家系統進行專案管理、自我管理的同步工程。換言之，大量使用支援工具於再造計畫所產生資訊科技驅動效果，可以讓改造之後的流程具有下列優點：

1.降低交易成本，去除不必要的中間個體。
2.進行跨地區、跨時空的並行工作。
3.整合不同功能的角色與工作。
4.增加產出的特性。
5.將複雜的決策常規化。
6.減少週期時間，提高產品品質。
7.協助改進分析，增進員工參與。

企業發展一套有價值的策略，主要依賴：⑴清楚瞭解組織的優缺點及對市場結構與競爭機會的瞭解；⑵對於競爭者與其他組織所進行創新活動的知識。一套成功的主管資訊系統（EIS）可使得主管在不經部屬的扭曲和延遲下，取得決策所需的資訊。另外，從大量的資料儲存及檢索技術可使執行系統從不同的資訊來源蒐集、分析和傳播資訊。資訊科技可以輔助將流程模組化，也可以用來分析調查或訪談的資料，同時將評估與排序的流程加以結構化。目前有許多顧問公司所提供的專家軟體（experts softwares）可以被套用到組織的資料庫中，幫忙分析出目前狀況與預期未來狀況間的落差點，及在這些地方可能可以適用那些資訊科技以彌補落差。

發展流程最重要的是建立開放、創意思考的風氣。運用資訊搜尋和檢索技術的電子會議技術，能使個人從他們的工作站隨時加入議題或進入他人議題。一但正式的流程創新努力開始進行，「發展流程」這個活動在參與者之間就變成了面對面的腦力激盪會議。有一些群組技術（groupware）可以幫助群體互動；例如，有許多高階的財務模型可以被呈現在會議的螢幕上，讓小組人員立即作「What-If」的分析。

圖形文書化和程序模組工具也可以幫助我們瞭解現在的流程。從觀察程序流程的原型中，運用模擬工具驗證設計的流程是否達到無縫隙的整合。總之，使用電腦通信技術、電腦軟體輔助系統可以協助診斷、開發、流程，透過流程的改造提高工作效率，降低流程時間。

二、以組織和人力資源驅動流程再造

在探討資訊及其相關技術作爲程序變動的工具時，還必須要檢視其他因素。這些因素包括組織的結構及人力資源政策。事實上，資訊科技很少能夠帶來足夠的程序變動，大多數程序創新的完成必須結合了資訊科技、組織及人力資源的變動。

社會科技（sociotechnology）的研究告訴我們：程序若要創新成功，所有的驅動因子都必須參與，並且與組織中其他主要部分能夠取得平衡。舉例來說：如果程序中的科技創新給予員工更大的授權與自治權，那麼組織文化就必須調整以支持這些方向。相對的，若組織文化支持控制與效率最大化，那麼程序創新的系統必須與這個目標一致，才能獲得成功。

■組織的驅動因子

團隊方法在協助創新、程序導向的行爲改變中，扮演相當重要的角色。過去的研究發現，以個人爲基礎的工作設計並結合新科技，其生產力低於利用科技的工作團隊。這項發現的基本原理在於：

1.團隊的利益來自於跨功能之技術。

2.團隊工作能改善工作生活品質。

■文化的驅動因子

大部分組織文化上的變革，都朝向較大授權、參與決策及縮減層級的方向上，引導了參與式文化的發展。這種文化在結構上有較明確的組織層級或較寬廣的控制幅度，而這些已被證明可以產生較高的生產力及員工的滿意度。

試著授權給流程參與者，使其能對作業流程作決策，對於需直接面對顧客的流程（如訂單管理及顧客服務）是很適合的。因爲授權給團隊成員，造成了顧客導向的資訊匯集及良好的持續改善。

但是，不可能所有組織均能朝向更大的授權前進。有些流程包含了大部分低技術層級的作業；而有一些員工並不希望被自己的工作所束縛，因此，這些工作也許更適合由一個控制導向的文化來執行。

■人力資源的驅動因子

由於流程創新通常包含了較大的工作授權和較廣泛的工作組合，因此工作人員必須具備新的技能，那麼多樣化的訓練就應儘速的著手進行。在流程創新中，訓練以兩種方式出現。其一是在原型運作階段，許多員工能從原型運作的過程中獲得工作所需的知能，另一個在流程的訓練是與資訊科技的創新有關。當流程中的工作者需要幫助時，透過電腦使較困難的訓練題材由線上即時傳輸給工作者。

員工的激勵水準是流程創新能否成功的重要決定因素。工作上的激勵主要來自Hackman與Oldham（1980）在其「工作特性模式」中所提：

1.技術多樣性（完成工作所需技能的多樣性）。
2.工作完整性（工作活動的完整程度）。
3.工作意義性（所知覺工作的意義）。
4.自主性（對工作績效的可控性）。
5.回饋性（有關工作的績效資訊提供給工作者的程度）。

以流程爲基礎而形成的工作設計，增加了工作的完整與技術的多樣性，且流程結果的衡量亦具高度的激勵作用，這些回饋的激勵乃是造成流程績效的主要因素。

很多其他的人力資源策略，當他們結合了科技和組織的改變都可視爲流程創新的驅動因子。這些策略和流程創新的關係如：

■獎酬制度

研究者發現以績效來給予工作者報酬可導致生產力增加。因此，若以流程績效為基礎來獎酬工作者，對流程再造的達成是相當有益的。一些知名廠商如Royal Trust（加拿大銀行）AT&T和Xerox等公司，都開始探索如何運用流程創新的方法與績效來設計其獎酬制度。

■職業生涯規劃

由組織中的流程觀點引導出的職業生涯規劃，將不同傳統的功能性、層級性組織所發現者。流程觀點的職業生涯改變可以是橫向進行的，頭銜不再能反映角色的重要性。

■工作輪調

創新後之流程是典型的功能組合，一個流程工作者必須儘可能知道相關活動或功能，並有效的加予整合。有一種方法能確保員工獲得他所需要的流程知識，即工作輪調。如同流程導向的職業生涯規劃，對於流程創新而言，工作輪調是一個長期的驅動因子。

組織分析與診斷

組織扁平化、組織瘦身（或塑身）等組織再造的策略已形成一股風潮；尤其瘦身可以降低勞動成本創造競爭優勢。但是如果組織的形狀或大小的改變只是為了降低成本，而不是為了發展競爭優勢、市場利基與達成企業長期目標，那就有點本末顛倒了。

組織重新塑造（resizing）策略必須依照市場利基調整其資源分

配；換言之，所謂「塑身」應該是依市場利基將部門員工人數增、減或維持不動的施策手段。「塑身」是一種動態的、創新的過程，必須依照不同組織狀況（如事業策略與組織文化）反應調整。在「塑身」的過程中，資訊科技提供改造組織的重要工具，但是工具只是工具，最重要的還是在創新、組織文化及人力資源策略上的運用。

組織文化在組織改造中扮演關鍵性角色，在改造的過程中正向支持、積極參與的組織氣候必須形成，員工的工作心態與工作方式也必須修改。同樣的，人力資源策略與企業策略及組織文化必須發展出一致性的關係。Dyer和Holder（1989）認爲有三種不同的人力資源策略：吸引策略、投資策略與參與策略能符合各種不同事業策略與管理哲學；而其中又以參與策略所發展出「高承諾的工作系統」最能支持組織塑身策略。

高承諾的工作系統主張彈性，鼓勵認同與互信，包括以下幾種特性（Dyer & Holder, 1989）：

1.工作內容被定義的相當廣泛。
2.輕薄且彈性的管理。
3.具野心且動態的績效期望以取代傳統的工作標準。
4.薪資系統強調學習與協調合作。
5.員工表達更多的聲音。
6.勞資關係包含更多的共同問題解決與計畫，就業保證變成最優先的政策議題。

高承諾的工作系統與傳統控制系統不同，它先談塑身、員工績效提升、再談控制員工成本。高承諾的工作系統本質上強調：

■員工的價值

在鼓勵創新、強調員工與組織的彈性下，針對組織未來需求的員工訓練便顯得非常重要。員工的效能與效率能夠達到，員工的價值自然會提升。

■工作設計與績效期待

員工期待的績效必須能與產品或服務的利基型態一致，而人力資源管理要能協助組織獲得市場的競爭優勢。工作必須被設計成企業與外部環境的橋樑；而員工必須能使用新技能去滿足市場的需求。由於組織強調創新，因此企業需要彈性工作設計及多樣技能的員工。

■降低組織層級

降低組織層級，尤其是中階主管，對人力成本的降低有立即效果。實施提前退休、降低工作分類的層級、爲現有員工再訓練等，都是其中的配合措施。

■薪資政策的改變

高承諾工作系統重視內在的報酬（intrinsic rewards），鼓勵團隊的獎勵，及採用能力本位的薪資評價制度。

個案介紹1 ——組織分析與診斷

◎背景

X X期貨公司，是X X集團中的一關係企業，由於業務成長，組織層級由扁平式向上堆高，官僚式特徵趨明顯，形成功能式組織結構，造成溝通不良、協調不易、效率逐漸低落的現象。

◎組織外部環境分析

依據環境複雜與環境穩定程度，事業領域的外部環境應屬「中低度不安定」。

◎組織內外利害相關團體分析

在衝突及相互依存的錯綜複雜關係中，需以公司經營方針為主，配合營運策略，正視「客戶」是公司生存發展的來源，「員工」是營運不可或缺的動力。

◎組織核心能力（競爭優勢）

1.穩固的財力基礎。

2.正派經營、嚴密內控。

3.五年以上期貨交易經驗。

◎組織設計

採用雙手策略導向（ambidextrous approach）；營業系統採有機式管理程序，物流管理系統則仍屬機械式的組織設計。

◎與其他機構配合方式

在行銷通路上結合集團整體運作，相互支援服務，以提升行銷通路之不足。

◎使用科技分析（如圖4-4）

資料分析及各項營業交易皆採電腦分析、控管，效率及正確性高。

◎組織變革及創新活動

1.變革的驅力來自市場開放、同業競爭。

2.策略：藉由分支據點的擴充達成全面性市場占有率的提升。

3.鼓勵創新，導入創新活動。

◎組織文化

1.高階主管由集團轉任，強勢集團文化色彩。

2.強烈層級官僚作風，高階主管能力佳、強勢、權力一把抓；中階主管較弱，對競爭多排斥；第一線員工由於人力精簡，疲於日益增加的工作量，士氣低落。

科技可分析性	技術多樣性：低	技術多樣性：高
低	營業員、稽核員 craf	總經理、客服部經理 nonrountine
高	交易員、研究員 人事　總務 rountine	結算員、會計員 資訊人員 engineering

圖4-4　人員在工作上使用科技複雜程度分析

3.客戶優先，正派經營。

◎組織生命週期

組織處於整合期（collectivity）到正式期（formalization）的生命週期階段。

問題 請依據組織問題點進行診斷，並提出組織改造策略。

個案介紹2——組織改造分析

◎背景

XX化工公司與日本技術合作，主要生產化工原料。資本密集程度高，原料及產品市場變化性大。由於公司成立超過三十年，員工老化，製程複雜，協調不易，經營效率日漸低落，特別是對於客戶訂單，客戶抱怨及新品開發的回應能力不足。

◎組織改造策略

1.組織結構重組：

- ·組織扁平式
- ·內部人事調整
- ·各部門成立利潤中心
- ·運用科技監控流程
- ·製造部門採用「機械式」，研發部門採用「有機式」組織
- ·流程式組織結構（如**圖4-5**）

2.組織文化改變：

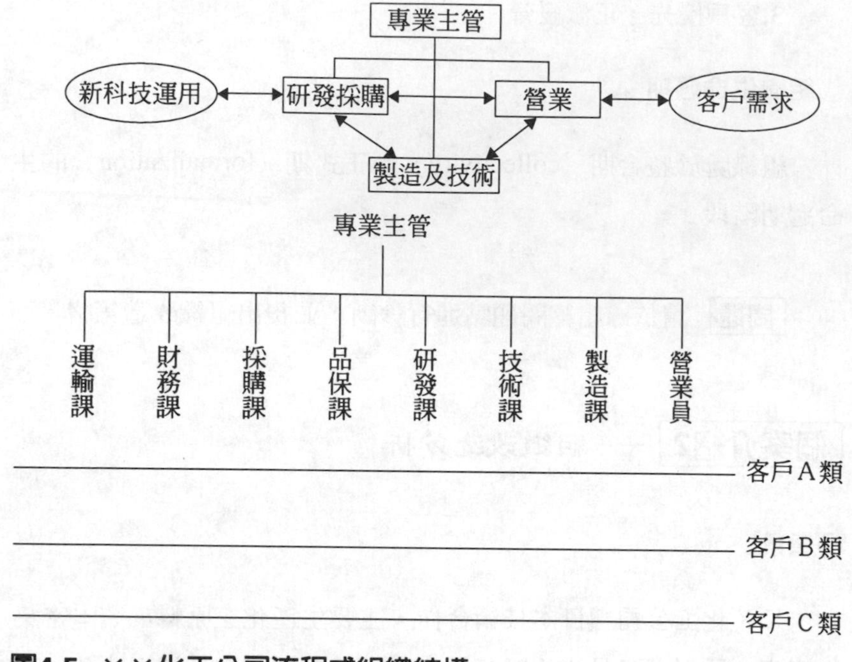

圖4-5　××化工公司流程式組織結構

- 價值觀改變
- 教育訓練
- 激勵制度
- 建立內部溝通語言（數據化）
- 主管向下授權
- 組織學習展開

3.運用科技改善作業方式、工作方法。

問題　請參考**圖4-6**之一致性分析模式，評論上述改造策略的可行性及效益性。

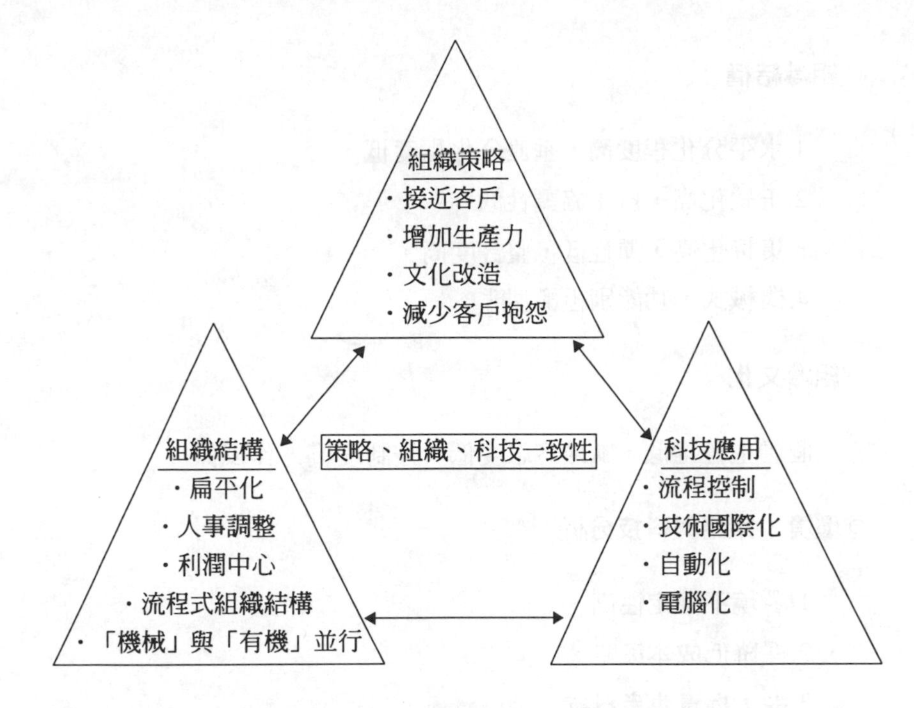

圖4-6　策略、組織、科技一致性分析

個案介紹3——組織改造策略

◎背景

成立已超過七十年，員工人數約七百人，爲國內知名飲料製造大廠。產品多樣化，市場定位以年輕人爲主訴求。專業、員工向心力強爲其優勢；保守、市場利基薄弱，經銷通路不健全爲其弱勢；員工老化爲其內部挑戰，飲料市場競爭激烈爲其外部挑戰。

◎組織結構

1.水平分化程度高，垂直分化程度低。

2.正式化高，自主協調性低。

3.集權化高，彈性低，整合度高。

4.機械式，功能別組織型態。

◎組織文化

個體主控權低，風險容忍度低，控制度高，作風保守。

◎環境、策略與科技分析

1.環境不確定性高。

2.採降低成本策略。

3.採大批量生產科技。

4.任務變化性較低，除研究部門外，任務可分析性亦較低。

問題　依據環境、策略與科技分析，與其現有組織結構比較，試研擬××飲料公司組織改造策略。

5 選用、考核與留用策略

企業策略與招募選用

從企業願景到策略規劃，一旦組織設定新的目標，那麼人力資源從業人員必須給予新的解讀，找出人力資源的需求，不同的人際關係及文化變革的需求。人力資源策略管理的規劃過程需要看清情況，預測未來，並做出適當的選擇。

人力資源策略可以是一種「溯流」的策略思考，它代表人力資源專業人員參與策略形成的影響性角色。它可以從外部環境的掃瞄與內部人力資源的優劣勢分析中去引導事業策略規劃方向；甚至可以從法令面去反應社會責任的概念，提出招募與選用的配合措施。假如在策略目標的訂定上沒有人力資源專業人員的加入，勢必會忽略了策略執行中「人」的因素。

人力資源管理如果只是支援性角色，協助推動目標達成，只能算是一種「順流」的策略思考。事實上大多數的企業由直線主管與事業部主管主導變革；人事部門的角色只是「行政的」或「協助的」角色。

人力資源專業經理人如何將企業策略目標轉化成選用需求？Biddle和Evenden（1989）曾提出以下答案：評估企業策略對組織社會科技系統（socio-technical system）的影響，再依據科技、組織與員工的評估結果找出其對人力資源的管理意涵。

1.科技面：策略隱含在科技系統、方法、流程、設備或員工使用的科技上改變。

2. 組織面：策略隱含在結構、角色、溝通、決策及影響員工權責的規劃或管理型態上的改變。

3. 員工面：策略直接或經由科技和組織來引發員工改變，策略是否影響員工態度、關係和激勵？策略是否需要員工屬性、知識、經驗和技能上的變化？

經過以上的評估分析之後，透過工作分析去描述工作的改變及人員規格（person specification）所需不同的員工屬性。再藉由員工查核去瞭解個別屬性與共同屬性。最後再發展出「選用」與「訓練」策略：

■選用策略

1.在招募上是否需要不同的員工規格？

2.在晉升上是否需採取不同標準？

3.那些人經過訓練仍無法符合新的規格會被辭退？

■訓練策略

那些人員規格上的差距可以藉由訓練發展來彌補？

外在環境的掃瞄所得到的「機會」與「威脅」資訊，假設可以被解讀出「創新」與「快速回應」的需求。從人力資源管理的觀念來看，企業需要的是專家不是主管，組織需要採用「有機式」型態，同時應該推動一系列的變革。從企業組織策略願景可以瞭解企業未來所需要的人才，從策略計畫中可以研擬出如何吸引、甄選、考核、獎勵及發展企業所需人才。就招募和選用來說，人員規格的具體描述，可以幫助企業發展出招募與甄選策略，藉此獲取公司所需的人才。

企業用人的目標在於適才適所，並能配合組織在其面臨環境中維持生存和繁榮的能力。當企業慎思其招募任用策略的擬定時，須通盤考慮其整體策略規劃的原點狀況，並順勢檢討爲成功達成企業整體總策略的執行方案。企業整體策略會影響到企業的招募選用，其關係如**表5-1**所示。

環境和組織因素是決定企業任用策略可否周全和執行的限制條件。爲了企業和員工的雙贏目標達成，企業必須掌握任用策略的規劃和執行。除此之外，企業仍須對外界環境和影響其組織的變數做定期性的審視，並適度調整其人員任用活動的策略方向，以保持經營的動力和競爭力，並與企業整體策略相結合。

表5-1　企業策略與招募選用

企業整體策略規劃	招募選用策略
企業期望建立何種經營哲學和使命？	企業組織希望任用那些種類和專長的員工？
企業在其所處的環境中存在那些經營機會和威脅？	企業對其組織內外中不同專長背景的勞動力預測供給情況如何？
企業組織在經營中的強勢和弱勢爲何？ 企業期望達成的目標爲何？ 企業如何去達成其企業目標？	企業應執行那些步驟以甄選足以符合其所需運用的人才？

選用策略

不同的策略對人力資源管理與選用上有不同的意涵，選用在策略上的選擇與改變，在策略變革的推動上扮演相當重要的角色。因此，選用策略與組織策略之目標的一致是我們要探討的主題。

人力資源管理策略在協助事業目標達成上，可以藉由外部機會與威脅的評估，配合內部組織能耐的協助完成任務。傳統上，人力資源管理在功能上只是事業策略的追隨者（follower）；但是未來在面對環境的快速變遷，人力資源管理也勢必要增加其主動積極的角色，去協助發展組織能耐，推動策略變革。人力資源管理策略協助推動企業目標達成的概念請參考**圖5-1**說明。

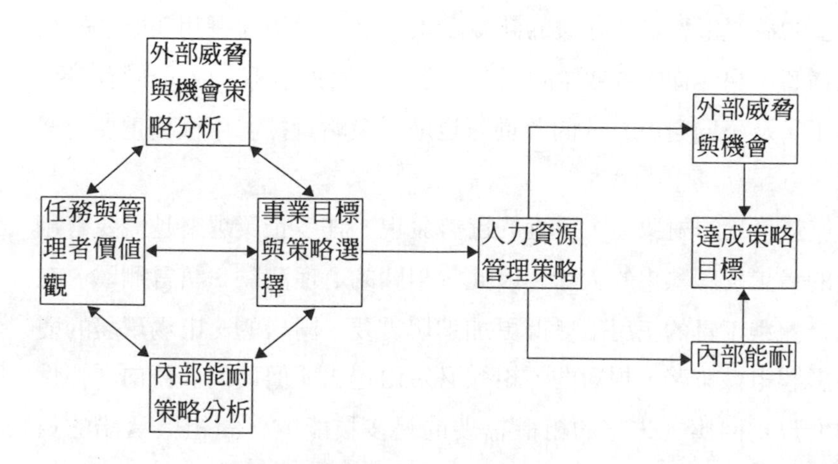

圖5-1　人力資源管理策略推動事業目標達成

資料來源：William & Dobson（1997）: p.221.

從招募、選用到訓練發展，可以稱爲企業內人力資源供應體系，而合適的人在合適的時間擺在適當的位置就是其最高指導原則。如果企業組織有任何策略變革或組織重設計，勢必造成整個組織人力供需變化；當然外部環境的變化也勢必影響企業內人力供應體系。然而新進學者則認爲類似組織內人與職位的塡空遊戲應該結束，採取人力資源庫存（stock）的觀念，選用或發展人力去增加庫存以回應不可預知的未來（Snow & Snell, 1993）。甚至於主張長期的企業競爭優勢是來自於組織內不斷發展的核心知能（Prahalad & Hamel, 1990）。

企業在不同發展階段應有不同選用策略；例如，企業在產品週期的不同階段，不同的組織發展階段應有其不同的策略。此外，企業採用不同競爭策略，如創新、品質提升或降低成本，在人力資源政策上有不同管理意涵；在採用「探勘者」或「防衛者」的不同策略上，其招募選用上亦有不同對策。

雖然我們很難舉出影響員工好與壞的關鍵因素；但是「策略選擇」的確是影響員工好壞的關鍵因素，這也說明「選用策略」的潛在價値。另外從成本效益的觀點來看，「對外招募」或「自行發展」員工，及不同選用方式的考量等也是「策略選擇」中極爲重要的一環。

在選用的對象上，最近的趨勢發現，許多企業越來越需要有創意的員工及國際化的人才。因此，相關的心理測驗、語言測驗，在配合甄選工具的使用上變得更加迫切需要。同樣的，市場環境的變遷影響組織策略，相對的，組織必須由過去「僵硬的」轉向「彈性的」以爲回應。未來的組織需要的是多技能的，對組織承諾的員工；換言之，選用的標準也必須改變。Williams和Dobson（1997）認爲未來的員工選用要有三種不同的標準：

1. 操作性標準（operational criteria）——執行工作所需技能、知識、人際技巧、信仰與價值觀。
2. 遠見性標準（visionary criteria）——針對未來工作所需的特性，如複雜性管理、前瞻性管理及使用資訊科技管理。
3. 轉型性標準（transformational criteria）——有能力執行變革轉型所需的特性。

同時，未來的工作職場需要專業、科技人才，因此未來在甄選作業上雇主與應徵者的權力關係勢必要重新調整，尤其是一些擁有「無法替代性」專長的應徵者，其談判力量不容忽視。在權力關係平衡的重新調整下，甄選、評估的方法勢必要調整，例如，可以改採資料審查、過去同事的評估等替代方式，而非採用傳統的測驗方式。

以職位爲主體的工作分析方式在面對未來改變中的環境已漸漸的不管用了；因此，人的特性規格與選用標準可能要改採一種「模擬未來」的分析方法。因此，預測未來員工具備何種特性、能力，改善目標選用工具的信度、效度便成爲另一個挑戰。同時，強調未來員工在生涯發展上必須面臨不同的角色與工作需求；因此特別強調員工的一般認知能力與知能發展能力。

爲了引導組織的變革，選用的策略可以扮演變革推動者（change agent）的角色。例如，在選用的標準上強調組織所期待的技能、價值觀及人格特性，重視未來所需知能。尤其在介入文化變革上，「選用」扮演關鍵性角色；例如，選用有銷售導向（sales-oriented）的專業人員到高階位置，可以將工程導向轉變爲銷售、客戶導向的文化，營業額因而大幅成長。因此，在選用領導人時要特別謹慎，因爲他（或她）帶來的變革（或轉型）推動對企業的生存發展影響甚鉅。

選用策略必須垂直地與目前策略需求及未來策略變革一致，也必須與其他人力資源管理功能做水平結合，構成所謂的「策略性人員選用」（如圖**5-2**）。

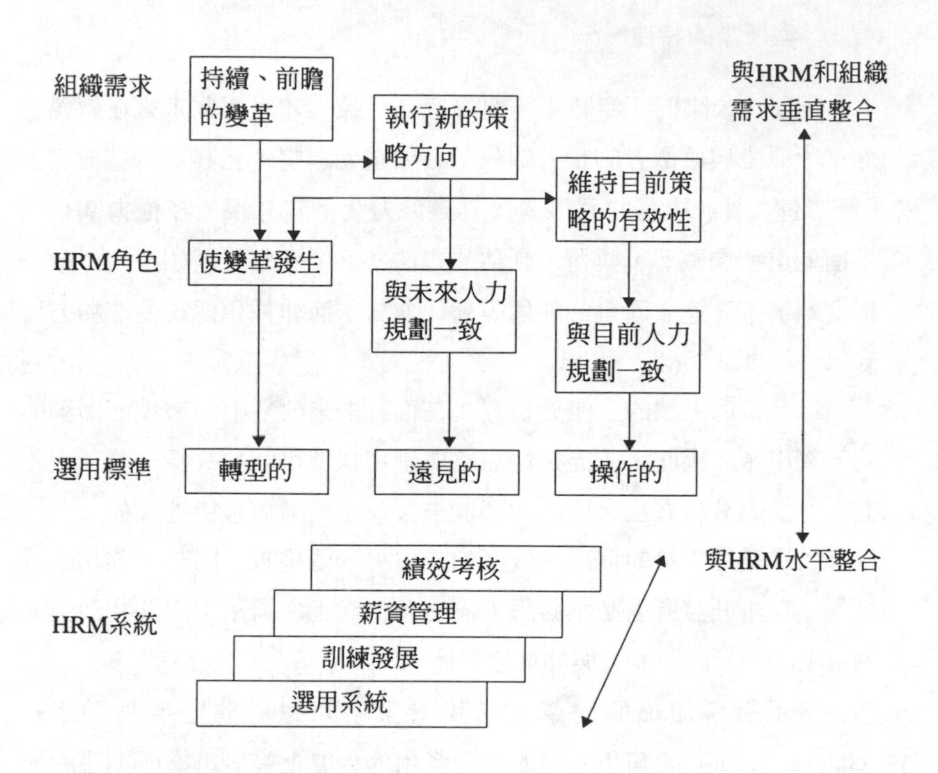

圖5-2　策略性人員選用

資料來源：Williams & Dobson（1997）in N. Anderson & P. Herriot（Eds.），p.241.

策略管理與績效管理

績效考核制度的實施短期內可以改善員工績效，長期而言則有利於員工的發展。但是績效考核要能眞正改變員工績效，就必須與方針管理或目標管理一致。尤其是高階主管的充分支持，以及主管與部屬定期的工作規劃與檢討更是成功的關鍵。

策略管理不只是在追求組織優劣勢與外部環境的機會與威脅的配合，也不只是將部分經營者的願景由上而下展開，更重要的在如何激發員工的知能與態度去貫徹實施策略目標。績效管理就是透過人力資源管理將組織策略目標轉換成員工個別績效項目的制度與方法。如果選用的策略功能在獲致合適人選，那麼績效管理與發展就在如何將員工「矯正」好。特別是透過目標設定、績效考核與發展去規劃，影響員工未來的績效。

績效管理也需要注意到主管與部屬之間的關係，尤其是考核的過程與激勵。績效導向的薪資制度則是另一個與人力資源管理系統結合的例子。換言之，以「績效管理」取代「績效考核」其目的在結合不同人力資源管理的功能與績效的相關性，以及整合整個人力資源循環（human resource cycle）與企業策略目標，因此，許多學者認爲人力資源管理的不同模式，其實是員工與組織之間的交換過程；而其中又以員工的認同、參與、主導是組織效益的關鍵因素。有關策略管理與人力資源管理之間績效管理所扮演的角色請參考圖**5-3**。

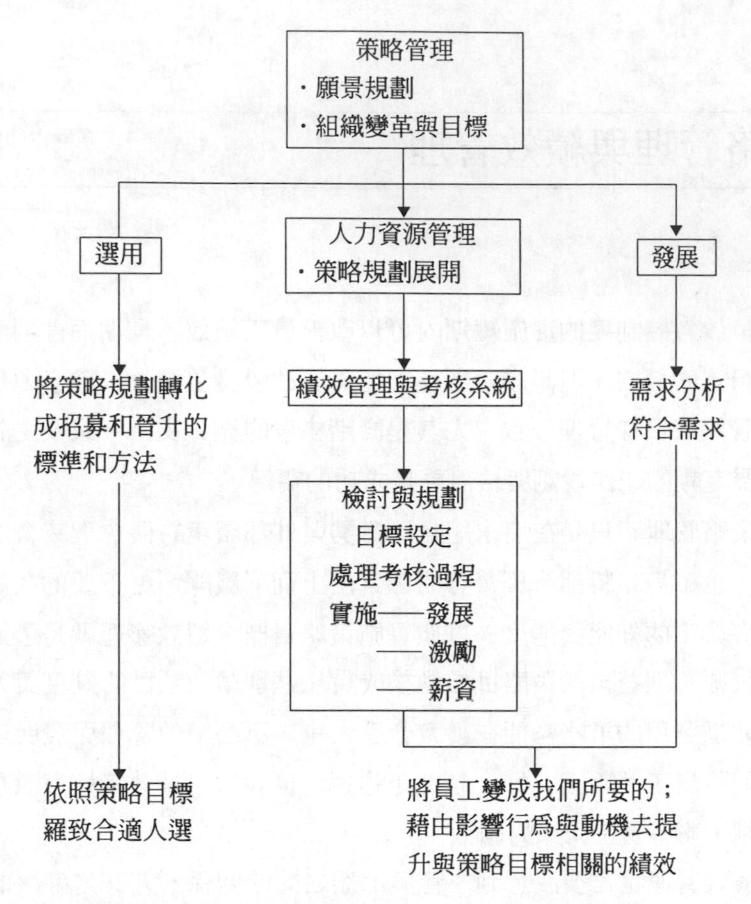

圖5-3　策略管理與人力資源管理：績效管理的角色

資料來源：Anderson & Evenden（1993: p.249）

績效考核與策略的結合能有利於策略目標之有效執行。績效考核是一種策略控制（strategic control）的流程，運用績效考核去強調執行策略所需行爲，引導員工朝向策略目標。**圖5-4**說明績效考核與策略的連結。

組織的策略通常包含策略發展與策略執行兩大部分。有許多的

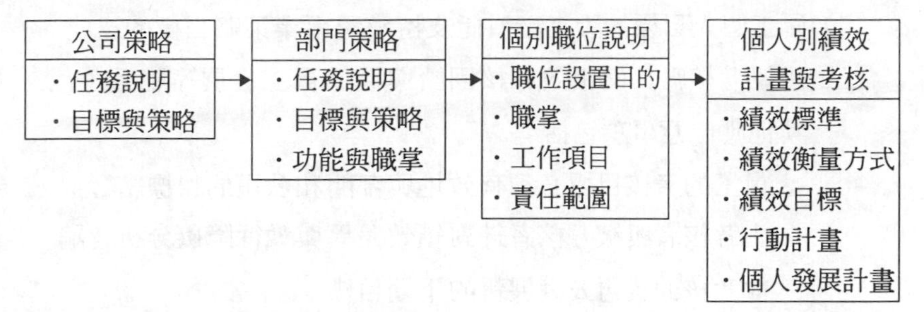

圖5-4　績效考核與策略的連結

企業在策略發展的階段做得很好，但是在執行的階段卻做得很差，問題常在於部門、流程或員工的績效目標不能有效支持策略的執行。

運用績效考核可以追蹤、推動策略的執行。因此，組織策略目標與個人目標結合，主管與部屬對目標的共識是策略管理的成功關鍵。許多企業將品質改善，預算控制等策略手段與主管的績效目標結合，證明對企業策略目標的達成有相當的助益。

績效管理之所以有別於績效考核在於其強調：

1.將願景、策略目標由上到下展開到每一員工。

2.績效改善的過程管理，包括施策手段、目標值及時程表。

3.績效考核與其他人力資源管理功能的結合。

績效管理其實扮演非常關鍵的角色，尤其在確保人力資源策略能支持事業策略，以及提供評估、改善個人和企業績效的基礎上。同時，企業必須要依照組織文化與組織需求來設計其績效管理系統；除此之外，高階經營主管的主導推動亦是不可或缺的。總之，績效管理系統要能有效支持事業策略，至少應包含以下四個因素：

1.員工個人目標的設定必須能支持整體事業策略目標的達成。

2.績效考核應具備績效考核回饋與協助員工發展等雙重角色。

其他應注意事項包括：

- 員工的考核目標必須有效地與部門和公司的目標結合
- 由考核者與被考核者針對績效差異與執行障礙分析討論
- 從考核面談再去發展新的下期目標
- 從考核面談中展開協助績效完成及個人發展的行動方案
- 績效考核與薪酬制度的結合，藉以形成績效導向的文化（performance-oriented culture）
- 主管於績效考核期間持續的給予部屬回饋、教導、指導和諮商是整體管理活動的一環
- 務必形成一種公開、信賴的組織文化與氣候，以利考核者與被考核者之間形成「建設性」的績效面談

3.績效考核的結果與薪酬制度的結合必須是公平的、合理的。

4.從績效管理的成果去檢討組織能耐，作爲組織設計、事業策略等檢討改善的依據。

每一位員工的角色任務在使組織流程得以運作，因此我們必須確認他們的目標可否反映出對流程的貢獻。從流程導向（process-oriented）的觀點來看，員工個人的目標應該與流程目標與功能目標（functional goals）結合。員工的個人目標應該清楚的告訴當事人「他被期待做什麼」及「他被期待做到什麼程度」。例如，信用卡的徵信人員必須：

1.信用卡的新申請書必須在二十四小時內完全審核完畢。

2.所有的不良信用個案必須退回業務代表處理。

3.核准的客戶中不得有超過1%出現信用不足情事。

換言之，員工工作的產出與標準必須與流程需求連結，再與客戶以及組織的需求連結。如果我們從績效工學（performance technology）的角度來看，員工個人的績效管理系統（如**圖5-5**）應該包括以下幾個因素（Rummler & Branche, 1995）：

1.產出——績效規格（specifications）

· 績效標準

· 執行者瞭解所欲產出與績效標準

· 執行者考慮到標準是否可以達到

2.輸入——任務支援

· 執行者能否認清輸入所需動作

· 此一任務是否可以不受其他任務干擾

· 工作流程是否合乎邏輯

· 是否有足夠資源來支持此一任務

3.結果（consequences）

· 結果是否一致支持所需績效

· 從其他員工的觀點看來，結果是否有意義

· 結果是否如期完成

4.回饋

· 執行者是否收到績效的回饋

· 這些回饋訊息是否正確、及時、相同、特定、易於瞭解

5.執行者本人

· 是否具有執行任務所需知識、技能，是否瞭解績效目標的重要性

· 是否在身體、心理及情緒上能執行此項任務

任何的績效管理制度應該是一個持續績效改善的體系，因此有

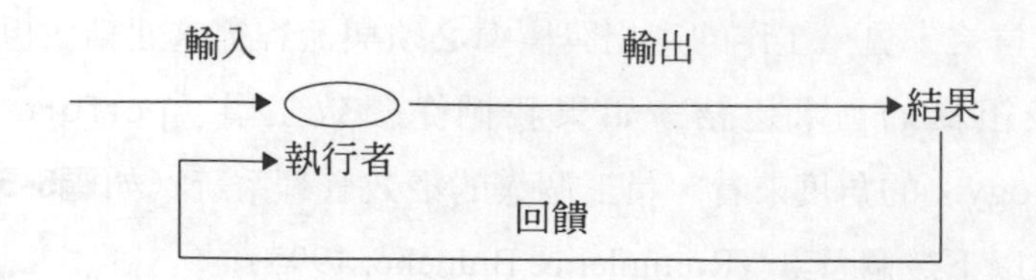

圖5-5　影響個人績效系統的因素

資料來源：Rummler & Branche（1995: 71）

許多企業已經將績效管理制度與全面品質管理（total quality management，簡稱TQM）結合。尤其是組織在推動「進化式」變革時，這種持續改善的績效管理制度，確實能協助推動變革。績效管理本身可以落實策略規劃之執行；如果再加上「由下而上」（bottom-up）的績效目標形成，更有助於整體策略目標的形成，及員工對目標的共識與承諾。

員工績效管理系統中包含三個主要階段；首先必須定義期待的產出與績效，其次在實施過程中檢討進度並採取必要措施改善，最後在績效考核時列出改善計畫、發展方案及下期目標等。從績效考核衍生出的訓練發展需求常是一般企業容易忽略的重點。員工是否具備足夠知識技能去達成工作目標，是員工績效管理系統中重要的一環。

因此，我們可以大膽的說，績效管理制度確能協助組織發展人力資源策略去達成企業目標。績效考核的結果將作為確認員工訓練發展需求、改善績效方法和擬訂員工生涯選項等的重要參考依據。

個案介紹

×××公司正試圖將企業策略經由人力資源管理系統轉化成績效管理目標，他們的作法是：

◎績效管理系統

發展一種持續的、公開的、未來導向新的績效管理系統，考核的制度強調「能力本位」（competence-based）的發展架構。

◎期待與態度

從長期來看，績效管理可以協助推動組織發展與文化變革。首先高階主管宣示企業使命與政策，強調員工自我導向（self-directed）的價值觀。透過員工態度調查，結合績效管理的指導，試圖去改造員工的期待與態度。

◎訓練與考核

訓練主管及員工適應新的績效考核系統，希望藉由績效考核達到正面效果。

×××公司之所以會推動上述變革，最主要是受到外部環境需求及內部員工意見所引發。將企業策略轉化成人力資源策略及績效管理系統，並透過選用、薪酬、考核、發展等策略予以整合。進一步以追求組織與文化變革去試圖改造員工的價值觀。

員工留用策略

本節將整合有關勞工離職行為在組織行為和勞動經濟上的理論基礎，藉以提供一個更廣泛的架構去瞭解離職行為。同時將提出以「組織診斷→留住人才→維持最佳管理環境」作為管理勞工離職行為的模式。文中所提的許多問題及趨勢將對未來人力資源管理的研究提供新的思考方向。瞭解及管理勞工的離職行為將有助於改善勞工的生產力及其安定性。

一、離職行為的起因

離職可以被解釋是一種永久性離開某一特定組織的行為(Cascio, 1992)。員工的離職有其正面與負面的效果，有時是必要的也是無可避免的；有時是可以避免和控制的。員工的離職行為如果處理不當會造成資源的耗費。離職行為一般可區分為志願的及非志願的，學者對勞工離職行為的研究大都針對志願性的離職，尤其是對失去有價值員工的負面影響。

至於針對勞工離職行為相關成因的研究有很多。Igbarria和Siegel（1992）曾對四百六十四名資訊從業人員的離職傾向做過調查，其中包括個人特質、生涯發展及工作特性等因素。研究結果顯示年齡、職位、年資及工作的安定性與離職傾向呈負相關。至於教育程度則與離職的意願呈正相關。此一研究同時也發現工作角色的混淆、衝突和組織界限的區隔與離職動機呈正相關。其他如工作的參與、生涯發展、晉升的可能性、薪資報酬、對組織的認同、工作滿意度等這些因素如果對勞工有負面的作用，將對勞工的離職動機產生正面的影響。另外值得注意的是，工作特性與離職動機並沒有多大相關。

Cotton和Tuttle（1986）曾對二十六種可能影響離職行爲的成因做迴歸分析以瞭解其相關性。在他們的研究中離職行爲的成因可區分爲外在因素、組織結構、工作相關因素及員工個人特質等。研究結果發現年齡、工作安定性、報酬、工作滿意度等與員工的離職行爲有極大的關聯性。

Price（1977）的研究指出九種與離職行爲有關的因素。其中以服務年資、年齡、職級與離職行爲呈強度相關；技術層級、藍領或白領階級、國家別與離職行爲呈中度相關；至於教育程度、管理者或非管理者、政府機構或非政府機構等與離職行爲的相關性不大。Price同時也指出報酬、工作完整性、溝通狀況和集權管理與否是產生離職行爲差異的決定因素。工作滿意度及工作未來性是介入及催化上述員工離職因素的兩大變數。決定因素和介入變數可以用來解釋勞工離職行爲的基本成因。

總之，勞工的離職原因可以歸納爲：監督管理上的問題、工作環境、工作分配、待遇福利、晉升與否及成長性等。相對於早期的勞工離職行爲研究，目前較盛行的研究則是針對工作期待是否達成、工作企圖心和對組織的認同等作廣泛的探討。

二、離職行為在組織行為理論的研究

■職位配合

理想的職位配合（job matching）應該讓員工對職位有正確的認識，並且能讓員工有機會選擇合乎他（或她）們個人特質的工作。這種個人價值觀、興趣、技能與組織氣候、工作角色和目標的配合是職業調適與生涯發展的重要概念。此外，工作特性應被視爲配合員工個別興趣、技能和生涯目標的一般指引。員工和職位的一致性越高越容易產生較佳的工作績效，更好的工作滿意度和更大的工作激勵（Stumpf & Hartman, 1984）。從企業組織的觀點我們可以發現許多不良的職位配合，這些不良的職位配合會促成員工的離異，促使他（或她）們尋求其他的發展機會。

傳統的人事管理試圖將人去「配合」職位，職位被視爲是固定的，職位說明書被用來定義這些職位。至於擁有技能、教育水準和工作經驗的個別員工則被視爲變數（variable）。有時候這種職位與個別員工的配合很好，有時候則反之。其中一個最大的問題點是，大部分的職位說明書很少描述該職位所需的行爲標準。基本上人與職位是否配合必須做一比較，職位配合與否並不僅僅是比較工作內容所需的技能而已。事實上有效的職位配合需要瞭解工作所需的行爲標準和個人喜好的行爲方式（Dortch, 1989）。因此，在考慮達成成功的職位配合應檢討職務內容、所需行爲標準、擔當該職位的個別技能水準，以及個人喜好的行爲方式等四個主要因素。

■工作滿意度

有關工作滿意度與離職行爲關係的研究最爲一般學者所重視，特別是工作不滿意時所引發情緒上、認知上與行爲上的現象常會隱隱約約地反映出離職的傾向。但是就個別員工而言，工作滿意度對離職行爲的影響是間接的；經由辭職念頭的興起，尋求及評估其他工作機會，最後決定辭職才是眞正形成離職行爲的過程。從研究調查發現，「意圖離職」（intention to quit）才是眞正離職行爲的直接前兆（Mobley, Horner & Hollingsworth, 1978）。工作滿意度與離職行爲間的相關程度並不強，Locke（1976）年的研究結論曾指出兩者之間的相關係數始終低於0.4。較高的工作滿意度並不足以構成離職率的下降，但是如果有相當程度的工作不滿意卻足以造成高的離職率（Luthans, 1992）。

■對組織的承諾

對組織的承諾（commitment）是一個員工對組織的認同與參與的表徵（Porter, Crampon & Smith, 1976）。對組織的承諾是組織成員對整個組織心理上的附合。通常員工的缺勤與離職可以被視爲缺乏對組織認同的指標。從許多組織理論和實驗研究顯示「探索、進入、社會化」是形成個體對組織產生承諾的過程（Stumpf & Hartman, 1984）。如果在形成對組織的承諾過程中有退縮行爲或者是共識不足發生時，就很容易產生離職的意圖。

學者同時也指出對組織的承諾（或認同）比工作滿足度更能影響勞工的離職行爲（Mobly, Horner & Hollingsworth, 1978）。在一項針對全美大企業有關員工工作態度和意願的調查顯示，大約有50%對組織缺乏認同的勞工想離開他（或她）們服務的公司，即使是其他公司提供相同的職位和薪酬。相反的，大約只有21%對組織有認同的員工會想要離開他（或她）們服務的公司。這項調查還證明工作滿意度和工作安全感是形成員工對組織認同的主要因素，員工對管理者才能和溝通意願的認知也直接影響到工作滿意度和對組織的認同感（Price, 1990）。

■員工的退縮行為

員工的退縮行爲（withdrawal behavior）是一種降低對組織社會心理的附著力，失去工作興趣的現象（Bluedorn, 1982）。學者建議退縮行爲的增加會降低員工的工作績效，如遲到早退、缺勤、甚至累積形成自願性離職行爲，對組織的殺傷力極大。Sheridan（1985）指出退縮行爲可被視爲一種員工行爲斷斷續續變化的現象，它不是一種持續的、線性的社會心理反應。工作表現的改變、缺勤、離職等可以反映出這種社會心理上斷斷續續退縮行爲的變化。

■工作選擇

接著我們從另一個角度來探討員工工作選擇（job choice）上的問題。生涯發展學者、社會人格心理學者和組織行爲專家均曾試圖經由員工個人對自己適性與職位特性的配合認知來預測對工作的喜好程度（Moss & Frieze, 1993）。過去爲了預測員工對工作的喜好程度，人與環境的配合理論一直強調個人必須配合周遭環境；職業性向模式也強調唯有工作與興趣、能力的配合是成功工作選擇的基礎。基本上，工作選擇的行爲能具體地代表並影響員工離職或繼續留下來工作的意願。

期待價值（expectancy-value）理論也強調個人對自我需求和期待價值的評斷，以及組織環境是否可以配合達成的考量。如果個別需求能透過職位與工作達成，將對工作選擇形成某種程度的吸引力。另一種自我與原型配合的模式（self-to-prototype matching model）強調個人對自己的人格、外表與能力的認知及與職位所需資格的比較，這種模式可以被用來評估員工個人條件與職位要素的配合程度。根據一項對八十六個美國MBA學生所做的調查，有27%的受訪者用期待價值模式決定工作選擇；有14%的受訪者用自我與原型配合的模式決定工作選擇；有40%的受訪者則同時使用這兩種模式決定工作選擇（Moss & Frieze, 1993）。因此，工作選擇的決定因素可能是預測員工離職行為的一種指標。

三、離職行為在勞動經濟理論的研究

傳統上對離職行為的研究多偏向在分析和預測行為模式上，最近在實驗和理論的論證上則兼採勞動市場做個案研究（Kiefer & Neumann, 1989）。由於動盪的經濟加上資訊的不完整，經濟學家希望能在有限的人力資源中尋求最有效的運用。在資本主義經濟體系下價格常是引導企業和員工個人異動決策的主要因素（McCall & McCall, 1987）。勞工通常經由職位選擇，移動或進出勞動力市場來影響勞動力市場的均衡狀態（Pissarides, 1990）。相對於職業選擇的心理學理論基礎，勞動經濟學者通常僅檢視勞動力的「淨」報酬，並假設有理性的個體在選擇職業時會尋求金錢報酬與非金錢福利極大化之組合。勞工所選擇的工作通常是能提供工作生命週期中抵銷成本後能獲致最大利益者。基本上經濟學者和心理學者並不忽視彼此的研究；但是經濟學者傾向探討從不同職業中比較可以量化金錢報酬，這種考量使他（或她）們比心理學者較有優勢去研究容易量化的事物。

■工作尋找和職業選擇

儘管個人改變職業的傾向對勞動力市場的調整和收入的成長有密切關聯，但是經濟學者卻很少去注意。因為在職業選擇的模式裡工作充滿著不定性，需要依靠當事者憑經驗去解決。一般認為只要是進入或訓練的成本低的時候轉換職業就成為可能。勞工主要的考慮點是被資遣所可能造成的損失。因此，進入新環境成本高低的比較便成為職業選擇的主要考量（McCall, 1991）。此外，個人的收入是否增加常是造成職業異動的決定因素（Shaw, 1987），收入的增加有時意味著技能的增進成或職位的提升。換言之，增加對職業技能的投資，將職業技能轉換到其他組織使用，或雇主提升或降低該職業技能的位階均可能促成職業的異動。經濟學者發現只要增加25％可轉換（transferable）技能即可增加二十九歲青年勞工11％職業異動的可能性；對四十歲的中年勞工則大約增加23％職業異動的可能性（Shaw, 1987）。這項研究說明雇主或勞工在考量投資於特定技能（僅適用於目前的組織）訓練和可轉換技能（可同時適用於其他組織）訓練時必須衡量投資報酬及風險。例如，勞工如果擁有大量可轉換技能就可以不斷地換工作以獲取最大的報酬；反之，勞工如果持有的技能是雇主所需特定的技能時就很難轉換工作了。總之，勞工職業技能的類別不同將直接影響勞工轉換工作的意願和可行性；假設雇主和勞工都積極從事特定技能的訓練投資，這種勞資關係就很難被打破而造成員工離職（Miller, 1984）。

■職業購買（job shopping）行為

對於失業者或騎驢找馬者而言，找工作就像一種買東西的行為，其中充滿著不定性與資訊的不完整。因為尋找工作本身並不能保證求職者在未來的職位能發揮所長並獲致最大工作滿足度(Johnson, 1978)。找工作就像買工作一樣必須注意到影響工作變動性的因素；例如，一般勞工容易忽略該職位特定性或一般性技能要求，工作狀況等，他（或她）們比較關切勞動條件（職位、薪資、福利等），甚至有時抱著「試一試」的心理。一般而言，工作經驗較少的勞工轉換工作的頻率較高；但是教育程度與職業異動並沒有多大相關（Johnson, 1978）。

另一種借貸限制（borrowing constraints）的理論可以被用來解釋勞動力供給的生命週期及其對職業選擇的影響。一般人在轉換（或購買）工作時常會先考慮利用他（或她）的技能所能獲致最大的報酬現值而忽略工作的未來發展性；或不願投資於教育訓練而只想享受目前的成果。因此，受到借貸限制而選擇眼前較高收入的人，常常是提前退休退出勞動力市場的人（Berhardt & Backus, 1990）。

四、如何有效管理員工的離職行為

離職行爲的發生過程大致相同，Mobley（1982）對個別員工離職行爲發生過程做以下描述。先評估目前的工作，體驗工作滿意或不滿意的地方，興起離職的念頭，評估找工作和離職造成的成本，開始尋找其他的工作機會，評估新的工作並與目前的工作做比較，考慮留下來或離開，做離開或留下來的決定。根據Mobley的離職行爲模式，從組織行爲和勞動經濟的理論中我們可以找到許多論點來解釋並預測員工的離職行爲。

基本上職業選擇決定可以被視爲是一連串的決策過程，它本身是一個複雜的、心理的和行爲的思考過程。首先，個人對未來可能的職位產生瞭解與期待，接著做出職業的抉擇。最近有許多的研究係針對個人如何發展出對特殊工作的喜好（Moss & Frieze, 1993）。另外Roseman（1981）曾指出在員工個人的工作歷史上有四個關鍵性職業選擇期：新職適應期、滿意期、勞資關係改變期及警告期。依職位的配合狀況，工作滿意度和對組織的認同決定員工與他（或她）的雇主的關係；假如其間發生退縮行為，員工可能就會考慮尋求、選擇其他的就業機會。

接著，我們將考慮一系列策略性手段，針對一些關鍵的決策點去管理員工的離職行為。即使在人力資源管理的理論與實務上已有許多資料探討員工的離職行為，本節將整合組織行為和勞動經濟的理論基礎，並試圖發展出「組織診斷→留住人才→維持最佳管理環境」（diagnosis-refention-maintenance）的管理模式來處理員工的離職問題。

■早期診斷

經理人必須對個別員工的退縮行為抱持高度警覺，因為員工在產生離職動機前會有一些工作不滿的跡象。如果經理人能在早期鎖定這些退縮行為，在員工產生工作不滿和離職動機前有改善的機會，通常可以避免這些離職行為（Gardner, 1986）。特別是員工的工作態度可以被用來預測該員工離職的傾向；因此，早期組織診斷系統的建立 ，鎖定醞釀中的問題採取對策將有助於預防員工的離職。為了針測員工未解決的問題，經理人可以使用以下四個警示指標來找出問題點：

1.使用「重要事故記錄」來描述員工特殊事故。

2.使績效評估中的不同意見趨於一致。

3.幫助員工讓他（或她）們的抱怨得到解決。

4.提供員工表達他（或她）們生涯發展關切的事物。

作爲一位成功的經理人必須有能力確認員工離職的前兆，例如，工作績效的明顯惡劣，不斷地抱怨或其他不尋常的動作等。缺勤和工作延誤可視爲離職前的可能動作，因此經理人應該不定期的觀察員工的工作狀況，並在可能與離職相關的問題發生時介入處理。

■留住有價值的員工

經理人有責任採取對策替公司保留高品質的勞動力，留住有價值的員工。當經理人懷疑任何一位有價值的員工想離開時必須決定如何才能改變他（或她）的心態，尤其是該員工在決定去留的時候使用不同的策略替公司留住人才。優秀的人才是每一個公司都想要的，如何吸引、任用和保留好的員工漸漸成爲任何一個企業組織重要的挑戰。

要留住好的人才經理人必須學習如何有效激勵員工，回應不同員工的需求。這些有效的留人策略應依據下列原則實施：

1.工作滿足度的提升：工作滿足度的高低直接影響員工的安定性，因此必須不時評量員工的工作滿意度（如士氣調查），然後儘可能採取不同管理（或領導）策略去改善員工不滿意的地方。

2.授權：「授權」對今日工作環境而言，毫無疑問的是留住優秀人才重要的策略。爲了對員工提供不同程度的支持，經理人必須設法讓員工有能力獨當一面，並且避免對員工事事干預、控制的情事發生。

3.欣賞員工的表現（appreciation）：每一個人都希望受到尊重與賞識，經理人必須學習如何去瞭解員工的喜好、試著去滿足員工個人的期望，對員工的表現給予肯定。

■安定勞動力

為了達成提升員工工作及生涯發展滿意度的理想，降低工作角色混淆、衝突與壓抑，鼓勵與其他組織的交流活動，分配具有挑戰性的計畫授權讓員工發揮創意，對員工的成就給予肯定，提供員工雙重的生涯發展梯階等，都是具體可行的方案。此外，為了強化員工對組織的認同，除了在一開始就應該給予充分的信心，同時應持續不斷地依照員工不同的需求給予強化的動作。因為對組織的認同程度隨著服務年資的增加而增強；如果在服務期間能同時增加對員工特殊技能（在其他地方幾乎派不上用場）的培訓，就越使該員工更難離開他（或她）服務的公司。

另一項重要的措施是增強員工對組織價值觀及目標的接受性。如果員工能與組織結合在一起，那麼他（或她）就會體認到離開服務單位可能要付出極大的代價（不管是金錢的和非金錢的）(Morrow, 1993)。為了增進員工對公司目標和價值觀的認同，組織的目標和價值觀必須明確地陳述，組織目標達成所帶給員工的好處也應闡明，同時應允許員工參與目標的訂定過程（Mobley, 1982)。有許多公司忽略了提供員工參與決策所需資訊；同時由於生涯發展相關資訊的缺乏影響員工對工作的參與意願及對組織的認同(Mowday, 1982)。但是從另一個角度來看，雖然提供員工生涯發展相關資訊及不同的發展機會可以讓員工有多一重選擇的機會；但也有可能因十八般武藝的學成而增加離職的可能性。

■員工生涯發展

爲了促成員工與職位的配合，一般企業經常透過員工甄選、訓練發展、主管繼承計畫、生涯規劃與輔導等達成目的。生涯發展計畫是提供員工成長、發展最有效的方法。過去幾年我國已有許多中、大型企業爲員工開始採行主動、有系統的生涯發展計畫，這些企業將員工視爲企業生存與發展的夥伴，讓員工學習管理自己的生涯發展並給予全力支持。換言之，勞資雙方在組織發展與員工生涯發展上齊頭並進。

具體而言，員工生涯發展除了可增進員工的工作生活品質、勞動力的安定性與生產性外尙有下列三種好處：

1. 讓員工認清自己的生涯目標與能力，從而努力去達成工作要求及升遷標準。
2. 讓傳統的人事管理由被動轉換爲主動，使得企業對失去有價值員工更有危機意識。
3. 生涯發展如果規劃得當，可以協助員工解決他（或她）們工作上的障礙與限制，強化適應公司組織環境的能力。

五、結　論

有關員工離職行爲的研究事實上應該還牽涉到組織診斷和人力規劃；雖然零離職率對組織並沒有絕對的好處，但是低離職率可以降低訓練費用和避免新人缺乏經驗的缺失（Luthans, 1992）。然而，不管是自願性或非自願性離職行爲，希望的或不希望的離職行爲都會造成社會與經濟的損失。經理人的責任即在降低這些損失。

至於離職動機和離職行爲的關係也可能受到經濟景氣狀況和勞動市場的供需狀況的影響。假如勞動力市場非常活躍可能造成組織偏高的離職率；我國過去也曾發生股票市場的活躍造成組織大量的流失人力，在這種狀況下使用離職率來推斷工作滿足度、職業配合度或員工對組織的承諾程度就容易造成偏差（Hom, Katerberg & Hulin, 1979）。

除此之外，本文所陳述勞工離職行爲的研究僅僅從勞工的立場去探討有關職業選擇的決定，至於雇主的行爲則不在本文的討論範圍。

從本文的分析可以清楚的看出，只要管理當局採取動作來改善員工工作滿意度就必能增加勞動力的穩定性。有關組織行爲和勞動經濟的研究確能增加我們對勞工離職行爲的瞭解及評斷，甚至可以提供我們有系統、客觀的解決員工離職問題的方式。最後，本文所提出以「組織診斷→留住人才→維持最佳管理環境」的管理循環模式可以作爲探討理論與實務相關性的良好題材。唯有如此，人力資源管理的實務才能與理論基礎一致。

6 薪資管理策略

□策略性薪資管理
□薪資政策
□薪資管理策略與企業競爭優勢
□結　論

國內多數企業尚無策略的觀念，未能掌握環境的變遷，進行較長時間的策略性思考，進而逐步調整本身的營運範疇，所有的利潤只能歸諸於承擔風險的代價，或是來自於管理控制上的利潤，而真正來自策略上的利潤則較少。策略一詞原是軍事上的用語，指涉及資源的分配、運用，以求得勝利或優勢的長期計畫。本文所指稱「策略」，乃是指組織為因應內外環境變遷，適當運用組織的資源，以指導組織的行動來求取競爭優勢的一長期計畫。

策略性薪資管理

所謂策略性的薪資管理是指在作薪資決策時要對環境中的機會及危險做出適當的回應，並且要配合或支持組織之全盤的、長期的發展方向以及目標。但是，並非所有薪資管理都是策略性，學者Milkovich（1988: 263-265）即認為薪資管理要具有策略性就必須對現實的環境壓力能具有相當的敏銳力。所以他認為「策略性薪資管理」應界定為：對組織績效具有關鍵性的薪資決策模式。就概念而言，策略性薪資管理最早出現於有關高級主管薪資管理的文獻上；惟最近策略性薪資管理的概念已逐漸由高階主管擴展到中階主管及所有員工身上。**表6-1**說明不同階層員工在薪資決策上的影響因素。

依據Milkovich（1988）的說法：策略性薪資乃是指對組織績效具有決定性的薪資模式；亦即凡是能對組織績效產生重大影響的薪資決策模式者，便具有策略性。吾人檢視的相關文獻中，具有策略性，能影響組織績效的種種決策包括：市場地位（market position）

表6-1　對組織績效具有決定性影響之薪資決策的演進一覽表

適用對象	Cooke（1976）	Salter（1973）	Lawler（1981）	Carroll（1987）
薪資決策設計	高級主管	高級主管及中階經理	所有的員工	所有的員工
	・強調每一個獨立因素 ・短期或長期獎勵之爭議	・短期或長期獎勵之爭議 ・單位績效或團體績效之爭議 ・紅利與本俸之間比例大小的風險程度	・市場地位 ・內部或外部取向之爭議 ・層級的重視程度 ・報酬的組成內容 ・加薪的基準	・市場的薪資水準 ・內部平等 ・績效評估 ・紅利多寡 ・評估次數 ・功績差異 ・實施個人紅利 ・實施團體紅利 ・長期或短期運用之爭議 ・延遲薪資 ・實施分紅制度 ・實施保證薪資

資料來源：郭榮哲（1992）

（相對於其他競爭者的薪資水準）、內部取向或外部取向、層級制度（即薪資結構的層級是依據工作或技術而定），薪資組成及報酬的基準（即依據績效或資歷，以團體或個人爲主）。

此外，被認爲與策略性相關的薪資決定範圍一直不斷地擴大之中，Milkovich整理有關薪資管理的文獻，列出六項策略性決策(Milkovich, 1988: 268-271)，每一項策略均包含幾種基本決策及備選方案（如**表6-2**），如競爭地位、內部結構、組成形式、加薪根據、在人力資源策略中的角色、實施型態等。Milkovich對於薪資策略性決策的分類，可說是目前將薪資的策略性決策涵蓋得較完整者。

就薪資的有形及外在的財務效果而言，薪資管理文獻中的一個共同主張就是在制定薪資策略時，組織應具有相當大的自由裁量

表6-2　有關薪資的策略性決策

競爭性	·薪資的水準 ·領先、落後、並駕齊驅 ·總薪資、選擇性報酬之實施風險
內部結構	·組織內部薪資差異 ·薪資的分級數目、層級標準、與組織特徵的一致性 ·工作評價制度之種類
組成形式	·形式的種類 ·每一種形式的相對重要性 ·短期或長期之爭議
加薪根據	·強調合作或績效之爭議 ·特殊標準，依照個人、單位或團體績效 ·加薪多寡與次數
在整個人力資源策略中所占的角色	·所占的地位爲優勢、同等或次要 ·單獨改變或支持組織改變
實施型態	·員工參與 ·溝通 ·集中化 ·解決爭端的方法

資料來源：Milkovich, 1988: 269

權。Pearce及Bobinson（1982）兩人認爲薪資決策就像那些需要高層決策的事務一樣，需要調度組織大部分的資源，對於組織業務的拓展或功能的發揮具有重大的影響，並且會影響組織之長期績效。因爲薪資成本占了組織整體運作費用（operating expenses）的20%～50%之間（Milkovich & Newman, 1987），並在各個事業部門及功能單位能吸引及留住人才，而且是創造組織績效的原動力。因此對組織績效而言，薪資管理需要具有策略性（Gerhart & Milkovich, 1990: 668）。

基本薪資水準對吸引及保留員工可能最具有效果，企業如果能採用高薪資水準的策略時，將足以吸引求職者並確保其能擔當重任（Bronfenbrenner, 1956; Rynes & Barber, 1990）。期望理論的支持者也認爲，薪資若依績效而定，此種作法就會形成績效達成的助力，並形成動力以達成績效。由於激勵的對象不同，對於個人、團體或組織績效的重視程度不同，對員工行爲的影響亦不同。因此，在設計薪資制度時，由於對象的不同，其設計必須採用策略性的觀點，不可一成不變（Gerhart & Milkovich, 1990: 682）。

由以上所述，基本薪資水準與有關績效薪資的設計，的確會影響組織的競爭能力及組織的績效，因此本章針對這兩個重大策略性的薪資設計，列爲討論的重點。

薪資政策

在一項對未來主要薪資管理趨勢的環境審視（environmental scanning）報告中（Hay Management Consultants, 1986）有如下的結論：「當邁進21世紀時，如何將薪資管理與組織的策略結合起來，乃是組織在薪資管理方面最大的挑戰」。一些學者也認爲組織策略的特性應是其薪資政策的主要決策因素（primary determinant）之一（Balkin & Gomez-Mejia, 1990; Lawler, 1990; Donaldson, 1991）而且，策略性薪資管理設計，不僅要配合組織的需要，更要協助塑造（shape）組織，不僅是要考核績效，同時也要管理績效。因此，設計薪資制度時，必須將組織的策略列入考慮，用以增強組織的策略效果（Milkovich & Newman, 1987; Salter, 1973）。

有關組織與策略的文獻中，常將組織的策略分成三種層次（level）：即公司（corporate）、事業單位（business unit）及功能

（functional）單位三個策略層次，此三層次的策略彼此相互關聯，但卻是截然不同的概念（Hofer & Schendel, 1978; Galbraith & Schendel, 1983; Hambrick, 1984）。雖然此三層次的策略都已列入策略性的人力資源管理文獻之中，但由於每一層次的策略，有關定義、類型及測量方法都不盡相同，因此以下僅討論其與薪資管理直接有關的部分。

一、薪資與報酬

薪資乃是組織對於員工提供的服務所支付的報酬。但若嚴格區分，報酬與薪資不盡相同。依據心理學家的看法，若行為之後會得到快樂的經驗，那種行為就可能會再發生，使那種行為持續下去的增強力量都稱之為「報酬」（Hampton, 1977: 375）。員工若察覺到報酬正是他們渴求的，而且報酬只有在工作表現後才會給予，工作表現愈好就給予愈多，於是良好的工作績效所得的加薪、升遷效果，都可算是組織對工作所提供的報酬（Miller, 1979: 106）。若以人員的需求是否由工作中可得到直接或間接的滿足來區分時，則員工所獲得的報酬，可包括外在報酬（extrinsic reward）和內在報酬兩種（Newman, Summer & Warren, 1965: 163; Dunn & Rachel, 1971: 1-5; Carnell & Kuznits, 1982）。

報酬又可分為財務性與非財務性報酬（finanical & nonfinancial rewards）。若員工的所得是以現金給付且對組織直接產生成本負擔，即稱為財務性報酬，包括工資（wage）、薪給（salary）、加給（或津貼）、各種獎金、紅利（bonuses）、福利（如保險、退休金或購屋計畫）等均屬之。這些財務性報酬必須能滿足員工的各種需求，更重要的是能藉由報酬的提供而激發員工的工作動機，因而達成組織的目標。若組織支付員工的酬勞不是以現金給付，則稱之爲「非財務性報酬」，包括工作環境、給假、升遷或因身分地位而來的某些特權（如停車位），或免費旅遊等（Robbins, 1982; 陳明漢等，1989; Katz & Kahn, 1978: 335; Newman & et al., 1965:163; Sibson, 1974: 14-18）皆屬之。狹義的薪資，所指的乃是薪給與工資，一般而言，依實際工作時間所計算的報酬稱之爲工資，多屬勞力者的收入；反之，薪給是定期發給的固定金額的報酬，多屬勞心者的待遇（吳藹書，1988: 309）。然而事實上，此二者已經很難區分，即使區分也無意義可言。廣義的薪資，則指勞資關係中，員工所得到的各種形式的財務報酬（financial returns）、具體的服務（tangible services）及福利（fringe benefit）（Burgess, 1989: 464），亦即前述外在報酬的財務性報酬中，凡是經常性給付與福利措施均在此範圍之內。

二、薪資政策

薪資政策乃是在薪資策略之下，依照各公司之人事情況不同，而自行擬定一些綱領以提供薪資作業之一般行政上依循的法則（羅業勤，1992：1-7）。

Balkin和Gomez-Mejia兩人（1990: 153-154）的研究發現，公司策略對組織的薪資設計、薪資水準以及實際的薪資管理實務而言，是一項很重要的預測指標（significant predictor）。另外，有許多的研究從「一致性」（congruence）、「適合」及「連結」（linkage）的觀點出發，認爲薪資的設計與整體公司策略之間應有密切的關係。因此，必須以策略性的方法來研究薪資制度與組織之間的關係（Carroll, 1987; Balkin & Gomez-Mejia, 1987; Lawler, 1990）。事實上，要適當的將組織策略以及薪資政策配合起來，並非易事(Hoskisson et al., 1989: 32-33)。而且，一個設計不良的薪資制度。會對組織造成更多的傷害，若是薪資政策不能幫助公司的整體策略，那麼很可能會造成組織在薪資設計上的投資失敗（Lawler, 1984: 4)。是故，薪資制度設計者在設計薪資制度時，絕不能忽略公司政策的需要。

在薪資政策的研究中，關於公司策略者，有兩項代表性的策略，即多角化（diversification）（Pitts, 1976; Kerr, 1985）與生命週期（life cycles）（Milkovich & Newman, 1987; Milkovich, 1988: 274)。以下先說明多角化策略與薪資政策二者之關係，然後再探討薪資政策與組織生命週期之間的關係。

■多角化策略與薪資政策

與組織設計有關的文獻中，有許多探討薪資政策與公司多角化的研究（Pitts, 1974, 1976; Kerr, 1985; Napier & Smith, 1987)，這些研究都建議組織必須小心設計組織的薪資制度，如此才可使組織成員的行為與組織的策略相互配合。此外，依據組織理論，當公司的經營越多角化時，就越需要以公司的目標來整合及控制各獨立的事業單位（Lawrence & Lorsch, 1967)，而薪資制度可用來配合公司的目標並作為在管理上主要的整合與控制的手段。Kerr（1983）研究二十家大型的組織之後，發現必須使薪資制度的影響力充分發揮之後，才能達成公司多角化的策略。實際上，通常高度多角化經營的組織，其在政策上確實會提供其成員較高的薪資（Napier & Smith, 1987)。由此可見薪資政策與公司多角化經營策略兩者間具有密切關係。

一般公司多角化經營的研究（Kerr, 1985; Llppitt, Hand &

Modani, 1987）常從以下各點來思考薪資問題：

1.給予主管階層的獎勵薪資應根據個別事業單位的績效，抑或應同時考慮各個事業單位與整個公司的績效？
2.績效評估是根據主觀的看法或是具體量化結果？
3.員工的紅利與基本薪資的比例爲何？

因爲多角化公司的各個部門中，人力資源管理與薪資管理經常有重疊的現象，因此薪資設計者必須掌握種種不同型式的薪資政策，以便能配合每一各具獨特性質的事業。所以當公司採取多角化的經營策略時，薪資設計者應該努力使薪資計畫適應公司的每一個事業部門，同時，必須瞭解每一個事業部門的年度策略與長期策略；例如，未來是否會從勞力密集轉型到資本密集？是否要進軍國際市場？是否購併其他公司？有關此等策略上的問題，都需加以考慮。

Speck（1987: 27-32）在檢視多角化公司的薪資管理實務後，認爲多角化公司的薪資制度設計必須考慮下列三項主要因素，才能發揮其策略性效果：

1.基本薪資：基本薪資的設計必須與其他具有競爭性之相關產業的薪資水準相結合，而非將其配合原有薪資制度即可。因爲每種產業的薪資水準皆不同，所以多角化公司若要使每個事業單位都具有競爭性，唯一的方法就是這些事業單位應比其他同業給付更優渥的薪資。因此，在多角化經營的公司中，各個事業單位間的薪資制度可能會有差異產生，而此種差異，就要藉由策略性薪資管理的設計與執行來調整。
2.年度獎勵薪資：多角化公司必須使年度獎勵薪資能與事業單

位及個人的績效相結合。由於各個產業間的薪資制度不同，公司內各個事業部門的目標也不同。因此，要求一項整體性的公司薪資獎勵計畫，且能滿足多角化公司中的每一事業部門之需求是不可能的。所以，公司在設計年度績效獎勵計畫時，必須採取策略性的作法。此外，各個事業部門的獎勵計畫必須建立在以預定績效爲目標，或以改善過去績效爲目標的基礎上，如此才能使績效獎勵計畫發生策略性效果，並使其具有彈性。

3. 長期獎勵薪資：多角化公司在設計長期獎勵薪資制度時，必須考慮：
   - 長期獎勵薪資的訂定，應以長期計畫的績效成果爲依據，而獎勵的金額大約應爲總薪資的一半。
   - 長期獎勵薪資的金額至少應有50％是以當時公司股票的市價爲準，另50％則應根據公司績效及預定的財務績效目標來決定其金額。

由以上說明，可知當公司採多角化經營策略時，薪資政策配合公司各種事業經營型態、目標與競爭環境的需要，來設計一套因時因地制宜且具有彈性的策略性薪資制度，如此組織的所有成員才會相信薪資的差異是公平合理的。

■組織生命週期與薪資政策兩者之間的關係

最早將生命週期概念運用於薪資管理上的，乃是針對高階主管的薪資；但目前已轉移此概念擴及至所有員工的薪資（Ellig, 1981; Milkovich, 1987）。Anderson和Zeithmal兩人（1984: 10-12）將公司的生命週期分成三個階段：成長（growth）、成熟（mature）和衰退

(declining)。他們認爲組織處在成熟階段時，若採用較高的薪資水準，反而會影響投資報酬率。而在成長階段中，若採用較高的薪資水準，則可以增加市場的占有率。Balkin和Gomez-Mejia兩人（1984）在研究了三十三家高科技公司及七十二家非高科技公司的薪資政策後，認爲薪資政策對組織生命週期中的成長和成熟階段影響甚鉅。他們建議，當公司處在成長階段時，應該採取以獎勵薪資爲主的政策，才可以增加公司的競爭力，而一般公司的作法卻常與其建議相反，因而造成失敗。另外，Milkovich（1987）以組織的發展過程來區分生命週期，並建議組織在起步（start-up）階段，所採取的薪資政策應爲強調外部市場，較低的基本薪資與較高的薪資獎勵；而在成熟（穩定）的階段，則應重視內部公平的問題，採取較高的基本薪資與較低的獎勵薪資。

Ellig（1984: 4-5）曾以組織在市場上發展的四個階段（開發→成長→成熟→衰退）來說明每個階段所應採取的薪資政策。Ellig之建議乃是諸多學者中，較爲完善者，根據Ellig之說明製成**表6-3**。由表6-3可看出各個薪資管理要素在其每一個發展階段所具的重要性與理由，是薪資設計者在設計薪資制度時，必須加以注意的。

由以上的說明可以瞭解，相關的薪資管理文獻中生命週期的概念已受到廣泛的注意；但同樣地也有不少的批評。Milkovich（1987）認爲在生命週期的某一階段中，可以適用的薪資政策可能不只一套；Kerr（1985）認爲生命週期是命定的（deterministic），管理者必須要避免或防止衰退的週期；Ellig（1981）則認爲究竟應使用產品生命週期（product life cycle）、市場或產業生命週期（market or industry life cycle）還是公司生命週期（company life），來配合薪資政策仍未有定論。

雖然組織的生命週期有以上的不同詮釋，但薪資設計應該配合

表6-3　薪資要素在組織的發展週期中之重要性

重要性＼市場週期 薪資要素	開發	成長	成熟	衰退
基本薪資	低： 為了儲備資金增加投資，以促使組織成長	中： 由於組織獲益能力日益增加	中： 由於組織獲益能力已趨穩定	高： 因為激勵計畫難以奏效
短期獎勵薪資	中： 組織為儲備資金	高： ・組織為促使新發展的事業能穩定成長 ・藉此向市場占有率最高的組織挑戰，以求獲取全國性的影響力	高： 為維持目前市場上之占有率	中： 因為針對部分市場上占有率較低而設的獎勵計畫，已遭遇困難
長期獎勵薪資	高： ・因為資金短缺 ・藉此使員工與組織有同舟共濟的感受	高： ・為建立強固的市場地位 ・市場價值的計畫更盛行	中： ・因為幾乎不再成長 ・非市場價值的計畫取代了市場價值計畫	低： ・因長期的成功已不見容於市場 ・此階段中市場價值的計畫亦消失

資料來源：Ellig, 1984: 4-5

生命週期各個發展階段的需要來思考，則是不容否認的。Milkovich（1988: 277）甚至認為，薪資政策如果要隨組織的策略而改變，則非要應用生命週期的概念不可。即使各個學者對組織中的生命週期有不同的劃分，但其主要目的都是說明薪資設計不可僵硬，而要配合組織不同的生命週期階段來制定不同的薪資政策，以使組織能適當的因應變遷環境的需要。

■事業單位策略與薪資政策

薪資制度的設計與管理者，必須體認若是薪資政策無法與組織的整體策略相互配合時，可能就會導致薪資的政策方向模糊，甚至造成方向錯誤。因此薪資策略的設計要參酌組織的相關策略，其目的即在整合策略，使組織的各種策略產生最大的效果（Hambrick, 1984: 30-32）。

前曾提及公司策略對整體薪資設計、薪資水準以及薪資政策具有重大的影響。就薪資設計來說，各個事業單位的策略也是一項重要參考面向（Balkin & Gomez-Mejia, 1990: 153）。Milkovich（1988: 279）的研究發現，不僅公司的策略對其事業單位給付薪資的方式會有直接的影響，而且不同事業單位的策略也會對薪資制度造成間接的影響。

根據Rumelt（1977）及Balkin和Gomez-Mejia兩人（1990）的研究，他們將事業單位策略區分爲「成長」與「維持」（maintenance）兩種類型。在同一事業單位之內，薪資政策主要是受下列兩方面的影響：組織的層級與分權（decentralization）的程度。其在產品市場上是要追求成長或維持目前的成果；因此，薪資政策的制定必須很正確地與事業單位的策略密切結合，才能使組織的策略管理發揮效用。

Prescaott（1986）的研究中指出，事業單位採取維持策略時，爲了維持其在市場上的占有率，其在市場上會有較高的薪資水準，且在薪資的組成上較強調基本薪資與福利；另一方面，若採成長策略，爲了激勵員工努力工作與開發創新，則會較依賴激勵薪資及風險分擔，同時，較重視內在公平的問題。

Balkin和Gomez-Mejia兩人（1990: 162-163）的研究中亦指出，

成長階段的事業單位，應採用較自由、具有彈性的薪資政策，因爲如此才能反應各個事業單位不同的狀況及需求，而採權宜措施來因應。此階段中應該以如下的薪資政策來配合：

1.員工的薪資應與組織共同分擔風險。
2.對不同員工採彈性薪資。
3.薪資的訊息必須公開。
4.強調績效與薪資的關係。
5.追求上下層級薪資的公平性。
6.讓員工參與決策。
7.講求以技能爲導向的薪資。
8.強調長期激勵薪資。

至於在維持階段的事業單位策略，則必須講求正式的規則及程序，以使有關薪資的決策「例行化」(routinize)，而且要在整個組織中全面性的使用。此時用來配合的策略如下：

1.給予員工保障薪資（guaranteed pay）。
2.強調薪資的一致性。
3.薪資必須保密。
4.以年資爲計算薪資的基礎。
5.層級制的薪資。
6.講求從上而下的薪資。
7.以職位爲導向的薪資。
8.採用短期激勵薪資。

由以上學者的研究中可知，事業單位政策從成長轉變爲維持時，的確會改變薪資的組成。與成長策略相配合的薪資政策較強調獎勵性薪資，以獎勵團體及個人的績效，並與員工分享組織成長的成果，但基本薪資及福利方面則較差，因組織需儲備現金作爲投資之用。而採取維持策略的薪資政策就非常強調基本薪資及福利，但較不重視激勵薪資，此乃因事業單位此時已有較高的效率與獲利能力所致。

事業單位的策略確實會影響薪資政策，因此，薪資制度的設計必須配合事業單位策略來思考，是薪資制度設計者與管理者不能忽略的。從上述探討有關公司策略和事業單位策略與薪資政策的關係中，吾人可以得知公司與事業單位的策略關係著組織的生存與發展，因而以策略性薪資作爲組織發展的干預技術，就必須配合組織的策略，才能發揮其功效。組織要求新求變，薪資設計者在設計薪資制度時更要配合組織的策略來思考，才不致與現實脫離。

至於管理者應該如何調整薪資政策以配合組織的策略（尤其是公司的策略及事業單位的策略）呢？Balkin和Gomez-Mejia兩人（1990: 162）所提出的建議如**表6-4**中所示，可供吾人參考。

■彈性勞動力與彈性工時

在經濟不景氣時，儘管經營者在面對成本過高時，仍努力地尋求解決的辦法。於是他們找出了一個解決辦法——僱用暫時性的勞動力（contingent workforce）。如此經營者可以維持其成本，不致使成本過高，尤其是在邊際成本方面。

在美國，由於商業型態的變動及個人偏好，使得僱用暫時性工人和運用彈性工作時間的比例增加。也就是由於勞動者個人生活複雜性——受照顧的幼兒、年老的親戚、雙薪家庭、殘障者等——使得勞動者每週連續工作五天是困難的。因此在美國一般勞動者中就占有10％的暫時性或彈性工作的勞工，而且有逐漸增加之趨勢

表6-4 薪資政策與公司策略及事業單位策略的有效配合一覽表

	公司策略		事業單位策略	
	未多角化	多角化	成長	維持
薪資設計重點	獎勵薪資	基本薪資與福利	獎勵薪資	基本薪資與福利
市場定位	低於市場	高於市場	低於市場	高於市場
薪資政策	風險分擔	保障薪資	風險分擔	保障薪資
	彈性	內部一致性	外部取向	內部取向
	薪資資訊公開	薪資保密	薪資資訊公開	薪資保密
	績效薪資	重視年資	績效薪資	重視年資
	分權式薪資	集權式薪資	分權式薪資	集權式薪資
	公平式薪資	層級薪資	公平式薪資	層級薪資
	員工參與	員工較少參與	員工參與	員工較少參與
	技能薪資	職位薪資	技能薪資	職位薪資
	長期取向	短期取向	長期取向	短期取向

資料來源：Balkin和Gomez-Mejia（1990: 162）

(Martocchio, 1998: 368)。

此外，我們一般在探討薪資議題時，主要針對核心的勞動者，也就是全職勞動者。他們有全職的工作、固定的工作時間，且與雇主有明確的僱用關係存在。然而，在薪資管理的實務上，全職勞動者與彈性或暫時性勞動者之間是存有不同之點（Martocchio, 1998: 368）。因此，必須瞭解暫時性和彈性勞動者，與全職勞動者間最大的不同點，接下來再針對其不同性質探究其薪資策略。

暫時性勞動者

暫時性勞動者（contingent works）的僱用與公司有一明確的僱用關係存在；而且僱用期間的長短視勞動者的方便及公司業務需要而定。在美國，主要是受到經濟不景氣、國際間的競爭、產業轉變、女性勞動者勞動參與的增加等因素，而使得僱用暫時性工人比例的增加。經濟不景氣時，經營者常以裁員來作爲控制成本的手段；景氣好轉時，愈來愈多經營者直接僱用暫時性勞動者，以減低其成本。此外，由於國外業者低成本的競爭，使得美國企業必須採取低成本策略來與國內外業者競爭。而且產業結構由製造業轉型成服務業，由資本密集轉爲勞力密集，僱用暫時性勞動者可以降低人事成本。最後女性勞動者勞動參與率增加，主要因社會經濟結構的改變，如雙薪家庭、單親家庭、婦女教育程度提高等趨勢，僱用暫時性的女性勞動者可使其在工作和家庭間找到一個平衡點(Martocchio, 1998: 373-374)。

暫時性勞動者中又可以區分爲兩種：即部分工時工作者（part-time employees）和臨時工作者（temporary employees）。在部分工時工作者方面，經營者在僱用部分工時工作者時，應思考三個問題(Martocchio, 1998: 376)。

1.針對部分工時工作者薪資的計費方式，計時？計週？或計月？
2.全職員工和部分工時工作者間薪資是否公平？
3.公司是否應提供福利給部分工時工作者？

就一般實務，部分工時工作的薪資是少於全職員工的薪資。而且其薪資的計算方式大多採計時的方式。在福利方面，小公司通常不提供任何福利給部分工時工作者。中、大型的公司則視公司情況而定。

在臨時性工作者方面，經營者在僱用臨時性工作者時，亦應考慮三個問題（Martocchio, 1998: 378）：

1.臨時性工作者與全職員工間薪資是否存有公平性？

2.公司是否應提供福利給臨時性工作者？

3.誰應該爲臨時性工作者的薪資保障來負責？是臨時性工作者所屬的人力派遣公司？或是僱用臨時性工作者的公司？

同樣地，臨時性工作者與部分工時工作者均面臨與全職員工間薪資公平性的問題。臨時性工作者的薪資少於全職員工，而且臨時性工作者薪資計算方式亦是以計時方式，但臨時性工作者時薪的高低，視其職業和工作者本身的資格而定。相同地，臨時性工作者亦不給與福利。至於臨時性工作者薪資的保障，應由臨時性工作者人力派遣公司和僱用臨時性工作者的公司共同來負責，並應該於契約中由臨時性工作者派遣公司和僱用臨時性工作者的公司共同的明文規範之。

由上述可知，僱用臨時性勞動者可使公司在成本上的降低，尤其是在員工福利方面。而且僱用臨時性勞動者另一個好處就是可彈性地運用人力。雖然如此，臨時性勞動者給薪時，仍應考量其與全職員工性質的不同，針對其不同的性質來給薪。

彈性勞動者

目前有許多公司實施彈性工作時間制（flexible work schedules）的措施，以幫助勞動者在工作需求和家庭需求間找到一個均衡點。其中又以彈性工作時間（flextime），以及壓縮每週工作的天數（compressed work week）等兩種措施最常爲公司所運用。然而，彈性工作時間制一般多應用於全職員工，較少應用於暫時性勞動者。

彈性工作時間係指每天固定的工作時數的原則下，勞動者可以自由選擇其上下班的時間。如此可以減少員工遲到或缺席的情形，創造更高的生產力，以及公司服務時間和品質的增加。至於壓縮每週工作的天數係指勞動者在每週工作時數不變的原則下，可以增加每天的工作時數，以縮短每週工作的天數。這樣的好處在於可以減少勞動者在家庭和公司間的通勤次數；而且對於雙薪家庭可以有更多的時間相處（Martocchio, 1998: 383-384）。

除了上述兩種彈性工作時間制，還有一種勞動者其工作型態亦是相當具有彈性，且此一工作型態有愈來愈盛的趨勢，那就是電傳勞動者（telecommuters）。電傳勞動者係指勞動者是在家或辦公室以外的場所完成其工作。其與同事或上屬溝通聯絡的方式，是透過電子郵件、電話或傳眞等電子設備。經營者可以省去辦公室空間和設備等成本的開銷（Martocchio, 1998: 384）。

關於彈性工作時間制的薪資議題，主要是加班費的問題，因爲彈性工作時間制的運用和實施，常會造成勞動者每天或每週工作時數超過法定的工作時數。雇主是否應給予勞動者加班費？此一制度的實施主要是給予勞動者方便，自行選擇和配置適當的工作時間，得以兼顧家庭和工作。若依法應給予勞動者加班費，是否增加了公司的成本負擔？要如何才能兼顧勞動者的方便和雇主成本的考量？當勞動者每週工作的天數和時數不同時，每週給與勞動者固定的平均薪資金額，無論他的工作時數是高於或少於法定的工時。如此不失員工薪資的公平性，且不造成雇主的困擾。

最後，當公司採最低成本策略時，暫時性的僱用可以幫公司節省人事成本，主要是因爲公司無須提供暫時性勞動者福利支出。福利支出對於公司而言，是一個顯著的財務成本；在美國有許多企業其福利支出就占了總薪資成本的三分之一。此外，經營者僱用受過良好訓練的暫時性勞動者，將爲公司節省下訓練的成本。而且在彈性工作時間制方面，研究指出此一措施將降低勞動者的缺席率，如此結果亦可同時達到最低成本的目的（Martocchio, 1998: 388-389）。

在差異競爭策略方面，差異競爭策略需要有創造力、肯冒風險的勞動者。僱用暫時性勞動者對公司的好處在於，公司不斷地有新的生力軍帶來新鮮的點子，以增加公司的競爭力，並且亦可破除公司內的團體迷思（Martocchio, 1998: 389）。此外，彈性工作時間制可使勞動者於身體或心智最佳狀況下工作，且可不必爲家務等個人問題分心或擔憂。故勞動者可發揮其最大、最佳的產能；進而使公司達到最大、最佳的績效，以增強公司的競爭力，達到公司差異競爭策略的目的。

事實上，我國勞動基準法中增訂之三十條之一，即爲了配合彈性工時提供「變形工時」的法源；八十四條之一則爲了因應雇主對監督、管理人員或責任制專業人員，監視性、或間歇性工作，或其他性質特殊工作之是否給予加班費問題提供解套的依據。顯示政府也體認部分工時及彈性工時在企業發展的趨勢。

三、薪資政策的實踐

■內部公平性

企業的薪資政策強調內部公平性，即是強調公司內部所有工作的價值差異，也就是依工作的特性及價值差異來給予不同的薪資。然而欲求公司薪資達到內部公平性，必須透過兩個過程——工作分析（job analysis）及工作評價（job evaluation）。

工作分析是個描述性的過程，以確認和定義工作的內容（工作職責、工作職務），及完成工作所需的技術和能力。工作評價則是設計公司內部一致性薪資系統的關鍵性且策略性工具（Martocchio, 1998: 156）。

工作分析

工作分析係指一個為描述工作而做蒐集、驗證及分析資料的系統性過程（Martocchio, 1998: 156）。Dessler（1997: 83）也指出工作分析即是一個決定工作的職責和技術，以及人員資格的過程。所以，工作分析是指一個過程，一個針對各個工作的內容及人員資格之相關資料蒐集、分析的過程，以確定一個工作的職責和任務，及欲完成此工作之人員資格要件。

工作分析過程包含了五個主要的活動（Martocchio, 1998: 157-161）：

1. 決定工作分析的計畫：公司在決定工作分析計畫時，可考慮使用既存的系統或依公司特定的需求來發展自己的系統。
2. 甄選並訓練分析者：由於工作分析必須蒐集和分析工作的相關資訊，並摘要撰寫出分析的結果。所以必須甄選出負責執行工作分析的人或小組，並對其施以訓練，以決定工作分析的目標、方法及蒐集資料的方式等。
3. 工作分析者蒐集背景資料：工作分析者在進行某項工作分析以前，必須先蒐集背景資料，如組織圖、職稱表及職位的分類等資料。此外，亦可透過其他外部資源來蒐集相關資料。
4. 執行研究：決定資料蒐集的方法和資料的來源。蒐集資料的方法包含了問卷法、訪談法、觀察法和參與法等，然而最常被使用為問卷法及觀察法兩種方法。
5. 摘要分析的結果：撰寫工作說明書。工作說明書摘要了一個工作的目的，且列出工作含括的職務和職責，以及完成此一工作所需的技術、知識和能力。

工作評價

透過工作評價可以系統性瞭解工作間價值的差異，並依據此一差異來給薪。薪資通常依據計酬因素（compensable factors）作爲工作評價。計酬因素係指以工作所需的知識技術、責任及困難之層次、工作的性質及資歷、工作狀況等，以作爲區別工作價值之要素（羅業勤，1992: 4-1）。而且這些因素是大多數工作所共有的作業要求，只是程度有異。一般通用的計酬因素有技術（skill）、努力度（effort）、責任（responsibility）及工作狀況（work condition）等四個因素，主要是因爲幾乎每一種工作均包含了這四個因素。不過，亦可以打破這四個計酬因素，重新訂出計酬因素或再劃分出更特定的計酬因素。但是在選擇計酬因素時必須有兩個認知，一是計酬因素是必須與工作相關（job-related），二是計酬因素必須是有助於企業策略目標的達成。

工作評價過程包含了六個步驟（Martocchio, 1998: 175-176）：

1. 單一或多元的工作評價技術：在決定欲使用的工作評價技術時，必須考慮到單一的工作評價技術是否可充分地針對不同種類的工作來評價。若答案是肯定的，則使用單一的工作評價技術是恰當的；若答案是否定的，則此時就必須選擇多元的工作評價技術，以滿足針對不同工作的評價。
2. 遴選工作評價委員會：人力資源專業人員必須促成員工、監督者、管理者及工會代表等組成一個工作評價委員會，以設計、監督及評鑑工作評價的結果。羅業勤（1992: 5-1）亦指出進行工作評價，必須成立工作評價委員會；工作評價委員係由組織內推派成員組成，其任務或是建立新的薪資架構，或是對特定工作進行價值重評，或是對新設置之工作進行工作評價。

3.訓練員工執行工作評價：企業內每一個人都必須瞭解工作評價之目的，而且評價者亦必須練習運用工作評價的標準。

4.將工作評價計畫文件化：將工作評價計畫文件化對合法化及訓練之目的有所幫助。從經營者的觀點看來，工作評價計畫文件化將可明白地凸顯工作與企業相關標準間的關聯性。而且允許員工清楚地瞭解他們的工作是如何被評價，以及評價的結果。

5.與員工溝通：工作評價的結果對所有的員工來說都是屬於私人性質。在整個工作分析和工作評價期間，公司必須正式地與員工溝通，以確定員工對工作評價過程和結果的認知與接受度。經營者除了與員工分享基本的資訊，也要給員工一個對工作評價過程和結果不滿意的表達機會。

6.上訴的程序：公司必須建立個案方式的上訴程序，透過針對整個過程的再測（reexamination）來做一個檢視。這樣的上訴程序將減少因員工不得表達其聲音而造成不公平的歧視與待遇。

■外部競爭性

企業的薪資政策強調外部競爭性時，即反應出企業的薪資政策是與企業的競爭優勢相結合，主要是扮演著一個吸引和留住優秀人才的角色。因此，當設立市場競爭薪資系統時，必須融合下列活動爲基礎（Martocchio, 1998: 190-191）：

策略分析

策略分析是針對外部市場環境及內部因素來做一檢測，在執行策略分析時，通常檢測五個外部環境的因素（Martocchio, 1998: 193-198）：

1. 產業的剖析：主要是指產業的基本特質，如銷售量、對競爭策略有所衝擊之相關政府立法、科技發展的衝擊等。
2. 競爭者：企業可從不同的競爭方式來區別其與其他企業不同之處。而且也可以透過各種不同的方式來達到最低成本的目標。
3. 國外的通路：企業總是對他們產品或服務的國外通路感興趣，然而國外的通路表示著一個潛在銷售收益增加的指標。
4. 企業的長期展望：長期的展望爲策略性規劃設立了一個遠景，因爲這些展望是企業未來的指標。因此，企業在建立策略性計畫時，必須與企業的長期展望相契合。
5. 勞動市場的評估：企業必須細心地評估勞動市場，以決定合格員工的價值。一般來說，爲了爭取愈來愈少優秀合格的員工，在企業間將會有更大的競爭。另外，當勞動市場需求大於供給時，將造成薪資水準的提高。

除了五個外部環境的因素，薪資分析專員、高層管理者及顧問等人亦必須檢測三個內部知能，以作爲策略分析的一部分：

1. 功能性的知能：企業必須找出那些功能性知能（functional capabilities）對於維持企業的競爭優勢是重要的。功能性的知能係指製造、工程、研發、資訊系統管理、人力資源及行銷等功能性知能。
2. 人力資源的知能（human resource capabilities）：若不是有豐富知識和生產力的員工加以運用，則研究設備、生產系統、或有效的行銷配送系統將不會提供企業競爭優勢。所以，依績效成果和知能水準給薪的制度將可激勵有生產力和有豐富知識的員工。

3.財務狀況（financial condition）：一個企業的財務狀況對高層管理者和人力資源專員而言，是一個重要的考慮點。而且財務狀況意涵著企業的競爭能力。好的財務狀況可使企業操作上需求（operating requirements）和資本上需求（capital requirements）相結合。

薪資調查

薪資調查在於獲取市場上競爭者薪資實務上的資料。薪資調查是一種參考其他事業單位的標竿（benchmarking）工作，在瞭解薪資市場上一般給付的幅度，以及平均水準所在。然而薪資調查的資料與行業、地區勞動力的供需、工會組織、經濟成長及生活水準都有密切關係，並且不時地變動。所以，薪資調查必須採取機動的方式，定期進行，有時爲了特殊需要，還必須專案處理（羅業勤，1992: 6-1）。

無論如何，在爲薪資調查投入時間和金錢之前，必須有兩個重要的基本認知。一是必須思考並確定，企業期望從薪資調查中獲得什麼。一般主要是瞭解競爭對手其薪資水準爲何，進而維持企業的薪資優勢。二是決定企業自行發展薪資調查的工具，或是依賴他人既存的調查結果。理論上，依企業自身的需求而量身定做的薪資調查較爲適合；然而由於企業缺乏執行薪資調查的人員，而且競爭者多不願意提供他們薪資的相關資訊，因此即使調查花費大，企業通常還是得依賴既存的薪資調查結果（Martocchio, 1998: 200-201）。

除了以上兩個重要的基本認知，實施薪資調查時亦必須有兩個策略性的認知。一是必須界定相關的勞動市場，二是標竿職位

（benchmark jobs）的選定。相關的勞動市場係指特定工作之潛在合格人選的範圍，而相關勞動市場的界定則是基於產品（或服務）市場、職系（job families）、或地理區域（geography）等來劃分。標竿職位對於工作評價能否有效地實施是一個關鍵，同樣地，在薪資調查中其亦扮演一個重要角色。人力資源專業人員在決定薪資水準時，主要依據相同的工作其在市場的薪資水準，也就是說人力資源專業人員將標竿職位視爲薪資水準的參考點。

■個別差異激勵性

企業的薪資政策強調員工間個別差異性，依照個別員工能力表現差異來給予不同的獎金。爲了瞭解員工表現的差異程度，以及員工個人績效之表現，企業必須針對個別員工的工作表現給予績效評估。也就是企業依據訂定的績效目標與員工實際工作表現作一評估，再依據員工績效評估的結果好壞來給予不同程度的獎勵。

有效的績效評估可使年功薪制（merit pay）和獎金方案（incentive programs）有效地運用。用來衡量員工績效的標準必須與企業的競爭策略相結合，同時績效標準必須是可測量和客觀的。如果採用能力本位的薪資計畫（competency-based pay program），必須確定員工是否將學習得來的知能運用到工作上。爲了確定知識和技能移轉至實際的工作績效上，企業通常運用能力本位的薪資系統，來與以績效爲導向的薪資計畫（pay-for-performance）相整合，以達到激勵的作用（Martocchio, 1998: 42）。

績效的衡量還可依組織層級區分爲公司整體、團隊、員工個人三種，且不論對象如何，所要衡量的績效又可以歸納爲產出的數量、品質、成本以及時間，這四個向度都可以量化。並且依層級之不同亦有各種不同的績效獎勵辦法（如**表6-5**）。

表6-5　不同層級與績效衡量之獎勵方式

獎勵方式層級	績效度量	績效成果	獎工
個別員工	·成本 ·生產力 ·達成目標	·績效評估	·調薪 ·一次發放之獎金
團體	·成本 ·生產力 ·達成目標	·生產力協商 （productivity bargaining）	·盈餘分享
組織	·成本 ·生產力 ·達成目標	·生產力協商	·利潤分享

資料來源：羅業勤（1992）

■薪資制度與組織文化

薪資管理因為能提升更具生產力與更高技能的勞動力，因此對建立與維持競爭優勢有實際貢獻。以績效為導向的薪資制度，激勵獎金制度，能力本位給薪制度，及差別福利方案等都有其具體的策略性價值。此外，人力資源的專業人員必須認清哪些員工的角色對達成競爭優勢是有幫助的，從最低成本策略與差異化策略去追求競爭優勢。最後，不同國家文化、不同組織文化，以及不同組織和產品生命、週期等應有不同的薪資策略，藉以維持其企業競爭優勢。整體而言，薪資管理是否能有效刺激所欲員工行為，員工的績效是否與組織的競爭優勢結合，是評估薪資策略成效的另一重要衡量指標（Martocchio, 1998: 41）。

Wilson（1994）認為薪酬制度要能反應競爭策略，兼顧企業關鍵成功因素，核心價值及經濟面的考量是非常重要。尤其在基本薪與績效管理上要能反應核心價值，在變動薪酬及績效管理的設計上要能考量經濟面（如**圖6-1**）。另外，在發展全面薪酬策略（total

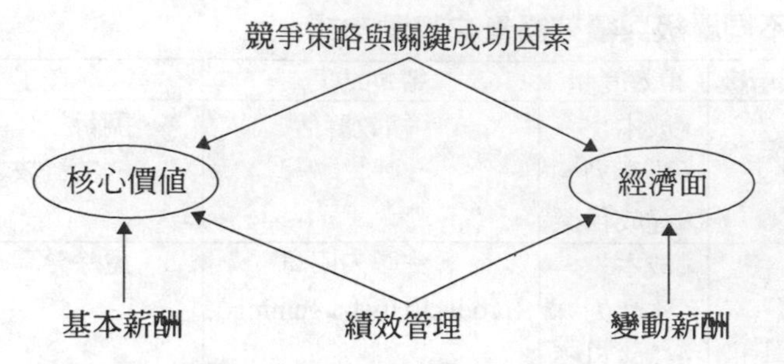

圖6-1　三個主要薪酬系統與組織核心價值、經濟面之間的關係

資料來源：Wilson（1994: 53）

reward strategy）時，要先考量企業策略與其關鍵成功因素所引導出員工所要的關鍵行爲，並從薪酬策略的方案與目的去強化這些所要的行爲。

薪酬制度與組織文化是互相依存的，在某些情況下薪酬制度反映出公司文化的特徵。公司在選擇分配酬賞時，通常會依據核心價值觀（core value）決定其薪資政策。例如，績效導向的文化，薪酬制度反映在工作績效的表現上。相反的，薪酬制度也可以直接塑造文化，對員工的工作動機、滿意度和員工關係產生重大的影響。因此，組織文化與薪酬制度必須維持一種互相平衡的狀態，不同的組織文化應該運用不同的薪酬制度，同時設計薪酬制度去協助改造一個企業的組織文化。

Glinow（1985）依照組織運作的狀態，將組織文化依「對員工關心程度」及「對績效期望之強弱」分爲四大類。包括冷漠型（apathetic）、關心型（caring）、嚴厲型（exacting）及整合型（integrative），如**圖6-2**所示。

Glison（1985）進一步將這四種文化型態對吸引、評估與維持專業人員所採用不同的薪酬策略給予劃分，作爲協助企業設計薪酬

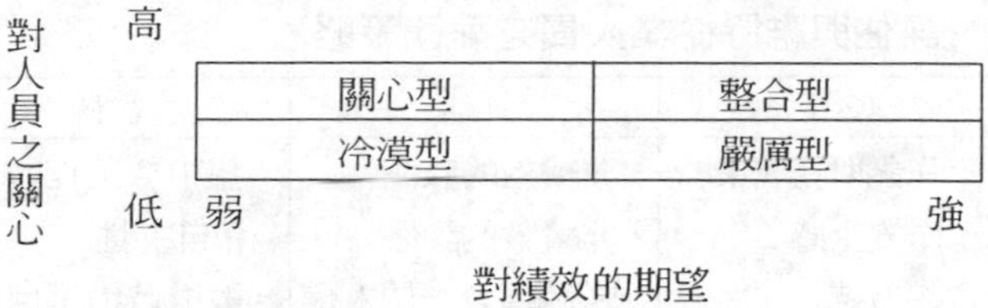

對人員之關心 高

	關心型	整合型
	冷漠型	嚴厲型

低 弱　　　　強

對績效的期望

圖6-2　組織文化的分類架構

資料來源：Glinow（1985:198）

制度的策略性思考架構（如**表6-6**）。從以上薪酬制度與組織文化的互相依存關係，可以得到以下的管理意涵：

1.組織文化的改變需要組織薪酬制度之相對應改變。

2.薪酬制度之改變必須考慮不同專業員工之需求。

3.薪酬制度必須依照組織情境與文化來設計與評估。

薪資管理策略與企業競爭優勢

一、薪資管理與薪資策略

早期的企業人事機能（和薪資管理）著重員工的成本控制和管理，雇主以科學管理方式制定控制勞工成本，並且以福利措施去影響勞工。科學管理是應用時間動作（time and motion）分析方式進行工作分析，以一種有系統的過程去蒐集和分析工作資訊，描述其

表6-6　吸引、評估與維持從業人員之薪酬策略

	吸引	評估	維持
冷漠型文化	・不強調財務成果 ・工作安全感 ・合約方式 ・傳統與銓敘的 ・性格：反冒險	・非績效的條件 ・非績效的評估 ・強調權力、個人偏好及你認識誰 ・政治性行爲	・集中於工作的保障和自主性 ・吸引政治導向的專業人士
關心型文化	・人員導向 ・工作安全感 ・信任與公平 ・彈性的福利措施	・傳統或合約的資源分配 ・合作與適合性的價值觀 ・特質爲基礎之評核方式	・訓練發展之規劃 ・不斷教育之規劃 ・退休福利自由化 ・年資與任期導向的報酬
嚴厲型文化	・財務報酬 ・紅利獎金 ・工作內容酬賞 ・績效與成功導向	・績效是唯一標準 ・方法與結果之控制 ・工作相關結果之回饋 ・失敗成本嚴重	・利潤分享 ・分紅入股 ・強調內部創業精神 ・自主之獨立事業經營
整合型文化	・高於平均之報酬與福利制度 ・工作安全感 ・工作內容酬賞 ・快速晉級的機會	・團隊績效評核 ・失敗不見得需要懲罰 ・質與量並重之衡量	・以技術能力爲基礎之給薪制 ・晉級機會多且可能 ・訂製式 ・挑戰性的 ・工作相關結果之回饋

資料來源：Glinow（1985:200）

工作內容。同時雇主亦使用工作分析的分類方式，以追求效率的目的去達成企業對工作的要求，進而推動以有效率方法取代無效率的生產方式。如此，控制了大量人工成本，亦配合企業要求，將其焦點放在員工如何以有效率方式完成工作的動作上。

科學管理是如何影響薪資管理？科學管理使用了計件的方式，員工的薪資即來自於每單位時間生產數量，依其個別員工每小時的產量和目標的達成給予報酬，而激勵即是來自於多出的生產量。福利措施則是一種輔助性或社會性激勵，有別於薪資給付。

但從1980年開始，薪資管理專家將其薪資計畫列入了競爭策略之中，人事管理由純粹的行政管理轉變爲一種競爭的策略（Martocchio, 1998: 23）。企業組織目標的達成是由整體組織各項活動所結合而成，而組織的各項活動即是所謂的「工作」，這些工作有賴「人」去執行，因此，企業如何將適當的人選安置在工作上？適當的人選在其工作上如何激勵其勝任工作？能勝任的人如何將其留住在工作崗位上？更甚者如何使在其工作崗位之員工發展其他相關知識與技能？這些問題的解答即在於如何滿足員工的需求，而滿足員工需求中薪資報酬即是最重要的要素之一。

企業組織在追求與維持市場占有率與利潤的同時，雇主漸漸承認員工是成功的關鍵，也是競爭優勢的來源，特別是在技術變遷與外部競爭的環境下，企業必須運用人力資源去建立競爭優勢。例如，在科技變遷快速的時期，企業爲能獲得最有效率的生產方式，首先投入資金購買高科技設備，之後所要面對即是「人」的問題，該如何讓員工去操作這些新的設備。

傳統的報酬方式是建立在組織心理學與勞動市場之供需來訂立報酬水準，應用工作分析與薪資調查的方式設定薪資水準，著重於建立合理化與行政化的管理方式，**圖6-3**即是典型的分析方式（Gomez-Mejia & Balkin, 1992）。

Mathis和Jackson（1982）則從制度元件觀點，提出了如**圖6-4**之薪資制度構建程序。從各種薪資制度的建立方式中發現，企業如沒有注意其員工本身在工作上的投入、外界環境的變化，將可發現

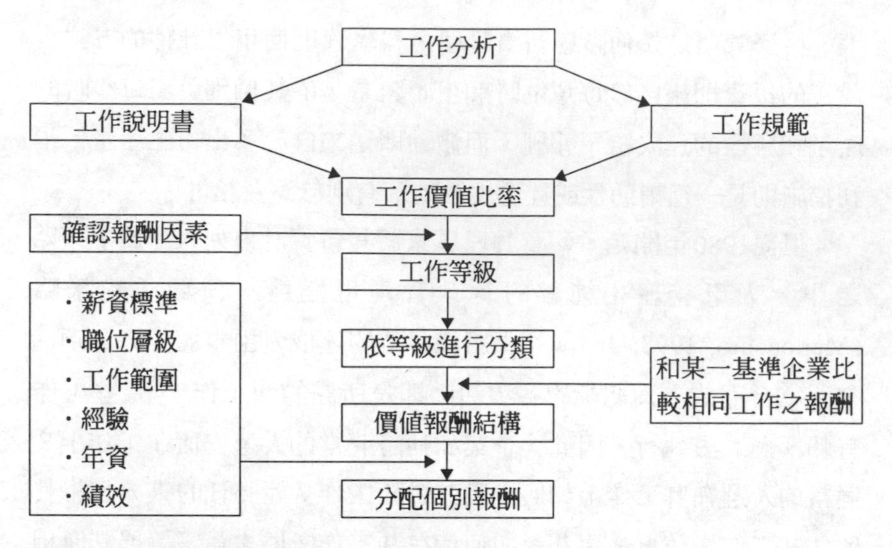

圖6-3　決定個別報酬的分析架構

資料來源：Gomezl-Mejia, Luis R. and David B. Balkin. 1992. Compensation, Organizational Strategy, and Firm Performance. Cincinnation Ohio: South-Western.

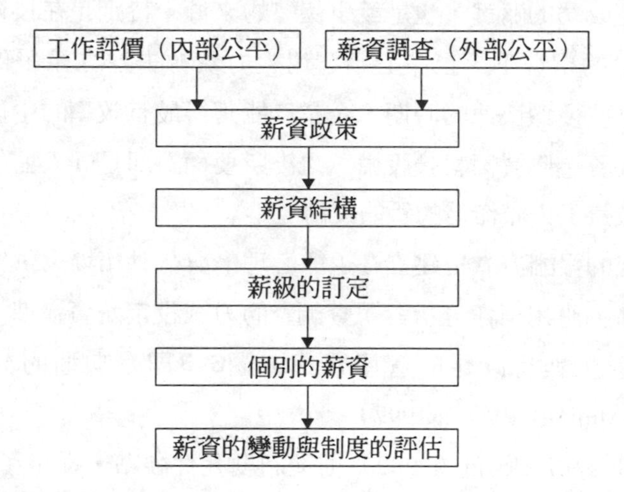

圖6-4　薪資制度的建構程序

資料來源：Mathis and Jackson. 1982. Personnel: comtempory Perspectives and Applicants. West.

以下幾項缺點（謝長宏，1980: 91-2）：

1.薪資制度強調工作間的差異性，比較不重視個別員工差異。
2.設定的薪資項目、薪資等級與薪資額度未能有效涵蓋實際的變異情況。
3.薪資的調整未能與外部環境及組織內部的變動相互配合。

針對上述缺點，企業應建立能激勵員工的薪資制度，尤其在薪資結構應重視員工能力上和績效上的個別差異，同時在薪資制度上有足夠的彈性能因應組織內外環境的變動。

依上述針對傳統薪資管理所提出的建議，可以發現在既有的傳統企業，無法將其薪資管理納入組織的策略中，更不用談將薪資管理納入競爭策略中。而策略性薪資管理，即是要跳脫既有的薪資管理模式，將薪資管理地位提升，由行政性質提升至主導與影響企業經營策略，促使企業建立與維持競爭優勢地位。策略性薪資管理常使用的方法，包括了激勵獎金（incentive pay）、知能給薪（pay for knowledge）和技能給薪（skill-based pay）等，藉以推動更多的生產力和更高技術去提升競爭力；設計merit pay的方式增強績效的提升；設計incentiv pay去獎勵在既有報酬之外的目標達成。除此之外，策略性薪資管理更從精簡人力的觀念及降低固定薪資成本的作法，去提升員工個別的生產力，降低整體的勞動成本，來達成企業成本策略提升競爭力。

二、薪資策略與企業策略

Robert M. Hall和Donald D. Goodate（1986: 490）認爲薪資之功能透過財務報酬可吸引、留住人才，藉由財務報酬滿足廣泛需求及設計薪資制度去影響組織結構與企業文化。因此，薪資報酬本身並非只是被動的被應用在行政管理上，它可以被用來影響企業策略。

薪資管理爲何能夠影響策略，即在於人力資源專業人員在制定策略與戰略（tactical）決策時，是否能夠將薪資策略的概念導入，以薪資策略決策領導或影響企業在市場的活動；和以薪資策略決策支持企業策略決策。將薪資策略概念導入的企業策略，可應用到各種各項機能，包括了製造、工程、研發、管理資訊系統、人力資源和行銷。例如，人力資源應用薪資策略和戰略，來達成吸引與留住優勢人才，以保有企業獨特的人力資源（如**圖6-5**）。人力資源策略支持企業策略；而人力資源策略之達成有賴薪資策略支持。企業策略屬於一般性的方向，而薪資策略則屬於較爲明確的方法。但是當企業策略所釐定的內容無法被薪資管理所落實，則造成企業策略無法貫徹，因此，企業策略在釐定前不應閉門造車，應能夠收納薪資管理部門的建議，如此所訂出的策略才能貫徹。而薪資管理不可再局限於既有行政管理領域，應瞭解企業需求釐定出各項可行方案，以薪資策略影響企業策略，進而協助企業建立競爭優勢。

三、薪資策略如何協助達成企業競爭優勢

麥克波特在其《競爭策略》（*Competitive Strategy*）著作中，用五力分析方法，提出企業在面對五大競爭作用力時，一般會應用三種策略來取得領先地位：

1.取得整體成本領先位。

2.差異化。

3.焦點集中化。

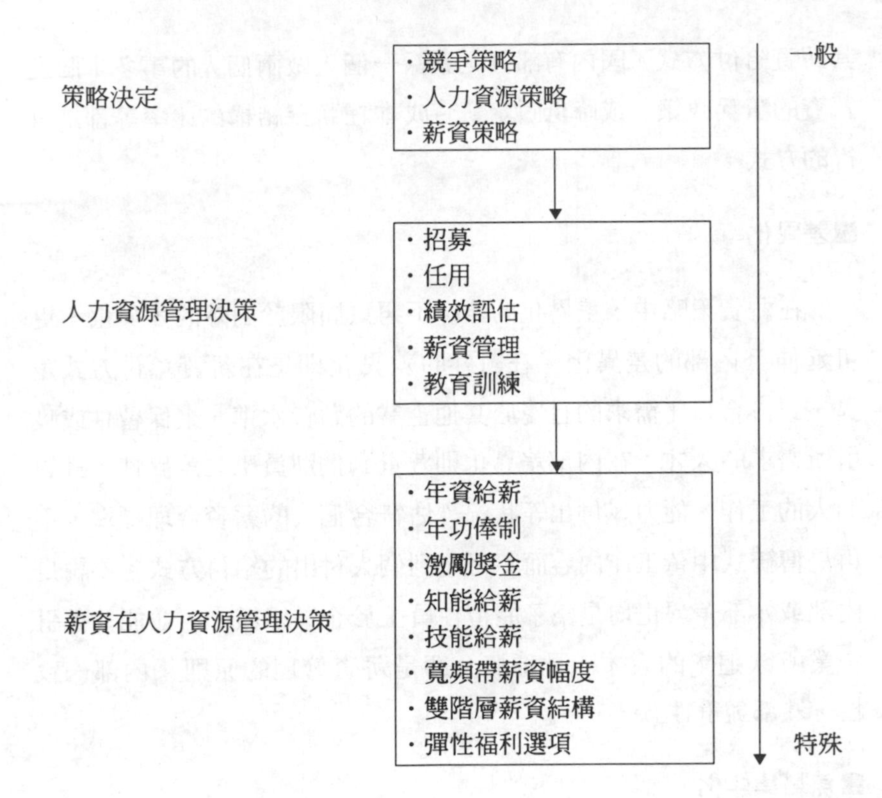

圖6-5　薪資策略與競爭策略

資料來源：Martocchio & Josephj, 1998. Strategic Compensation. Upper Saddle River, N. J. : Prentice Hall.

而上述三種策略，要能有效實施，通常必須全力投入，並獲得組織支持。將薪資策略配合此三種競爭策略，可以協助建立企業競爭優勢。茲將其分述如下：

■取得整體成本領先地位

薪資是企業給付予員工的報酬，而建立成本領先的方式是如何能夠將用人成本降至最低，則有賴人力資源質與量的控制，並配合其薪資給付方式。國內有部分企業採一個人做兩個人的事多半個人薪資的精兵政策，或降低固定薪資成本在薪資結構的比率等都是可行的方式。

■差異化

在薪資策略中，差異化的詮釋不再只局限於對外的差異化，更可延伸至內部的差異化。在對外的差異化即是在薪資給付方式差異，以符合員工需求的且優於其他企業的薪資水準，來保留住或吸引所需求的人才；在內部差異化則考量到個別員工之差異性，針對個人的工作、能力、付出等狀況評估符合個人的薪資合理標準，不再是傳統式中依工作內容而不考量到個人付出的給付方式。不論是內部或外部差異化均是為了能留住員工於企業組織中，並能夠吸引企業所欲追求的人才。此種概念即是薪資管理的原則「內部一致性，外部競爭性」。

■焦點集中化

在企業組織中，人力資源的應用可將其區分爲核心人力與邊陲人力。企業的永續經營即是在留住企業中關鍵性的人員，而這些人員的替代性非常低，即爲企業的核心人力。薪資策略在無法滿足每一員工的情況下，必須掌握住核心人員，以優於其他企業的報酬水準留住員工，而邊陲人力即屬於替代性高，非企業關鍵性人員，其報酬水準不需要優於其他企業。

五力分析除上述三種策略外，亦可從其五個競爭作用力去建立薪資策略，首先，在面對競爭者方面，應運用薪資水準高於其他企業方式取得優勢人才，在勞動市場獲得最優秀的人力。在面對加入者方面，以建立進入障礙爲目標，以優於其他企業的薪資水準，建立在技術與專業人才方面的留人策略，以維持技術的獨占性。最後，在面對替代者時，薪資策略在建立以低成本的人力資源薪資報酬水準，重質不重量的人力資源，也可應用重視整體性team work激勵報酬及重視個人的「技能本位薪資」和「知能給薪」的方式。

除了上述應用五力分析外，更可以應用SWOT分析去設定薪資策略，以建立新的競爭策略去維持競爭優勢。依此三種情況去設定薪資策略，茲分述如下：

1. 建立：企業組織在既有的狀態下，爲求能夠突破現況，首先必須評估其劣勢，從其不足處去思考如何藉由薪資策略去強化或建立其需求。
   - 吸引需求人才：創造優勢之報酬水準，吸引企業需求的人才
   - 鼓勵學習：以選擇適當薪資報酬方式，如技能給薪或知能給薪，鼓勵企業整體與個人學習新技能
   - 激勵研發：研發是創造企業競爭優勢的來源；薪資報酬可鼓勵team work研發新產品，針對team work給付團體報酬
2. 維持：優勢的維持有賴企業不斷的創造優勢，在人力資源上即以吸引勞動市場的優秀人才，以重質不重量的精兵政策，降低人力成本，並不斷的維持員工技能的發展，因此，處於優勢下的企業，必須在薪資策略上，發展人力資源的質與量優勢，維持人力的質，並不使其人才流失。
3. 避免：企業在既有的優勢下，除了在既有現況維持外，尙必須考量到其他競爭者加入的威脅，因此，薪資策略必須能夠留住企業人才，避免人才流失或被其他企業吸引。

高科技公司，例如Microsoft、HP及Medtronic薪資管理的策略目標在支持企業策略，吸引、激勵及留住人才，反映企業核心價值觀等。從支持企業策略來看，薪資策略如何有效引導員工，形成企業所需態度、行為，進而創造競爭優勢是其主要策略目的。Milkovich與Newman（1999）特別指出薪資策略是否創造競爭優勢有兩種測試方式：

1. 是否能增加價值（adding value）：薪資決策是否能協助吸引、留住人才，控制成本，激勵員工。
2. 是否很難模仿（difficult to imitate）：薪資策略如果能與事業策略及其他人力資源的活動結合一致，那麼這種策略競爭者就很難模仿。

薪資策略為了在人力資源上能夠建立或維持競爭優勢，以此留住與吸引人才，並保持人力的素質。在設計符合企業競爭力的薪資結構中，薪資策略須考量企業內部資源與企業外部環境，評估競爭者薪資策略與進行薪資調查，制定薪資政策與發展薪資策略(Martocchio, 1998: 91)。

四、建立競爭優勢的薪資管理策略

薪資管理策略是組織在面對競爭的環境中，整合組織內部資源，以因應外部環境的變化，並從其環境中建立薪資管理制度的競爭優勢。薪資管理策略的設計，除必須以企業策略為最高指導原則外，尚須在薪資管理的建構過程中，找尋最適當的薪資結構，以利薪資管理工作的實施。從策略性的角度設計薪資管理制度，即須從組織的內在及外在環境思考，如何在變動的環境中，使組織更具有效能及競爭力，將薪資管理的角色從被動轉化爲主動，且能輔助組織取得優勢的地位。

■年功薪制

年功薪制是在員工的工作績效超過了代表其原有薪資給付的績效水準時，企業應給予相對績效提升的報酬（Martocchio, 1998: 81）。此種制度決定了員工薪工表，包括新進員工起薪標準，本職考績加薪最低幅度，以及考績加薪標準幅度。年功薪制此一制度需要一公平合理的績效評估方法，否則年功薪制將流於形式。至於年功薪制如何與企業的競爭策略相結合，可從低成本策略與差異化的策略相結合起（Martocchio, 1998: 99）：低成本策略即是要求員工整體薪資成本的降低，及採「精兵制」以壓低總體用人成本；差異策略其焦點係以年功薪制去推動員工創新與冒險的精神，進而完成其預期的目標。

■以技能為基礎的給付

以技能爲基礎的給付之所以能被大多數企業所採用，其原因是現今的組織在高度競爭的環境下，必須吸引具有技能的人才爲公司所用，如此企業才能生存與發展。以技能爲基礎的給付制度有以下幾項優點（Henderson, 1989: 253-4）：

1. 具有功能彈性：有許多原因使組織的運作需要較大的彈性，如當員工調職、請假、受訓或開會時，就必須有可替代人手。此外，爲因應產品生命週期縮短的問題（林彩梅，1980），人們對產品的消費也有越來越高之需求，組織爲能回應市場的快速變遷，需要吸引具有多種技能的員工爲組織提升其應變能力。

2. 提高生產力：由於技能薪資能激勵員工學習技能，可使員工技能不斷精進，進而提升生產力，這對積極尋求提高生產力的組織別具意義。

3. 使能力得到更有效的利用：當員工有了更好的技術及知能時，在改變組織的運作或提升組織效能上，將較具有創新性，問題解決更具效能與效率。再則，由於技能薪資能支持組織採取參與式管理，因此採用技能薪資的組織通常較會重視人力資源的開發，對組織員工能力及潛力抱持樂觀看法，如此對吸引及留住員工，具有其正面效果（Lawler, 1990: 164）。

4. 可加強員工的自我管理能力：員工在培養了多項技能之後，對於組織運作的瞭解程度較為廣泛，便能控制自己的行為，並與他人之間相互協調或解決問題，如此，不僅是提高員工自我管理能力，更使組織可以縮減管理階層的人力。

雖然技能薪資給付有上述的優點，但有些學者研究指出，其亦有以下幾項缺點（Ziskin, 1986; Henderson, 1989）：

1. 高薪資水準：由於員工在組織的重要性提高，因此在薪資水準方面也相對的提升。但如果能夠充分運用員工的技能亦可使其總成本相對的降低。

2. 訓練經費高昂：為使員工有更多機會學得更多技能，因此員工必須接受更多的訓練，而組織需提供更多教育訓練機會，訓練成本頗鉅。但如果能夠將其訓練機會轉化為企業內部的在職訓練，或將有助於成本的降低。

3. 對技能評估的問題：由於技能薪資制度依其員工的技能給

薪，必先評估每個員工所具備的技能，而組織爲了評估員工的技能必須耗費許多時間、金錢，因此建立一套有效且具效率的評估制度是組織提供技能給薪的前提。

4. 造成薪資管理上的複雜性：組織必須不斷記錄誰最有資格勝任何種工作，以給付員工不同的薪資水準，但這些工作需要許多的行政支援，以協助人力資源管理部門發展並記錄所有技能檢定，因此必須花費很多時間與金錢。
5. 當技術或組織發生變遷時，亦會產生問題：當組織中某項技術改變或不再需要時，員工的薪資仍依照原有技術給付，則組織如何處理這項變遷下的問題，成爲組織適應時的困擾。組織如仍堅持以此種制度爲其薪資支付標準，則可一面強調組織學習，一面鼓勵員工學習新技能。

上述技能給薪制在配合企業策略時，能夠減少產能上的失誤率。人事成本方面，由於員工本身技能的增加，減少許多不必要的人事支出，對於總體的成本產生降低的效果。然而，此種給付制度較適合長期規劃的競爭策略，因爲教育訓練對於短期內的成本降低效果無法立即呈現。此外，雇主在追求差異化的策略時往往必須訴諸於專業技術的提升；以技能給薪可以引導創新，透過技能的提升去開創新的組織運作方式。

■績效獎金制

績效獎金制（incentive-wage system）可稱爲獎工制度，又稱獎金制度，係依照一般員工對工作品質或數量方面所表現的程度，分別給予報酬。獎工制度主要在肯定員工能力、鼓勵員工成就，以及承擔風險的精神。因此，獎工制度在員工的正常績效水準之上，獎勵其力求目標上的突破，如趕工、超產、新產品促銷等。此與員工例行之工作績效不同，後者著重於員工平日作績效考核以薪資作爲鼓勵；而獎工、利潤分享及盈餘分享，乃是無累積性；至於調薪則與工作績效是相關聯的，有固定累進成本（羅業勤，1992: 9-2）

績效薪資策略的運用方式若依其績效評估對象而分，可區分爲個人與團體績效薪資。以個人爲基礎的績效薪資制度，認爲員工對於組織目標的達成有不同的貢獻，此種薪資制度假設工作是由個別員工所達成，因此應用可識別成果的標準來區分個別員工貢獻，雖會造成某種程度的相互競爭，但組織可藉此競爭提高員工生產力，同時增加整體績效。至於以團體爲基礎的績效薪資制度，其前提爲工作成果須團體努力作成，且個人工作成果不易計算，因此在激勵與報酬上以團體爲對象，才能達到激勵效果。

個人與團體給付方式的決定，應視其工作性質、員工對報酬的偏好以及組織管理與薪資政策而定，茲將二者簡略說明如下：

個人績效薪資（individual incentive pay）

基於兩項基本假設，一是人需要金錢，另一是人爲了能得到更多的薪資會更努力（謝安田，1988: 623），因此，個人績效乃根據個別員工的行爲與績效決定其激勵薪資，而實施基本上有五個基本要件（Champagne & McAfee, 1989: 65-6）：

1.建立工作標準。

2.記錄每個工作的任務數量。

3.決定每週的工作時數。

4.記錄每一個員工實際工作時間。

5.以標準時數除以實際工作時數，計算每一員工的效率。

從心理學的觀點來看，個人績效薪資優點在於能把獎勵與個人工作績效緊密結合，使激勵效果提高，但在運作時尚必須考量幾項因素（謝安田，1988: 622）：

1. 必須考慮其他周遭的人。
2. 除了金錢外的其他需求。
3. 人與人之間的相互依賴性。

因此，組織在設計個人績效獎金時要考慮工作本身的協調性，選擇工作獨立性較高者爲之，否則，在設計此一制度時，易造成員工之間的失調。

團體績效薪資（group incentive pay）

團體績效給付則是以團體爲給付對象而非個人，一般組織採用的團體績效薪資制度，通常具有以下特徵（Wilson, 1994: 339-40）：

1. 激勵薪資的訴求乃是針對團體的運作，希望達成一個或更多的組織目標。
2. 組織目標的達成乃是以一個或一個以上團體生產力評估結果界定。
3. 團體的績效除了可以直接評估之外，亦可採用間接方式評估，如針對管理者的協調工作即是間接評估之方法。

團體的給付依據團體的表現，因此並不針對個人表現加以評估。雖然團體獎勵可以激發團體努力增加工作成果、並增加工作士氣，但由於個人努力不受到重視，易使個人對團體趨於冷淡，因此對於這些問題Wilson（1994: 372）提出了幾點建議：

1. 組織必須有明確的單位或團體績效目標，且團體可達其目標，才能使員工願意努力工作。

2.報酬須依組織目標的達成而定，以建立其公信力與公平性。

3.員工能認知其報酬是由於努力所致，以確信其生產力與薪資是相關的。

4.報酬必須爲公平的。

5.升遷與報酬必須明白代表由良好績效所致。

6.組織需給予員工機會，定期與管理人員討論其生產力的分析與建議。

績效薪資管理制度與競爭策略結合時，即將個人與團體的工作績效考核納入考量因素（Martocchio, 1998: 127）。在低成本的策略需求方面，主要是減少個別員工固定成本爲主；因此員工除了本身工作職務上的報酬之外，企業爲了激勵員工在其工作上質與量的表現，給予員工激勵性的獎勵，也等於是降低了員工的相對成本。在團體績效方面，可應用gain-sharing的方式較適合於企業貫徹成本策略，以激勵員工產能上的增加，例如，客戶滿意度增加、產量的增加、品質的改良等；而profit-sharing亦可適用於團體績效，但由於profit-sharing是以利潤分享方式，亦造成員工不能感受到是其團體的貢獻。總之，薪酬系統規劃時如能考量降低固定用人成本的比率，或採用邊陲勞動力以因應業務量的變化等彈性薪資策略，均可達成「低成本」的競爭優勢。

相對於低成本策略，差異化的策略則著重於達成所設定的長期目標，基於團體激勵以profit-sharing與gain-sharing的方式給付，促使團隊發揮合作、冒險與創造的精神，研究更好的方式以達成組織所設定的目標。換言之，對於不同的對象員工或團體有不同策略考量，「差異化」的目的即在區隔「內部顧客」的不同特性與需求，建構最有效的薪酬激勵方案。

結　論

Lawler（1981: 30-3）認爲機關組織在決定薪資管理策略時，必須建立一套薪資哲學，此一哲學涵蓋範圍包括了：

1.薪資制度的目標。

2.薪資制度的溝通方式。

3.薪資制度的決策途徑。

4.薪資在市場上的地位。

5.有關薪資政策的制定與執行之集權或分權方式。

6.組織希望的薪資組成內容。

7.以績效爲主的薪資其角色如何扮演。

8.績效評估的項目有那些。

9.薪資制度應如何與組織的管理理念相配合。

10.如何改變薪資政策與制度的方法。

確立薪資哲學之後，在釐清薪資制度上才有幫助，並使得薪資管理者有清晰的理念制定與執行薪資決策。薪資制度依吳靄書（1988: 280-1）認爲，公平、合理及激勵作用是其基本條件。而這些基本條件，在薪資管理「內部一致性、外部競爭性」的原則下，即可表現出其薪資管理工作的重點。

從企業策略中找到薪資哲學再決定薪資政策，再依薪資政策設計薪資結構，最後則針對薪資結構加以管理與控制。企業應視其本身條件，選擇適當之管理策略，依此策略設定薪資政策，將企業內相關薪資管理因素加入政策制定考量範圍，如個人與團體薪資性質、專業與技術職性質。再則，依據此一政策發展薪資結構，使其結構能夠符合企業本身需求，以及因應變動時的調整。最後，在薪資給付方法的選擇上，企業應考量各種方法的優缺點，擇其適當者用之。

薪資管理策略的設計與人力資源管理策略之概念有其相同之處，人力資源管理策略即是瞭解企業所面對的環境下，應用企業既有的人力資源因應環境及其變化。而薪資策略，也就是應用薪資管理的各項方法，去因應環境的變遷。然而二者共通之處即在管理人力資源，使每位組織中執行各項工作之員工能夠安於本身職務，或更進一步追求個人與組織的成長。再則，從薪資管理爲人力資源管理領域的分支來看，薪資管理策略即是在應用其本身的管理技術，如薪資調查、薪資結構、薪資給付等，輔助其人力資源管理在其招募、教育訓練、升遷、安全衛生、勞資關係各方面，期能夠達成組織所設定的目標。

7 訓練發展策略

- 組織訓練發展與企業策略規劃
- 訓練發展的策略規劃
- 策略性訓練與發展
- 企業訓練體系與年度訓練計畫
- 訓練發展的典範移轉
- 人力資源專才的專業再造
- 結　語

麻省理工學院教授梭羅（Lester Thurow）認爲下一世紀勞動力的教育與技能最終將成爲主宰競爭優勢的利器。企業的永續發展全憑優勢人力資源，如何建構出優勢人力團隊以創造競爭優勢，乃是企業在經營管理上所急於探討的課題。因此，許多企業已經將人力資源發展與組織內的策略規劃結合，包括：人力資源發展主管參與經營決策，將人力資源發展視爲在執行企業策略時之重要角色。本章將先探討人力資源發展的策略性內涵，其次將說明人力資源發展的策略規劃程序，最後將就企業競爭優勢的建立討論人力資源發展的策略性功能。

組織訓練發展與企業策略規劃

從策略觀點，企業人力資源代表支持、推動組織運作的知識來源。就企業經營策略的制定過程來看，除了應重視產品市場的外在環境，應重視企業本身和人力資源等內在因素。兩者相互配合，方能全盤考量市場的潛在需求、環境的機會與威脅，以及企業的優劣勢等變數。因此，策略性人力資源發展乃是指企業在求生存與發展的過程中，如何運用各種策略、手段與方法，結合外部機會去建立人力資源優勢，藉以協助企業達成其策略目標。

爲了瞭解企業人力資源發展的策略性程度，以下將針對幾項關鍵性問題來發展企業人力資源發展的策略性考驗方式。

■環境的因素是否決定人力資源發展的策略方向

組織訓練與發展的實務與政策效益，無法脫離環境的影響；例如，新的科技、社會經濟結構、外部勞動市場及法令政策的變化等，都會影響到訓練發展策略的優先順序。因此，組織必須有能力將外部環境的機會與威脅，確實反應在人力資源發展策略上。

■人力資源發展是否與組織目標一致

企業教育、訓練與發展是否能適時提供員工必要的知識、技能與發展，又企業的經濟產出是否可以歸因於訓練，也是大家所關切的。通常企業由於面臨競爭壓力，於是開始核對績效差距的原因，並從知識的差異上，重新檢討人力資源管理與發展上的問題點。接著有些企業組織會運用人力資源發展，作爲組織變革推動的工具，特別是組織發展對文化變革的影響較爲顯著。

再者，目前有許多企業將人力資源發展視爲組織建立競爭優勢的主要工具，尤其是從「核心知能」的發展，作爲優勢來源的考量。最後，學習型組織已經成爲人力資源發展另一訴求面，形成開放性的學習氣候，與提供員工自主的學習環境是其探討內容。

■高階主管支持人力資源發展的影響程度

企業訓練本身是一種頗具「政治」意味的活動，其成功與否，須看高階主管是否支持或影響。通常高階主管應扮演兩種積極性角色：其一爲文化的塑造者；其二爲訓練發展的擁護者。

■誰是負責訓練發展的主要流程及其結果

組織內隨著直線主管對人力資源發展的認同度提高，企業教育訓練會開始內化成爲直線主管工作的一部分。尤其當員工個人的發展與組織的任務結合在一起時，直線主管更應擔負起整個訓練發展的規劃、執行與評估。因此，直線主管的認同與參與，以及是否具有推動學習、教導與諮商的能力，是實施策略性人力資源發展的成功關鍵。

■訓練發展與人力資源策略的組合

不管是從績效模式、能力本位或生涯規劃來看，訓練發展在企業界常被視爲人力資源管理的一部分；但是從國外的研究報告發現，越來越多的企業將人力資源策略放在組織最高層級，將人力資源發展的專業人員置於專家顧問的位置，再將訓練發展的功能運行，與直線主管的日常管理結合。隨著組織經營型態的轉變，訓練與發展在企業中的角色不再只是策略的跟隨者，已搖身變成企業策略的共同制定者。當企業在面對此種嶄新的轉變時，除了必須隨時調整組織結構與體質外，尙需隨時注意訓練與發展的未來新趨勢，才能眞正爲企業的永續經營做好人才培育的工作。

在企業的經營運作中，各功能面所制定的策略往往是企業政策的延伸，而各策略之執行結果，往往又成爲下一階段企業政策的制定依據。相同的，企業的訓練與發展策略必須時時與企業政策相互結合，以維持組織策略的一致性及系統性。

在過去的組織運作中，企業政策與訓練發展策略間僅爲一單向溝通的關係，訓練與發展部門僅需執行企業政策中的附帶要求即可。但是，在現今的組織運作中，企業政策與訓練發展策略間的關係，已轉換爲雙向的溝通，訓練發展部門能夠參與企業中更高層次的策略制定會議，訓練發展策略亦從過去的「落後指標」轉化爲「領先指標」。

因此，組織成員在面對訓練與發展策略嶄新的面貌時，除了希望它能提供過去的傳統服務外，亦同時希望它能創造價值、產生績效。在此種情形下，訓練發展部門除了必須重新建立策略、調整組織與展開行動去提升效率與效能外，必須將訓練發展策略與企業政策、事業單位策略等形成合作夥伴關係（partnership）。

爲使企業內部策略「重新結盟」能順利進行，組織中的訓練與發展功能必須先調整其發展方向如下：

1.與企業政策及組織內部各功能面的策略相結合。
2.獲得高階主管毫無保留的支持與承諾。
3.將訓練與發展所會爲企業帶來的成果融入組織願景中。
4.明確定義企業之訓練發展方針。
5.建立可以量化的訓練績效評估標準。
6.與企業中的直線主管建立強而有力的合作關係。
7.教育組織成員接受企業爲了永續經營所必須的變革。
8.訓練與發展的運作必須在組織內部建立持續的溝通與回饋體系。

訓練發展的策略規劃

由於經濟、政治和社會環境的變遷導致勞工越來越覺得無法勝任未來的工作。傳統上訓練一直被學者認爲是改善知識、技能的有效方法。但是訓練要能有效，必須結合學習與經濟理論基礎，依據一套合乎成本效益原則的策略規劃模式來實施。

為了讓明日的勞工在不確定的環境中更具有生產力，「策略性人力資源發展」能配合公司策略，協助勞工取得未來生涯發展所需的新知識與技能。因此，人力資源發展不應只是以改善目前的工作績效為目的，應該同時兼顧公司和勞工未來的發展性和適應力。

此外，向來很少有公司運用系統化的方式，來分析訓練需求、評估訓練的成本效益。尤其是大部分的評估方法只是利用課後意見反映來做檢討，很少在事後跟催，以確定學習對組織和員工本人是否產生功效。

近年來，人力資源發展的專業人員已開始強調，將訓練發展納入策略規劃的模式，甚至有研究發現，能成功地因應環境變遷的企業，都傾向採用策略性人力資源發展模式。訓練要能有效，除了必須控制成本之外，還必須能真正符合市場（包括勞工、雇主和勞動市場）的需要。

但是仍然有許多企業雖然知道成本效益評估的重要，卻仍然排斥它或不知道如何運用它。本節的目的即在提供一種實用的、有理論依據的架構，來協助訓練經理人建立一套新的策略思考模式。

一、策略規劃的基本概念

策略規劃的實施步驟，可分為：內部與外部環境的評估、願景的塑造、目標的選定、行動方案的擬具、資源的籌劃等。企業必須將人力資源規劃與整體企業策略結合，形成一個新的人力資源系統。

在此一系統的規劃下，訓練與發展被視為提升勞動生產力，強化競爭優勢及達成企業目標的重要策略手段。因為訓練與發展可以提供企業發展所需人力，讓員工具有執行組織策略所需知識、技能與態度，讓企業有能力實施組織變革。

■訓練需求評估

訓練需求評估可以協助企業對現有員工的技能水準進行評估，甚至可以預估未來企業發展和科技改變所需的技能水準。傳統上訓練需求評估常常忽略「未來性」；從「策略性」的觀點來看，訓練需求評估必須與組織的策略目標和人力資源系統結合。

訓練需求評估的目的，在蒐集有關勞動力績效的問題，協助組織設計教育、訓練或發展等活動。工作分析的結果常常可以被用來協助推動管理發展訓練及特殊工作訓練。

與工作績效相關的因素實在太多，因此眞正與訓練有關的需求一定要能清楚的掌握。一般企業界常用的績效考核評估系統所衍生的員工改善計畫、部門改善計畫，可以作爲訓練需求分析的基礎。工作分析所需的資訊可以從當事人、主管或工作分析師分別取得。至於科技變化所產生的訓練需求，可以從科技的特性、組織結構的變化及人力資源的影響等三方面去著手調查。

員工的努力會達到某一程度的績效，績效會獲致某種程度的成果，而成果將造成滿意或不滿意。績效是來自努力程度和技能水準的結合，是來自員工技能水準與工作要求的配合程度。

由訓練需求評估得來的員工技能水準，除了可以提供訓練的規劃參考外，還可以作爲勞動力運用策略或決定僱用與否的依據；甚至在一些模擬情境下的評量結果可作爲選用、晉升和發展的參考依據。

■成本效益分析

成本效益分析是一種投資評估的方法，對尋求運用訓練策略的企業而言，這一項分析首先可以讓他們認眞考慮自行培育人才或對外招募的抉擇。成本效益分析還可以協助訓練經理人有效地評估訓練需求，說服高階主管支持訓練活動，決定訓練的優先順序，以及評估訓練的成效與訓練部門的績效。儘管訓練的成本績效分析相當不容易，但是它確實能提升訓練部門的聲譽，建立訓練部門的專業地位。

成本績效分析的方法很多，主要可以包括以下幾類：

1.財務利益預測法。
2.投資報酬計算。
3.成本效用分析。
4.結構性和非結構性訓練（unstructured training）比較分析。
5.投入產出分析。

二、策略規劃模式的設計

傳統上系統化教學設計模式包含五個階段：分析、設計、發展、實施和控制。從策略規劃的觀點看來，分析階段應實地評估需求，在發展階段應實施成本效益分析，在控制階段應實施績效評估。

從人力資源規劃的立場看來，人力資源發展的功能在配合組織發展，在適當的時間、地點，將適當的人訓練發展成組織所要的人才。當企業在面臨未來不安定的情況下，需要研擬人力供需的長期計畫時，人力資源發展的規劃過程就必須加入「策略性」的因素。

針對環境的不確定性，人力資源發展應該配合人力資源的長期需求，而不只是回應短期的需求。因此，策略性人力資源發展規劃模式應包含以下幾個步驟：

■結合人力資源發展計畫與企業策略目標

首先，人力資源規劃應該併入企業的策略規劃中，在規劃過程中我們必須考慮組織發展對人力資源的影響。

從企業的中長期規劃中，預估未來的人力需求，並對現有人力進行盤點。從供需預估中找出缺口，再運用管理經濟的原則做出「製造或外購」（make-or-buy）的決定。如果做出製造的決定，人力資源發展策略便隨著人力資源規劃開始運作。

■評估環境對未來人力結構的影響

勞動市場的指標代表整個勞動力的活動及移動，可以作爲訓練決策的參考。某一行（職）業的薪資水準或就業機會增高，代表此一行（職）業相關的技能需求增加；反之，則代表供給過多的信號。與職位空缺率相關的技能需求也可視爲勞動市場的指標，其他如畢業生的就業率也可視爲相關科系在勞動市場的接受度。新科技的導入、訓練機構的訓練訊息、報紙的徵人廣告、專業期刊的就業趨勢等，都可以提供未來勞動力結構的變遷趨勢，作爲人力培訓的策略參考。

■評估組織中人力資源發展的需求

訓練部門的首要工作，在決定組織的訓練需求；例如，那些工作需要訓練？那些人需要訓練？由於訓練會影響個人與組織的績效，因此必須先確定績效上的問題，再分析那些知識或技能的缺乏，才造成績效不良的原因。

訓練需求評估的對象，可以針對整個組織、團隊、個人或職位來實施。將績效評估延伸的績效改善目標，轉化成訓練需求，將學習活動與績效改善結合成組織學習目標。

這類訓練需求的資料來源包括：

1.競爭優勢或成功的策略因素。

2.組織或個人的績效記錄。

3.問卷調查或實地觀察。

4.新事業或未來的發展策略。

5.員工知能水準分析表。

■制定訓練方針

訓練的資源永遠是有限的，因此資源的分配必須依照訓練方針所制定的原則。投資組合分析（portfolio analysis）可以用來評估各個事業部或個人的發展潛能，依組織發展的需要分配訓練資源，或是依照教育訓練的一般性、特殊性或迫切性來決定組織和員工本人的訓練成本與分攤原則。在兼顧組織與個人發展，公平、合理的原則下，將有限的訓練資源效益極大化。

■實施成本效益分析

蒐集訓練成本的資訊可以幫助瞭解成本、比較成本和控制成本，訓練成本可分爲直接成本與間接成本。訓練部門應該建立一套大家認同的成本會計系統，將所有的訓練活動，依直接、間接成本分類，再將訓練成本轉嫁、計價到其他單位或個人。

效益則可分爲有形的與無形的效益兩種。對組織而言，產值的增加、員工離職率及意外事故的降低皆屬有形效益，對個人而言，薪水的增加、職位的晉升等亦屬有形效益；至於無形效益，如員工的紀律、士氣、職位移動性等，由於甚難計算，一般都不列入分析。

■向高階主管報告訓練的必要性

假如訓練部門經過以上的分析步驟，確認訓練對於解決績效問題是必須的，訓練經理人應該準備書面報告向高階主管建議推動此一訓練方案，以爭取支持。

報告內容應包含：

1.期待解決績效上的問題。
2.提議的訓練方案。
3.成本及效益預估。
4.投資報酬分析。

■訓練績效的評估

訓練績效的評估模式包含以下四個層次：

1.學員的反應。
2.學員的學習所得。
3.學員學習後工作行爲的改變。
4.學員學習後對組織產生的影響。

一般訓練績效的評估常停留在上述第一、二個層次，從事後問卷、事後的測驗或控制組（control groups）的設計等瞭解訓練的績效。

如果訓練的績效評估要達到第三個層次，訓練部門或講師就必須與學員的直接主管合作，評估學員學習後績效改善的情況，以及是否將所學應用在工作上，是否達成當時設定的學習目標等。

至於第四個層級的評估需要做更複雜的投資報酬分析，績效改善比較分析等，才能掌握訓練對組織產生的影響。

訓練部門為了評估自己部門的可靠性，預算控制及目標管理的執行情形，通常也設計一套制度來評估自己的部門。這項評估系統內容包括：訓練方案的有效性、成本效益及部門管理績效等。

三、人力資源發展的策略規劃程序

為了確保、提升訓練績效，本節沿用軍隊裡常用的戰略、戰術及行動方案等術語，結合人力資源發展的策略規劃程序，分成下列五個階段說明：

■第一個階段

1.策略目標：將人力資源發展的功能、目標與企業策略相結合。
2.策略手段：人力資源的SWOT分析。

■第二個階段

1.策略目標：人力資源規劃。
2.策略手段：
　・人力現況評估
　・人力規劃
3.行動方案：

· 人力預測與人力庫存盤點

· 內、外部勞動力移動分析

· 內部人才培育或外聘的決策做成

■第三個階段

1.策略目標：人力資源發展的規劃。

2.策略手段：

· 制定訓練方針

· 確定績效改善、課程發展的優先順序

3.行動方案：

· 自製或外購的決策做成

· 投資組合分析

· 訓練成本分攤系統建立

■第四個階段

1.策略目標：訓練需求評估。

2.策略手段：

· 內、外環境評估

· 績效與生產力評估

· 員工知識、技能水準評估

3.行動方案：

· 各項環境指標的參考

· 績效評估系統的建立

· 工作知能需求分析

· 向高級主管提出訓練需求報告

■第五個階段

1.策略目標：有效管理人力資源發展的功能。

2.策略手段：

・成本效益分析

・訓練方案的評估

・訓練部門的評估

3.行動方案：

・成本計價模式的建立

・效益評估系統的建立

・各種測驗工具的使用

・訓練後績效再評估

在理想的狀況下，人力資源發展計畫應該是整體企業策略的一部分。換言之，企業在策略規劃階段就應該瞭解有多少可用的人力，並肯定人力資源發展對企業發展的價值。至於策略規劃的方法很多，但必須根據企業特性及策略規劃人員的能力，選擇合適的方法才是權宜的作法。同時人力資源發展的規劃，常遇到以下的困難無法克服：

1.人力資本無法計算折舊。

2.人力資本無法任意移動。

3.工作績效與知能水準間的關係仍然很難評量。

4.成本效益評估仍停留在預估階段，目前仍然沒有一種最佳的計算方式。

企業在面對未來的挑戰，仍然需要依賴策略規劃來檢討過去、評估現況，針對未來的機會與威脅完成戰略、戰術及行動計畫。最後，讓我們再回顧一下提升訓練績效的策略規劃模式，應包含下列七大要項：

1.人力資源發展的策略，必須與企業策略相結合。
2.評估內、外在環境，對未來人力結構的影響。
3.從人力資源規劃中，掌握未來發展所需人力。
4.檢討組織中人力資源的現況，並比較評估勞動力在知能水準上的差距。
5.尋求可以彌補差距的人力資源發展策略。
6.與其他部門協調實施人力資源發展策略。
7.有效管理、評估人力資源發展策略。

策略性訓練與發展

傳統上「爲了訓練而訓練」的哲學帶給我們不少迷思，認爲訓練的確會造成差異，訓練是訓練專業人員的職責，訓練的目的在達成訓練目標，訓練是用來彌補員工的缺失。這種爲了訓練而訓練的迷思讓訓練專業人員承接了太多訓練行政工作，而將事業策略夥伴的任務忽略了。Gilley和Maycunich（1998）認爲爲了擴大組織績效，訓練發展專業人員應該：

1.發展新的訓練發展理念與政策。
2.應用組織轉型、組織發展的技術去改善組織效益。

3.藉由執行組織變革與組織學習去開創績效夥伴的角色。

4.經由持續品質改善去改變訓練發展的運作方式。

5.運用工具和科技去改善訓練發展與組織。

Gilley和Maycunich（1998）進一步規劃訓練發展策略整合的五個構面，架構圖如**圖7-1**所示。訓練發展專業人員缺乏「願景」是最大問題之一，他們以爲訓練可以解決企業組織中的所有問題；事實上訓練只能改正缺乏知識、技能的問題，訓練本身並不能保證改善組織績效或效益。

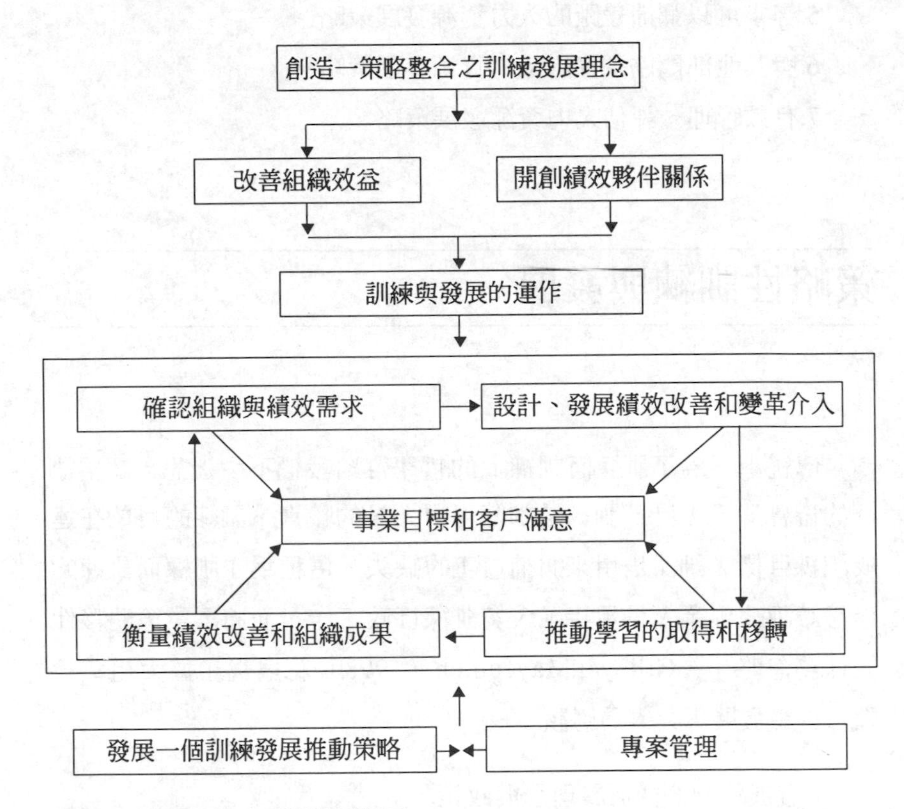

圖7-1　策略整合型訓練發展

資料來源：Gilley & Maycunich（1998：9）

許多訓練發展方案與企業、組織策略目標無法連接，無法眞正針對組織需求去改善組織績效。訓練發展方案如果要能改善組織效益，訓練發展專業人員就必須學習運用策略規劃、組織系統及績效管理系統等組織轉型技巧去發展策略整合型訓練發展方案。

所謂績效夥伴的形成有三種層次，首先必須提供其他事業部、功能部門所需要的訓練發展方案，其次必須與單位主管形成績效改善上的夥伴關係，最後必須透過改變組織和績效管理系統去改善整個企業組織的效益。因此，從高、中、低三種不同層次來看，訓練發展專業人員必須能參與經營決策，配合事業規劃，協助單位主管等不同策略夥伴角色扮演。

由於訓練發展專業人員必須藉由績效改善和變革介入去協助達成組織策略目標，因此，必須專注於學習移轉策略而非在訓練活動上。簡言之，必須將績效改善和組織變革併入策略整合型訓練發展方案中。整個設計流程包含下列四個構面：

1.確認組織與績效上的需求。

2.設計、發展績效改善和變革介入策略。

3.推動學習取得和學習移轉。

4.衡量績效改善結果和組織成效。

一、發展新的訓練發展理念

訓練發展部門在企業組織中一向被歸類爲「非主流」，因爲它被定位爲訓練教室，對組織之成功與否不具關鍵影響力。甚至於有人質疑訓練部門與第一線脫節，無法提供直接有效的支援。這也難怪許多企業在財務出現困難時常會以刪減訓練預算作爲首要因應對策。因此，訓練發展要成爲企業組織中的主流，必須要使訓練發展眞正能夠提升組織績效和效益，策略整合的理念要融入各項訓練發展方案中。

根據Gilley和Coffern（1994）的主張，訓練發展功能的演進可以分爲六個不同階段：

1.沒有訓練發展。
2.一個人負責訓練發展。
3.賣方市場（vendor-driven）的訓練發展。
4.賣方但兼顧客戶的訓練發展。
5.授權式績效改善的訓練發展。
6.策略整合式的訓練發展。

上述的階段演進可以說明訓練發展已由單純的訓練，移轉到績效改善，再提升至整個文化變革上；由過去只重「過程」改爲兼顧「成果」的策略規劃思考。儘管如此，要推動策略整合式訓練發展仍有不少障礙，特別是訓練發展專業人員的心態很難改變，知能無法提升，加上訓練發展方案外購（outsourcing）的壓力，使得訓練發展部門在企業組織中的地位岌岌可危。

二、改善組織效益與組織績效

組織效益架構包括組織系統和績效管理系統。改善組織效益（organizational efficiency）應從組織系統著手；而改善組織績效（organizational performance）則從績效管理系統開始（Gilley & Maycunich, 1998）。組織系統包含領導、結構、工作氣氛、組織文化、任務策略、管理運作、政策和程序等七個相互依存的功能。另外績效管理系統則包括下列八個既獨立又互相依存的功能：

1.人力和物料資源。
2.報酬系統。
3.學習系統。
4.工作設計。
5.生涯規劃。
6.招募選用。
7.績效教導。
8.績效考核。

改善組織效益的顧問手法就是運用變革管理（change management）去重新設計、重新改造組織，從效能和效率面去檢討、再造組織系統。至於績效顧問（performance consulting）的活動在檢視整體績效能量，確定員工績效改善的重點。訓練發展專業人員的主要職責在運用組織發展的手法，去幫助組織和員工增加能量、彈性去適應變革。

如果我們再將上述組織系統與績效管理系統予以整合，發現績效問題或組織衰退可以針對其中相關系統元件加予檢視，採取對應措施給予解決。

三、建立策略性夥伴關係

建立策略性夥伴關係是訓練發展專業人員的重要工作項目之一。策略聯盟的建立可以與客戶之間發展一種互惠、互信、雙贏的局面；尤其是使得訓練發展專業人員可以更瞭解客戶的需求，變得更有客戶服務導向。策略性夥伴關係包含事業夥伴、管理發展夥伴與組織發展夥伴等三類。

要建立策略性事業夥伴關係，首先必須發展客戶服務策略，檢討訓練發展介入和顧問服務的方式；其次發展合作的客戶關係，幫助客戶做出績效發展和組織發展的決策；最後仍應不斷確認、回應客戶的需要，成為客戶真正的事業策略夥伴。

對於訓練發展專業人員而言，可靠性（credibility）是最重要的。訓練發展專業人員除了要有能力去解決客戶問題外，必須能滿足客戶在事業和績效上的需求。而發展事業策略夥伴關係可以提升訓練發展部門的形象及可靠性。

「人」的管理是主管的職責所在，而透過部屬獲致所要成果則為其工作任務。訓練發展專業人員與主管之間建立管理發展的策略夥伴關係，除了可以協助主管改善管理知能之外，也可以透過主管的配合，掌握員工的訓練需求與學習移轉。訓練發展部門可以藉由管理發展的策略夥伴關係，去訓練主管成為好的教練，推動在職訓練（on the job training, OJT）以及部屬培育，並進而改善單位組織績效。

訓練發展主要在幫助企業改善整體經營效益與組織績效；因此，訓練發展專業人員應該不只是訓練師或講師，他（或她）應該同時是績效顧問與變革推動者。易言之，訓練發展專業人員應該創造組織發展的夥伴關係，推動組織持續變革以改善組織競爭力。

組織發展是一系列的數據蒐集、診斷、行動規劃、介入（intervention）及評估的諮詢顧問手法。訓練發展專業人員要成為組織發展的策略夥伴，應具備：客戶關係建立、組織發展、企業管理及諮詢顧問等能力。

四、訓練發展的策略整合實務

任何訓練發展活動的循環皆涵蓋：需求分析評估、訓練目標擬定、發展訓練方案、實施教育訓練及評估訓練成果等五個階段。組織與績效的需求分析與評估是訓練發展專業人員首先必須進行的工作。需求分析評估可確認知能、績效或成果的差距，特別是標準或目標與現況之間的差異。常用的需求分析方法包括：

1. 組織分析——確認組織目前與所預期結果之間的差異，再從差異的分析中找出問題，以及決定行動方案。
2. 管理分析——確認目前經理人管理運作的品質與效益，並從中找出管理知能上的相對優、劣勢。
3. 事業分析——運用SWOT分析去瞭解現況及未來之問題點，或從經營分析資料確認事業體面臨的問題及挑戰。

從組織分析、管理分析及事業分析蒐集的資訊可以幫助瞭解整體性、策略性的需求領域。從現況與所欲狀況之間的差距分析向下展開，職務分析（task analysis）與個人分析（personal analysis）便可以依序展開。換言之，由上而下的需求分析展開，正是訓練發展策略整合的首要之務。

需求分析評估之後應即進行教學設計（instructional design）。首先應確認組織、績效和需求分析資料，然後依據績效目標、學習目標設計教學活動計畫，最後再評估整個訓練活動方案，並將教學活動進行中各相關人員的職責予以釐清。

由於訓練和學習移轉的主要目的在改善員工績效，因此，訓練或學習的成果必須能協助組織和員工完成他們的策略目標。整個訓練和學習活動應該在訓練發展專業人員的協助下，由員工及其主管一起來規劃。首先必須先確認員工目前的績效水準及待改善的內容範圍，其次再發展學習取得計畫與學習移轉策略，接著執行學習取得計畫與學習移轉策略，最後再衡量績效改善與進行員工績效考核以確認學習成效。

企業訓練體系與年度訓練計畫

「人力資源」無論對企業或國家經濟的發展，都是相當重要的。特別在競爭與變化的環境中，如何正確、有效地發展組織人力資源，就成爲各方關注的焦點。然而，傳統的企業教育訓練雖然強調由需求評估，去發展企業訓練體系與規劃年度訓練計畫；但是這些「制式」的訓練活動結果，是否可以眞正反映在事業目標的達成上，値得探討。

從策略的觀點來看，策略性人力資源發展是結合事業策略與人力資源策略的主軸，同時協助達成員工的學習目標與組織的成長任務。要達成此一任務，人力資源發展首先要能診斷出訓練需求，並激勵員工學習；且人力資源發展要與人力資源管理相互整合，並持續互相強化。其次，高階主管必須支持推動學習，要求直線經理主動予以訓練規劃與執行成效考核。最後訓練發展的成果要與組織目標一致，課程的設計與實施，其品質必須符合學習目標。

一、教育訓練體系規劃

人力資源發展對企業永續經營的重要性倍受肯定，企業不論規模大小，紛紛成立教育訓練單位，推動企業內人才培育活動。但是單靠人與組織而沒有制度去運作，是很難達到預期效果；因此，許多企業就開始設計、規劃教育訓練體系，建立全公司人才培育的基本架構，作爲教育訓練計畫編製、實施的依據。然而從最近的趨勢不難發現，人力資源發展的目標及內涵正在蛻變中，在競爭的環境及變革的時代裡，企業教育訓練已面臨轉型的壓力。

■體系規劃面臨的挑戰

企業內教育訓練常依課程內容及訓練方式區分爲階層別教育訓練、職能別訓練、工作場所訓練（OJT）及自我啓發等。依企業組織職位階層及工作職能的共同訓練要求，規劃出各階層、各職種共通性的訓練項目，這種整合育方針及訓練需求設計的教育訓練體系，可以作爲課程設計、訓練計畫編製與執行的參加依據。

隨著時代的變遷及環境的改變，經營理念不斷推陳出新，人才培育的作法及訓練部門的定位，也引起廣泛的計畫，其中對未來教育體系規劃、修正影響數大者，有下列幾點：

1.從單一職能到多樣職能的員工生涯發展。
2.訓練功能從過去由訓練部門集中負責，轉變成直線主管業務管理部分，以及員工本人也應擔負部分發展的責任。
3.從階層別、職能別訓練轉移到個人別的能力評估與發展。
4.從生產導向到顧客導向的訓練發展策略。

5.從過去爲了訓練而訓練，到未來爲了績效改善而訓練。

6.從以講師爲中心的訓練活動，到以學習者爲中心的學習活動。

7.從來自不同等位的學員群，到以同一等位爲主體所組成的學員群。

8.課程設計的主題是由傳統的學科，改變成以核心知能的取得爲課程設計標的。

9.從提供產品或服務的企業提升到知識企業，人力資源的質量已形成新的競爭優勢，企業已逐漸改造成學習型組織，迎接以知識創造利潤的時代。

10.從生涯發展到生涯彈性，企業員工不只是要學習企業內特定的技能，還要不斷學習「可以隨時被僱用」的技能，以避免失去工作。

從以上列舉的發展趨勢，不難發現傳統的教育訓練體系規劃正面臨著挑戰，這種由訓練部門獨挑大樑，依據階層別、職能別實施「共通的」、「單向的」訓練規劃方式，值得我們進一步去核對。

■體系規劃的新構想

從上面的說明，或許可以針對過去教育訓練體系規劃的缺失，配合未來人力資源發展的趨勢，提出一些改革建議：

1.教育訓練方針的展開：教育訓練方針必須結合企業策略展開到各個部門，換言之，各個部門必須配合全公司人才培育的基本方針及當年度的營運方針，訂定各該部門年度訓練目標。

2.共通的與特殊的訓練課目：訓練部門必須整合訓練需求，明確規定那些訓練項目是必修的，那些不是必修的。一般基本知識的學習與基礎技能的訓練才須納入共同必修的課目；至於其他特殊的選修項目，則應視學員的個別訓練需求，給予提供訓練或學習的機會。

3. 訓練必須是以提升個人或組織績效爲目的，因此，績效管理必須與員工教育訓練結合。而訓練部門與直線部門必須形成合夥的工作關係，以確認訓練需求及訓練成果。

4. 從提升企業競爭趨勢的觀點來看，或從顧客導向的策略來看，企業必須瞭解，爲了維持競爭優勢與提升顧客滿意度，企業需要員工具備那些核心知能。爲了協助員工取得核心知能，企業必須檢討應該提供那些職能別或階層別教育訓練課程。並藉由知能檢核表的實施檢核，透過OJT或OFF-JT發展提升員工知能。

5. 由於教育訓練已由傳統的「功能主義」走向「人本主義」，因此，個人別能力的評估、生涯的發展、學習中心的成立等變得非常重要。員工可以根據不同的評估方式及生涯發展的需求，得知自己知能不足的部分，再根據學習中心的資訊，尋找最適合的訓練或學習方式。

6. 企業不斷進行改造，組織不斷的實施扁平化，跨功能團隊及網狀組織的逐漸形成，主管必須給予員工「授權賦能」。因此，組織學習、跨功能學習變得非常重要，甚至有些企業已採用「能力本位制」的薪資管理制度，以激勵員工學習。

企業教育訓練在有限資源極大化的原則下，必然考量「考、訓、用」合一的制度與精神。能力評價、能力開發與能力活用等制度的建立及互動，自然形成未來訓練部門在總體人力資源發展政策

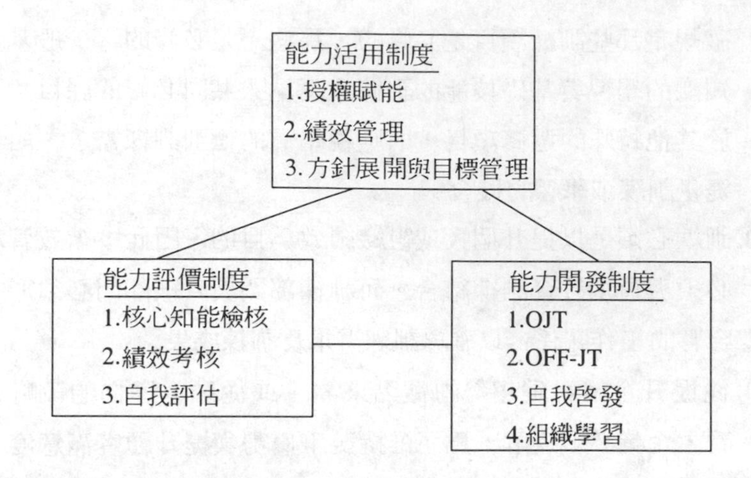

圖7-2　人力資源管理與發展整合模式

資料來源：李漢雄（1996b：52）

規劃上的指引（如**圖7-2**）。

二、各級主管的支持與參與

就教育訓練分權的原則，訓練部門應該協助、指導各事業部，發展各該事業部的教育訓練體系，必須讓各事業部主管瞭解教育訓練對推動部門業務發展，支持年度目標的實現，具有相當大的影響力。

因此各事業部應參考市場變化、顧客動向、競爭環境，以及根據總公司的目標及部門的資源等推動部門別訓練體系。在策略目標展開的同時，提出如何強化人力資源競爭優勢的行動方案，再將行動方案中有關教育訓練部分等，予以規劃成年度訓練計畫。

總之，教育訓練體系的規劃可以就總體面及個體面來實施，總體面的規劃必須將能力評價、能力開發與能力活用整合，形成新的人力資源發展體系。從個體面的規劃來看，各事業部應建立學習環境，將營運方針與人力資源策略結合，來規劃部門訓練體系；如此，整個企業的人才培育分工體系，方得以完整成立。

從以上的說明可以得知，策略性人力資源發展，已將企業組織內部所有與訓練發展相關人員的角色任務，重新安排如下：

1.高階主管——塑造者與政策擁護者。
2.事業部門——內部客戶。
3.直線主管——訓練發展經理。
4.人力資源管理的幕僚——推動者。
5.人力資源發展的專員——提供者（provider）。
6.個別員工——參與者。

針對以上的角色任務調整，如果我們從人力資源發展的策略性考驗，來檢視企業訓練體系與年度訓練計畫時，就不難發現，傳統的規劃方式必須做部分修正。先從企業訓練體系說起，應強化的部分包括：

1.將組織的願景、任務及經營理念，確實展開在人才培育方針與教育訓練理念上；而企業中長期的策略目標，必須納入人力資源發展的需求分析，呈現在教育訓練體系的規劃中。在評估及發展的過程中，高階主管的支持與參與是必要的。
2.文化變革爲一持續性的企業轉型過程，除了高階主管的引導外，並應將相關教育訓練課程列爲重點課題。除了讓各階層人員瞭解組織變革的重要性外，對於變革管理與組織開發的手法，均應列入課程規劃。然此一類型課程並非一成不變，定期檢討自有其必要性。

3. 從組織核心知能發展到企業競爭優勢的建立，已造成另一人力資源策略的新典範，能力本位下的訓練方式與傳統的訓練截然不同；不管是管理發展或專業訓練，都必須依照不同類別能力，依其專精程度分段實施。學習者不再以職等、階級身分參加學習，而是以個別能力的差距狀況作爲學習的依據。企業界在設計教育訓練體系時，可以從各階層不同職種人員的「期待知能」，作爲課程開發的重點，再配合知能評估，由個別員工依據自己的能力差距，參加必要的學習活動。
4. 就人力資源管理與人力資源發展的關係來看，未來的人力資源管理不再討論職位，而在探討個別員工；不再強調職位說明，而在描述員工知能，並專注於如何提升員工專業知能。因此，人力資源管理必須視員工個人的知能、發展，作爲任用、選用、考核、薪酬與生涯管理的考量點。員工的知能發展必須給予定期評估，並適時提供必要的「能力本位」訓練發展課程。展望未來，企業界除應提升人力資源發展的地位外，將人力資源管理與人力資源發展作策略性功能整合，應是努力方向。
5. 爲了讓直線主管對事業部的發展與人力的發展能同時掌握，直線單位除了應設置專業人員辦理內部教育訓練活動外，應發展各該事業部的教育訓練體系。換言之，各事業部應參考事業策略、外部環境，根據總公司的目標及顧客動向等，規劃部門別訓練體系。

總之，企業訓練體系的規劃就總體面來看，必須將能力評價、能力開發與能力活用整合，形成新的人力資源發展體系。就個體面來看，各事業部應建立學習型組織，將營運策略與人力資源策略結合，來規劃教育訓練體系，如此整個企業的人才培育分工體系方得以完整成立。

企業教育訓練體系一經規劃完成後，就必須藉由年度訓練計畫的展開去落實，依據教育訓練體系對各階層不同職種的能力水準，採用問卷調查或技能盤點的方式，確實掌握員工在下一年度的訓練需求。同時人力資源發展部門，也可以將員工績效考核或生涯發展中所歸納的訓練需求，予以彙整，併入年度訓練計畫中。

此外，人力資源發展部門及各事業部門應該針對下一年度總經理的重點方針、外部環境變遷、事業部中長期策略及當年度問題點等研擬下一年度教育訓練重點目標。因此，組織策略與績效上可歸因於教育訓練者，或本年度教育訓練成效檢討應改進部分，均應納入下一年度之教育訓練計畫中。有關企業訓練體系與年度訓練計畫規劃流程，請參考**圖7-3**。

三、預算編列的原則

如前所述，企業訓練的主體，已由訓練部門移轉到直線部門。因為從組織結構的設計原則來看，分權的組織由於「授權」，必須同時給予「賦能」，透過更多的能力開發，使員工的創意得以發揮，工作意願可以提高。尤其最近企業界推動的組織扁平化、團隊型組織等，對人力的運用與發展相當有利。因此，在人力發展上應該訓練各單位主管有能力去規劃單位內在職訓練計畫，並編列經費去推動單位內學習活動，塑造組織學習環境。

人力資源發展部門在彙總所有教育訓練需求之後，運用需求評估及成本效益分析，依優先順序、可行性及效益性等做成建議報

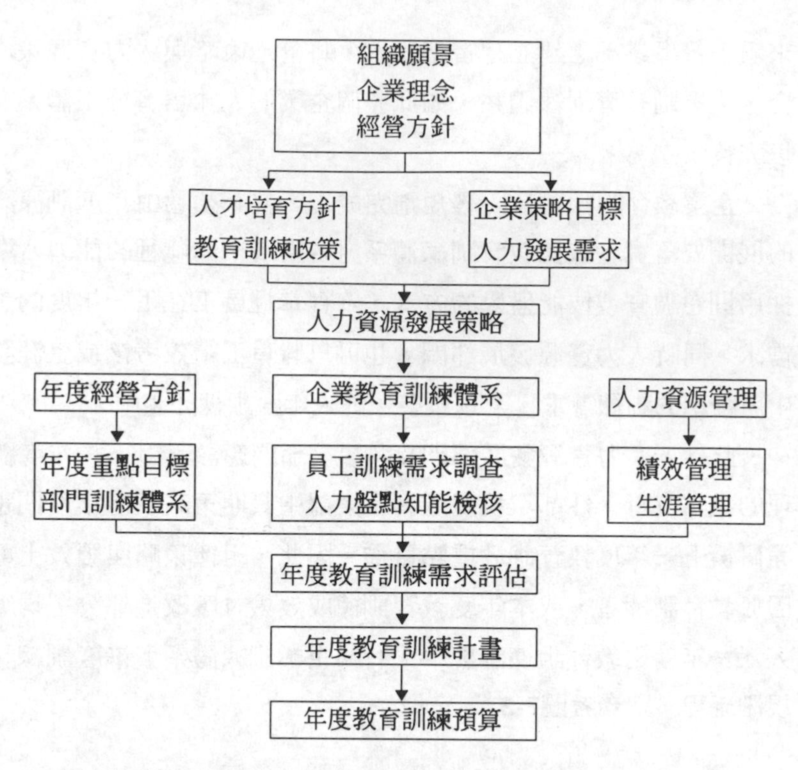

圖7-3　企業訓練體系與年度訓練計畫規劃流程圖

資料來源：李漢雄（1998：5）

告。在年度教育訓練預算編列上，可以參考過去預算的執行情形，或其他主要競爭者的情況進行估算。

由於教育訓練這塊大餅可大可小，因此建議預算編列宜由上往下（即俗稱 top-down）方式展開，人力資源發展部門可將教育訓練費用，區分爲共通性與特殊性兩種。前者採集中編列，將教育訓練體系與人力規劃、盤點所得的知能發展需求，以及員工的生涯發展需求等，列爲共通性教育訓練。後者應由人力資源發展部門提供計價標準，由事業部或直線單位，依年度訓練重點、績效改善及在職訓練部分等完成計畫編列預算。

通常訓練計畫與預算，若本身已經和組織目標相結合，訓練預算自然比較容易得到高階主管的支持。但是預算的編列要具有說服力，應該將訓練的投資報酬、附加價值等量化數據提出，或將「不訓練」所帶給組織績效上的負面影響加以說明。

如果教育訓練的餅不夠分配時，除了據理力爭之外，最好能由人力資源發展部門運用專業知識與相關部門溝通，或成立教育訓練委員會做跨部門的審查，才能將眞正「需要的」、「合理的」計畫與預算凸顯出來。

當然，人力資源發展部門最好也有變通作法，可以將所有訓練方案依重要性優先順序分類，或採取一些特殊作法，以免萬一策略改變，或預算刪減時束手無策。

四、企業訓練體系的成功策略

總之，要能有效地規劃企業訓練體系與執行年度訓練計畫，其基本作業流程可參考圖7-2說明，而其成功策略則可歸納爲下列五點：

1. 藉著訓練需求評估與企業策略目標的達成，人力資源發展與組織策略形成一種夥伴關係，並經由共識的形成，獲取管理階層對人力資源發展的參與及支持。
2. 尋求內部和外部的有用資源，去設計實施教育訓練方案，創造出高投資效益。
3. 推廣人力資源發展的具體成果，讓員工瞭解訓練部門的功能及重要性，建立訓練部門在組織的信用。
4. 抓住重點，做該做的事，讓有限的人力與預算落實在創造價值的活動上。

5. 訓練部門的同仁要能成爲人力資源發展的專業人員，必須不斷充實新知，拓展人際網路，保持高度活力，以應付組織不斷面臨的變革。

訓練發展的典範移轉

人力資源對企業的重要性是不容置疑的；由於經濟環境的變動、國際的競爭、組織的擴充及勞動力結構的改變，使得人力資源發展需要採取更寬廣、與企業策略相關的對策來因應。原則上人力資源發展的策略應該是依照企業的特質、行業的特性、管理型態和組織文化來量身定做，然而我們依然可以針對共通的問題及未來的趨勢，提出一些共通的對應策略。

一、從教育訓練到學習發展

傳統的教育訓練在試圖改善學員的知識、技能與態度，藉此讓企業保持高度競爭力。未來人力資源發展所面臨的挑戰，從供給面是：如何提供終身學習、如何提供有效率及有效能的學習活動；從需求面是：如何增進個人的學習能力、如何協助團隊克服學習障礙，及如何幫助企業塑造一個持續學習的組織文化。

企業界在面臨競爭壓力時大多採取企業改造的策略，除了授權、鼓勵內部創業外，要授權賦能讓最接近顧客的員工有充分的權能去服務顧客。此外，員工的生涯發展變得更多樣化，生涯彈性的觀點取代傳統的生涯管理。在此新的觀點之下，企業除了要提供員工提高生產力及增加對公司認同的教育訓練外，更要協助員工發展隨時可被僱用的技能，讓員工在面臨變革、遭遇困難與挫折時，仍能維持高昂的意志力，可以迅速整備自己，重新迎向新的挑戰。因此，員工終身學習的需求會不斷增加，他們需要更多可以轉換的技能、及時的學習活動。

未來的教育訓練必須是符合成本效益的，而且是及時有效的。根據調查，美國企業界的訓練費用有三分之二用在食宿和交通上，因此工作職場的在職訓練變得非常重要。透過有效的在職學習活動除了可以提升生產力外，也可以降低許多不必要的重置成本。企業可透過效用分析、成本利益分析、績效改善評估及投資報酬分析等，評估教育訓練的效能和效度。

二、從訓練發展到績效提升

以往從事教育訓練的人常喜歡提到績效產生的輸入要素是知識、態度和技術，績效不好如果是態度的問題，就不一定要找訓練專家來解決。如果訓練部門只是提供員工知識學習和技能訓練，那麼單位或個人績效的好壞到底與訓練發展的相關性如何？到底我們對訓練發展部門的期待是什麼？在美國已經有部分企業將降低成本、企業減肥和組織再造等提升組織績效的工作加在訓練發展部門上。

要符合高績效標準，企業組織至少應包含四項因素：⑴新且具優勢的科技；⑵彈性新且有高績效的組織架構；⑶高技能和自治的勞動力；(4)和諧的勞資關係。除此之外，還有變革管理的技巧、工作流程和勞動力的組合。

對人力資源發展專業人員而言，解決工作績效問題的方法不僅僅是訓練，因為訓練不可能同時解決所有問題。人力資源發展的專業人員如果只專注在績效的輸入部分，而忽略了績效結果，那麼訓練只是在改造知識與技能，與整個生產或服務流程沒有絕對相關，人力就不可能成為眞正的資源。

如果我們將教育訓練部門改稱為績效提升部門，那麼這一個部門的訓練功能主要在分析、設計和發展訓練課程，訓練活動則是由直線單位的專家負責。至於要提升績效，科技便成為另一個基本工具，團隊合作就成為規範，而持續不斷的變革被視為未來企業的生存方式。為了因應上述的挑戰，人力資源發展的專業人員必須擴大他們的智能，重新思考他們的角色與高績效之間的關係。由於學習變成是每一個人的責任，講師不再只是知識技能的傳授者，所以不應該只考慮訓練的問題，他應該協助內部顧客解決績效上的問題，例如，構築學習體系、提供改善品質的方法、協助各部門運用知識技能去達成他們的目標等。

從組織發展的理論與實務看來，訓練要能協助企業達到較高績效，必須配合一連串的組織變革，協助維持企業變革的動力，幫助員工克服變革時期的困境。因此，人力資源發展專業人才必須能用系統思考模式深入瞭解績效提升的因果關係及其中的策略，來協助個人和組織達成他們的目標。換言之，人力資源發展專業人員是組織變革的推動者。因此，訓練系統的設計規劃方式就必須做改變，在原來設計、發展、執行、評估四階段加入「確立」、「分析」績效問題及決定訓練與績效之相關性（如**圖7-4**）。

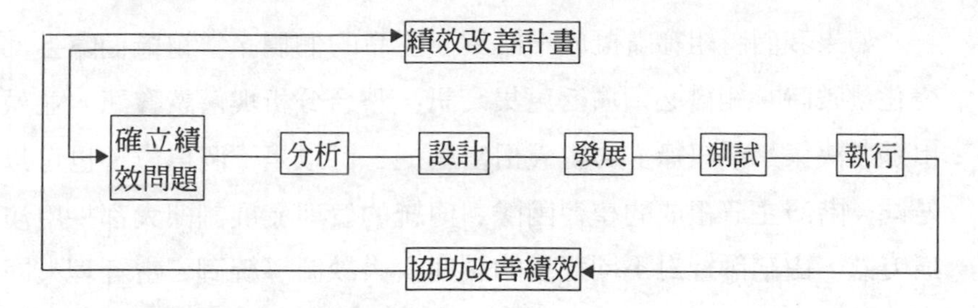

圖7-4　訓練系統規劃模式

資料來源：李漢雄（1996a：114）

在確立和分析階段必須明確指出影響組織績效的範圍、原由，以及與企業發展成功關鍵因素間的關鍵性，使用訓練作為解決績效問題的各種手段也必須標示清楚，包括訓練目標、教學策略、教學方法和評估方式等。在課程發展和測試階段中，教材和測驗必須加以評估以確定是否符合當初設計的要求。至於訓練後的評估，績效改善的確認等亦應涵蓋。總之，人力資源發展專業人員是績效差異原因的分析者、績效改善策略的設計者，也是績效衡量的評估者。

三、從個人學習到組織學習

彼得聖吉（Peter Senge）在《第五項修練》一書中強調組織成員應認同組織願景目標，不斷學習創造知識，將組織改造成一個善於創造，取得及轉移知識的學習型組織。要建立一個學習型組織除了要訓練員工系統化的問題解決，學習如何快速有效的學習外，組織學習或集合學習變得非常重要。一個人的學習力量絕對比不上一個團隊的集合學習；針對組織的重大問題藉由組織的學習尋求解決之道，並將學習經驗成果累積成智慧，對企業永續經營意義重大。

如果我們將組織虛擬成一個具有生命的個體，當組織面臨外部變化挑戰時，組織必須廣泛蒐集資訊，整合分析與解讀資訊，並做出適當決策。「組織」的定義相當廣泛，可以是一個單位，也可以是同一階層主管組成的學習團隊。傳統的管理發展訓練大都採用演講方式，由講師針對不同背景的經理人大談領導統御。當經理人回到工作單位後，眞正將學習所得移轉到管理行爲者說是少之又少。北方通訊（Northern Telecom）與富豪卡車（Volvo Truck）將管理發展訓練改依下列方式進行：

1.針對當前最迫切需要解決的問題作爲學習主題。
2.組織學習團隊擬定學習計畫並分頭蒐集資料。
3.在顧問或講師協助指導下提出解決方案。
4.經由高階主管同意下提交有關部門推動實施。

這種以解決問題爲導向的學習活動並非完全否定個人學習的地位，而是藉由問題導向的學習活動，促進單位內部或單位之間的溝通，廣泛蒐集、解讀資料，最後提出問題的解決方案。

四、策略性訓練發展和訓練發展部門的關係

以策略性觀點來管理訓練發展需先對組織的訓練發展部門有一長期的發展計畫。擬定訓練發展部門長期的發展計畫必須考慮現有的優劣勢及未來可能面臨的機會與威脅，並據此決定部門的任務功能及執行策略。

首先在實施優劣勢評估時必須先探討部門在規劃、執行教育訓練方案的能力；在考量外部機會威脅時應針對影響訓練發展的社經環境、勞動市場、競爭環境等進行分析，以有效掌握機會點，避開

可能的威脅。由於科技的進步與專業的分工，訓練發展部門的角色任務必須隨著「效能」與「效率」的考量調整。因此組織在人力資源發展的分工上便顯得非常重要，訓練發展部門應將人才培訓的主要任務交由直線主管擔任，並藉由訓練科技（training technology）架構學習網路以協助員工個人成長。而訓練發展部門則應提升規劃與顧問能力，從事企業人力資源發展策略規劃與內部績效顧問，以及協助推動建構學習型組織的工作。

其次，人力資源發展是人力資源規劃中的一部分，必須在規劃中與人力資源管理的其他功能及經營策略相整合，以發揮整合性效果。從經營策略來看，不同經營策略應有不同人力資源發展的策略；Miles和Snow（1984）依產品與市場的變動將經營策略區分為防衛型、前瞻型、分析型與反應型等四類，與不同經營策略有其不同的人力資源發展意涵。因此，訓練發展部門在組織中的層級應予提升，與人力資源管理部門的相互配合應該相當密切。

最後，在執行與評估策略性人力資源發展必須與其他部門相互支援及配合，除了強調不同事業的經營策略應有不同人力資源發展的策略涵義外，訓練發展部門應將人力資源發展慢慢提升到策略性層次。簡言之，訓練發展部門的發展方向應與外部環境、企業競爭策略及不同事業策略有明確且雙向的連結。

人力資源專才的專業再造

員工個人學習目標與企業人力資源發展策略的整合是未來企業人力發展的趨勢。以學習者為中心的學習活動設計，結合能力本位的人力開發制度與訓練工學的不斷推陳出新，未來人力資源發展專業人員必將面臨更嚴苛的專業再造挑戰。

一、核心能力的重組

澳洲的教育改革重點是「能力導向」，不只要吸收知識、訓練技術，更要培養能力，學習適應未來的社會。因為企業不斷改造，核心能力不斷重組，如何協助員工儘快達到勝任的程度就變得非常重要。傳統的職位說明書或職位分析已經不能滿足快速變遷的職位重組。

技術與能力不同，技術是針對某一特定領域如何做的步驟和技巧；能力則涵蓋知識、態度和技術，是一般性可以廣泛應用的。因此核心能力不僅僅是知識、技術，而是要結合知識、技術再轉移應用到實際工作場所上。

以國內某商業銀行為例，當進行分行合理化的時候，配合流程改造的需要必須將行員發展成多功能行員，於是發展出十項核心能力融入現有課程中，在訓練中心的學習、實作，加上單位「在工作中訓練」的配合，由主管清楚的考核行員是否具備這些核心能力。

核心能力的標準是一致的，但是個別行員的差異甚大，因此以學習者為中心、及時的、標準化的教學方式及課後考核就顯得相當重要。

二、訓練工學的演進

由於電腦與通訊科技的發達，遠距學習變成可行，訓練方法和傳輸方式變得更加複雜。未來的學習活動將由學習者自己安排，電腦記錄評分，由學習者的主管從旁協助。公司將訓練課程、教材或教學媒體納入「人本取向」的訓練系統，利用技術系統（如電腦、電子郵遞、有線電視、衛星傳送）等軟體組件，傳達給員工。

透過數位網路可以將訓練教材很快的傳輸到各個工作站，透過光碟片的自我學習可以縮短學習時間。由於科技進步及教學媒體的發展，使得部分人士開始懷疑「教室上課」及「講師指導」的效益性。已經有人開始投入訓練工學的市場，以電腦及通訊科技為基礎，提供績效支援系統，協助訓練部門改善教學的方法及傳遞的方式。因此，人力資源發展專業人員必須學習新的知識，將學習理論與教學方法運用到此一績效支援系統上。

以電腦及通訊科技為基礎的訓練課程，由於成本昂貴，加上這種訓練的課程設計者在本地培養不易，國內一般企業使用高科技產品來輔助企業訓練仍然不普遍，廠商投入此一市場的意願也不高。

三、新的思考方向

訓練的功能已逐漸分權化，員工的訓練發展已經成為單位經理人的責任，人力資源發展專業人員充其量只不過是回應單位經理人的需求，並給予必要的協助。談專業訓練，人力資源發展專業人員輸給其他單位人員；談管理發展，也比不上外面的企管顧問；談訓練，人力資源發展專業人員懂方法，但不知道結果，這些人員該何去何從？

下列七個思考方向或許可以提供人力資源發展專業人員新的思維及努力的目標：

1.訓練必須與企業目標相結合。
2.「結果導向」的人力資源發展策略——訓練必須能改善績效。
3.必須改善訓練技法，讓技能容易習得，容易運用在工作上。
4.經理人是教練、訓練員、組織變革的推動者。
5.人力資源發展專業人員必須努力提升成爲公司內部績效改善的顧問。
6.要協助員工發展長處、管理短處，要爲適當的理由訓練適當的人。
7.要克服組織上的障礙，將學習所得順利移轉到工作場所上。

四、自我長成策略

這是一個終身學習的時代，人力資源發展專業人員必須時刻不斷重組最新的、及時的技能與知識去應付未來的挑戰。人力資源發展專業人員要能協助推動變革，提升團隊績效以掌握競爭優勢，就必須學習發展以下五種核心能力：

1.領導力。
2.瞭解企業及其產業。

3.策略思考及規劃能力。

4.熟悉各項管理與作業流程。

5.能設計發展人力資源發展體系。

組織不斷的變革與持續的改善活動是提升績效的不二法門；人力資源發展的策略即在塑造激勵、強化維持不斷變革和持續改善的組織文化。換言之，人力資源發展專業人員必須擁有以上五種核心能力，才能有效地規劃、發展、執行人力資源發展的策略。

結　語

英國Warwick大學在1988年的研究發現，當企業在面對許多與事業發展有關的壓力與機會時，常會對人力資源發展採取比較策略性的作法。企業在面臨競爭壓力，產品或服務變更，製程或管理制度更改，外部勞動市場人力短缺，外部對訓練發展的需求與支持等，均會引起內部勞動市場的需求與內部對訓練發展的肯定與支持（如**圖7-5**）。至於企業要如何才能引發員工對「以策略爲導向的學習發展」產生高度認同，必須以企業願景、任務與目標爲主要訴求，去延伸解釋員工訓練發展的主要意涵，並據此擬出學習策略、計畫與活動。並且長期追蹤評估學習成果以確定訓練發展對策略目標的達成具有相當程度的影響；有關組織員工訓練發展策略的形成如**圖7-6**。

企業教育訓練之成功與否，組織中重要核心人物的支持是爲關

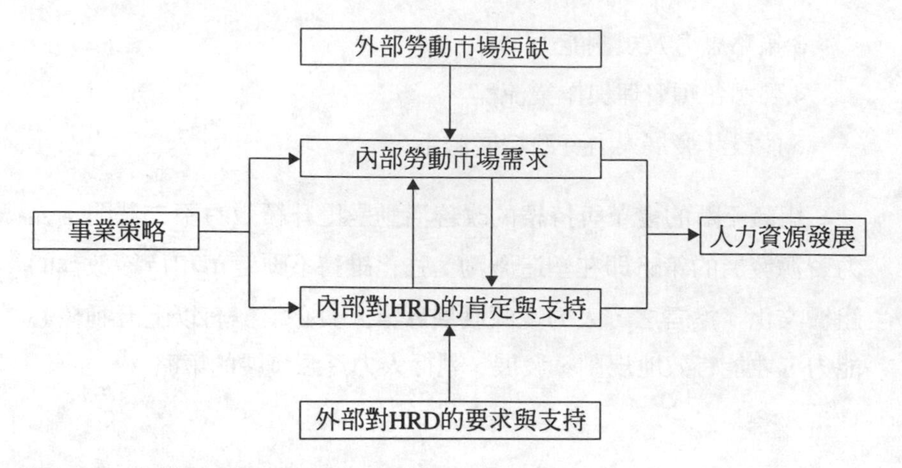

圖7-5　事業策略與人力資源發展（Hendry, 1991）

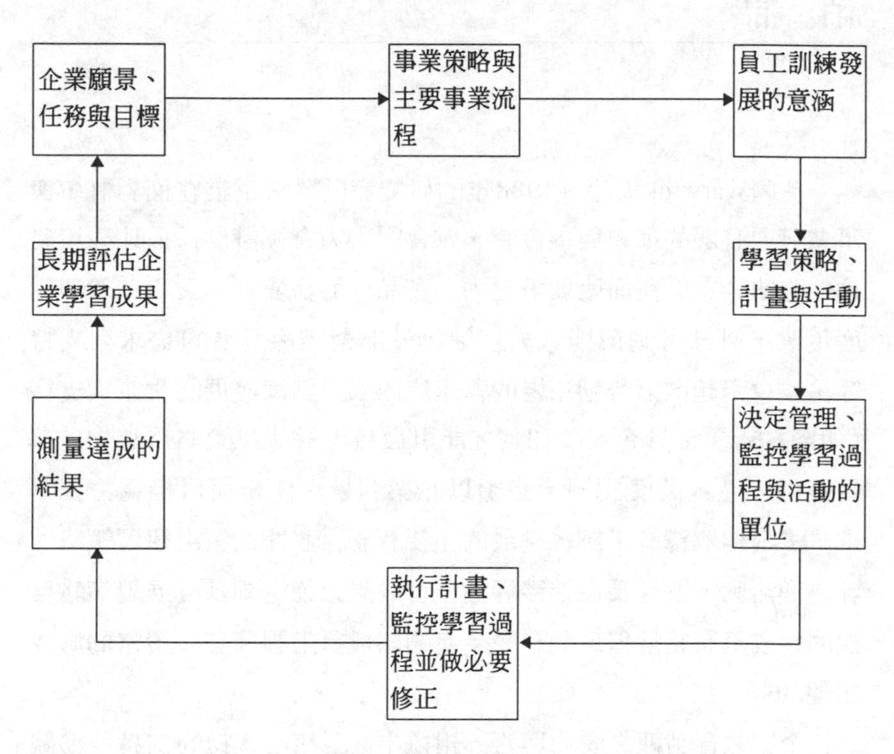

圖7-6　組織中員工訓練發展的策略形成（Harrison, 1993: 326）

鍵。尤其是高階主管對員工訓練發展的持續投資，形成人力資源發展策略去追求組織任務目標的達成最爲重要。其次，員工的學習發展必須配合企業願景、任務與策略，藉由教育訓練去提升工作績效與決策品質，並逐步將企業發展成「學習型組織」，創造一個可以讓員工有創意思考的環境，隨時學習具競爭優勢的核心知能去爭取市場機會，因應外部挑戰威脅。

總之，員工教育訓練除了應該是以事業策略爲導向外，並且要重視員工個人生涯發展，同時必須是眞實的與可行的方案計畫。至於成果的評估必須參考既定目標，藉由績效指標，同業中最好的操作等仔細比對，以確定、檢討訓練發展的成效。最後，就訓練發展與人力資源管理其他功能的相關性來看，訓練發展與選用、考核及薪酬制度之間形成所謂「互補的」關係，對於組織變革的推動形成一股強而有力的支持力量。

個案介紹——從提升競爭力談企業轉型中金融專業人員的能力再造

◎前　言

金融業處在一個經常變動的環境，世界知名的銀行或多或少都在進行一些轉型的工程以確保，甚至更提高競爭力及服務品質。轉型的工程中以「客戶關係的管理」及「金融產品多元化」直接影響到中級專業人力開發上的問題。

傳統上企業管理著重於建立「經營管理體系」去達到公司「內部」設定的目標。今天，具有競爭力的企業應同時評估本身的能力及支援系統，是否能夠確實滿足客戶心目中的「價值」(value)。因此，轉型一個企業需要將組織結構重新再造，核心能力重新建構。

爲達成客戶定義的附加價值（value-added）的回報，企業必須具有必要的核心能力和內部組織架構。客戶關係的管理在強調組織運作的靈活性，以及提供全方位的服務；金融產品多元化則在強調快速推出新產品，並依客戶需要設計不同產品組合及實施彈性費率。因此，金融專業人員的能力再造便成爲企業轉型期中非常重要的課題。

◎專業人員的能力開發

企業面對日益增強的競爭壓力（competition），組織擴充所增加的複雜性（complexity），以及客戶（customer）的價值觀與需求的不斷改變。從策略的觀點來看，勞動力的知能水準（competency levels）必須不斷的提升，以建立並維持長期的競爭優勢。勞動力知能水準代表勞工具有從事某些工作的能力或條件，這些知能是累積的、跨功能的、共通的，是可以複製、繁衍的。

專業人員知能水準的提升，在服務業能創造出更多的、立即可見的價值與利益。例如，軟體業、醫療服務業、金融業、通訊業及顧問業上。但是向來很少人眞正去瞭解專業人員的知能水準如何發展、如何運用。專業人員的知能水準通常包含下列四種層次（Quinn, Anderson, E. Finkelestein, 1996）：

1.專業的認知（cognitive knowledge or know-what）專業人員經由學習，精通某一項基本的、入門的專業知識。
2.進階的技能（advanced skill or know-how）專業人員能夠從學習進階到有效的執行業務，能將原理、原則運用到實際工作，創造出專業應有的技能水準。
3.系統的瞭解（systems understanding or know-why）專業人員

除了深入瞭解各項系統的因果關係，解決一些重大複雜的問題外，甚至可以憑著高度的專業創造出意想不到的結果。

4. 自我激勵的創意（self-motivated creativity or care-why）專業人員的最高境界應該包括追求成功的意願、動機和適應能力。在組織不斷面臨快速變遷和競爭的環境下，不斷更新（renew）他們的專業認知、進階技術和系統的瞭解。知能水準的前面三種層次可以存在組織的系統和資料庫，或運作的科技上；但第四種層次——自我激勵通常存在於企業的組織文化中。

一般知名企業在專業人力的開發上通常採用下列六種策略：

1. 想辦法吸引、僱用最好的人才。甚至將一些專業的認知列爲候選人的必備條件。如此企業便不必再花費預算去教育新進員工入門的專業知識。
2. 儘早實施強迫性、密集的專業訓練。專業人員的進階技能必須在複雜的、眞實的環境中不斷的歷練發展，特別是服務業在與客戶的接觸上。因此，早期的密集訓練，加上主管的指導、在職訓練、同仁的競爭壓力及獎酬制度的誘因等，都可以加速學習移轉的效果。
3. 持續提供專業人員新的挑戰目標。
4. 適時的給予專業人員客觀的評估及回饋。好的專業人員應給予獎勵，不好的應給予淘汰。
5. 協助專業經理人善用現代科技，訓練問題分析及解決能力。美林證券（Merrill Lynch）一直在訓練交易員（dealer）利用資訊科技及專家系統，蒐集分析資料去協助客戶作投資決策。同時，迅速掌握學習資訊加速成長。

6. 倒三角形的組織，使專業人員成爲老闆（boss）。讓組織專注的重點由傳統官僚組織的頂端移轉到客戶，讓第一線的專業人員成爲自主的，解決客戶需求的專家。總裁（CEO）是領航員；第一線的主管不再發號司令，他們協助第一線的專業人員克服障礙、催送資源、扮演教練的角色。由客戶關係經理（client-relationship managers）組成的網狀組織，將專業人員納入臨時編組。這種虛擬組織（virtual organization）的成員可以相互評估，互相學習，配合客戶需求完成階段性任務。

◎金融服務專業人力開發上的問題

金融業在推動企業改造時常採用的策略包括：

1. 以客戶爲導向的服務策略。客戶需要的是無瑕疵的服務，企業必須有能力能夠提供完整的解決方案，全方位的產品與服務。這些能力必須依靠有專業能力、被授權的第一線業務人員去發揮。
2. 減少組織層級，簡化決策流程。從流程改善中減少不必要或多餘的活動，藉以降低成本或提高服務水準。再將跨功能或跨部門的工作流程重新設計，運用科技系統讓組織更有效率。如此，不但減少組織層級，同時可以簡化決策流程。
3. 以客戶爲中心的服務團隊。將傳統的功能式組織轉變爲以客戶爲導向的組織型態，將銷售與風險管理納入在同一客戶關係經理的指揮系統。此一團隊將客戶的開發與維護，風險的控管及作業支援等功能加以整合，眞正達到以客戶爲中心的服務策略目標。

4. 全功能的金融業務部隊。爲了改進對客戶的服務，降低作業成本及提升生產力。全方位的服務是金融業務發展的趨勢。產品多樣化、交叉銷售（cross-selling）等，逼得第一線的業務人員必須是多功能（授信、存款、外匯、直接金融）的金融業務人員，或是全功能的櫃台人員（universal teller）。
5. 作業的集中化。爲了讓第一線的業務人員能專心地爲客戶提供專業的服務，內部的支援建制採取集中化不僅可以提高效率，同時可以提供一個單一的、整體的服務。

針對上述的五項改造策略，從人力開發的立場不難發現下列的問題亟待克服：

1. 組織扁平化後，第一線專業人員爲了要能迅速回應客戶的需要，每個人都需要被授權賦能。
2. 中階主管必須轉變成爲領導者，需要學習如何領導、溝通及解決問題。
3. 全功能、跨功能金融業務人員的培訓，是提升競爭力的成功關鍵。
4. 對傳統的銀行員來說，績效導向是一大衝擊，行銷文化則是另一個新的挑戰。
5. 企業改造必須持續推動，不斷的學習是金融專業人員生存發展的不二法門。

◎金融服務業專業人員人力開發對策

專業人員的知能水準漸漸成爲未來金融服務業的競爭優勢。企業界希望專業人員不斷獲取新的知能，將這些知能運用到工作上產生績效。從企業的策略觀點來看，企業策略爲了回應客戶或市場的變化，通常需要檢視關鍵成功因素，改變企業文化，提升員工知能水準，發展新的核心能耐，再藉由人力資源管理系統來強化企業文化的改造，創造績效（如**圖7-7**）。

在擬訂人力開發對策之前，先要進行人力資源發展（以下簡稱HRD）的診斷，瞭解政策與實務的內外一致性，其步驟是：

1.專業人員知能水準的評估及與主要競爭者的差異。

2.重新定義組織期待專業人員應具備的技術、能力、態度和行爲。

3.制定新的HRD政策。

4.檢討現行HRD的實務運作與上述HRD政策是否一致。

5.重新修訂HRD作業流程。

6.最後再檢視新的HRD政策與作業流程是否能有效提供專業人員必要的技術、能力、態度和行爲；是否與提升人力資源競爭優勢的策略及手段一致。

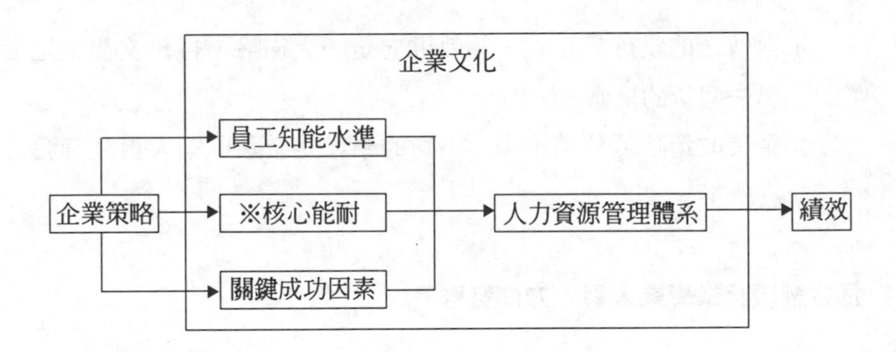

圖7-7　企業策略、人力資源與組織績效

註：「核心能耐」是科技和生產技術的結合，是可以廣泛應用到無數生產線上的知識與技術。核心能耐在強調價值鏈中科技和專業知能的結合。

配合企業轉型，提升競爭力，金融服務業根據HRD診斷結果實施HRD再造工程。其中針對金融專業人員能力開發的部分歸納如下：

1. 就專業人員工作與職務內容重新設計。增加職務多樣性與自主性，讓工作變得更有意義，藉以提升個人與組織績效。
2. 結合人事制度與能力開發制度（如圖**7-8**），其最主要特色爲：
   - ·階層別、職能別能力開發體系建立
   - ·證照資格制度（學習→實戰→業績考核→證照）推動

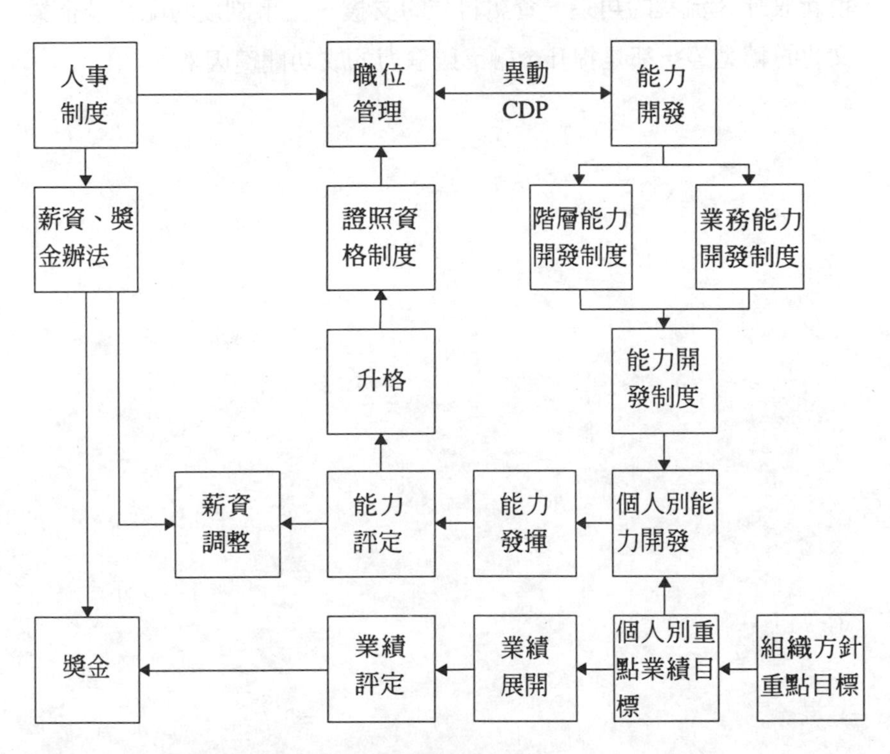

圖7-8　人事制度與能力開發制度的結合

· 金融專業人員CDP（生涯發展規劃）導入

· 能力本位，績效導向的獎酬制度實施

3. 銷售文化、品質文化及學習文化之全面導入，以徹底改造傳統企業文化。

◎結　語

金融服務業在面對競爭日益激烈的環境下，金融專業人員的能力開發備受重視。業者除了投入大量教育訓練經費在人才培育外，組織轉型及人力資源再造工程的展開也顯示業者變革的決心。授權賦能是未來的趨勢，除了強化專業人員專業知能外，組織及職務的重新設計、流程的再造、資訊科技的支援、人事制度的配合及企業文化的轉型等，都是提升金融業競爭力的成功關鍵因素。

8 組織學習策略與核心知能發展

- □資源基礎論
- □發展核心知能與建立企業競爭優勢
- □組織學習策略模式
- □資訊科技產業組織學習策略與核心知能發展之現況
- □結　論

自從哈佛商學院教授Porter（1985）提出「競爭優勢」之理論後，許多學者即根據此一理論紛紛建構組織的優勢來源，並以五力分析模式和價值鍊模式作爲產業分析之主要工具，雖然在價值鍊模式中曾提及組織內部創造競爭優勢之可能性，但是，當時之學者多以企業之外部環境因素作爲組織優勢之最主要來源。

直至90年代，Senge、Hammer與Champy相繼提出學習型組織（learning organization）與流程再造等概念後，過去將組織優勢來源訴諸於外部因素的理論受到某種程度的挑戰，無論是學術界或實務界均重新思考由企業內部獲得競爭優勢之可行性。

然而，許多研究在探討企業競爭優勢時，往往著重於消極的搜尋工作，而忽略了其積極面——「如何以適當之策略創造企業競爭優勢」。因此，本文即以競爭優勢理論中之積極面爲出發點，嘗試以組織學習策略催化企業流程之運作，並期望能以適當之組織學習策略模式創造企業之持續競爭優勢。

本章之內容大致可分爲四部分：

1. 第一部分將先針對資源基礎論、核心知能與持續競爭優勢進行相關文獻的探討。
2. 第二部分爲發展核心知能與建立企業競爭優勢。
3. 第三部分則針對建構組織學習的策略模式。
4. 第四部分則進行總結與對後續研究的建議。

資源基礎論

「資源基礎論」雖然早由Penrose（1959）與Wernerfelt（1984）提出，但直到1990年代才受到策略管理領域的重視。所謂企業資源乃指能爲企業所控制，並改善績效與執行策略的元素（Barney, 1991）。而企業制勝的關鍵決定於企業有形與無形的資源，管理人員的任務即在於如何認知、保護與提升這些資源，以超越市場中之競爭者（Collis & Montgomery, 1995）。由此可知，企業資源之主要目的在於能爲企業所用，以提升企業競爭力。至於企業資源所包含之內容，Barney（1991）則依據其性質之不同分爲人力資源、組織資源與設備資源等三類。

除了上述的資源概念外，Hall（1992）更提出了無形資源的觀念，強調無形資源對企業的重要性。無形資源可分爲資產與技能兩部分，視爲資產者如：智慧財產權、合約、商譽、網路與商業機密；視爲技能者如：員工、通路、供應商的know-how及企業文化。管康彥（1997）也認爲企業的最大資產不在資金、人力或設備，而是資訊與知識，即所謂的核心能力。

在無形資源中，Barney（1986）曾深入探討企業文化與經營績效間之關聯性，隨後證實此二者間具有高度之關聯性，因此其更進一步認爲，若企業文化能符合以下三點條件，企業文化亦將是企業持續競爭優勢的主要來源。

1.此文化必須是有價值的，亦即其可以導引出低成本或高利潤。

2.此文化必須是稀少的，且與其他企業有所差別。

3.此文化必須是不完全可模仿的。

由於資源的最終目的在於創造企業競爭優勢，爲避免新進入之競爭者模仿或剽竊企業的重要資源，Wernerfelt（1984）提出資源定位障礙論。認爲企業要能有效建立進入障礙，必須先建立相對之競爭優勢，而相對競爭優勢則有賴資源定位障礙的形成。可建立競爭者進入障礙之資源有下列四項：

1.機器產能：藉由機器產能的增加以達經濟規模，並藉以產生進入障礙。

2.顧客忠誠：由市場面而言，顧客忠誠亦可造成潛在競爭者之進入障礙。

3.科技領先：科技領先除了能增加企業報酬外，亦可藉此產生領先差距，形成進入障礙。

4.生產經驗：豐富的生產經驗可使企業創造經驗曲線的效益，企業不但能藉以降低成本，亦可形成另一障礙。

爲維繫企業競爭優勢，Diericks與Cool（1989）認爲必須先建立策略性資產存量的概念，此概念的目標是爲了達成企業資源的不可交易性、不可模仿性與不可替換性，在此前提下，企業必須朝以下二方向努力：

1.不斷加強具累積性且不可模仿之資產存量，以提高進入障礙。

2.隨時監視資產存量被不同型式替代的可能性與時間性，以尋求提前防止這種替代或主動事先取得這種替代資產的存量。

一、企業核心知能

Hamel與Prahalad（1990）認爲企業可藉由對核心知能的掌握來降低成本或提升價值，因此其可視爲企業競爭優勢的來源。故企業競爭力的根源在於企業所擁有的核心知能，而核心知能的內涵應包含下列九項：

1. 核心知能不是零碎、分割、間斷與單一的技能，而是一套完整的技藝與能力。
2. 核心知能不是靜態的資產，而是一種活動累積性的學習及有形無形兼具的知識。
3. 經由核心知能所展現的產品或服務必須充分彰顯於顧客使用後之價值。
4. 核心知能必須是企業所獨有的，且此種差異是競爭者短期間難以模仿的。
5. 核心知能的最終目的在於能夠順利啓動進入新市場之門路。
6. 核心知能並不會隨著它的使用及時間經過而減輕價值，反而會隨著運用與分享而提升價值。
7. 核心知能不僅是技術層次觀點，其亦是市場顧客觀點，其最終表現在於使顧客可知覺其所創造出來的產品與眾不同且能符合顧客眞正的需求。
8. 透過核心專長才能衍生出企業的核心產品，而核心產品就是企業利潤績效來源的最大主力產品。
9. 高階管理者的責任在於以前瞻性的作法建構與導引企業的核

心知能，並加以固守之。

Long與Vikers-Koch（1995）更進一步認爲企業之核心能耐由核心專長與策略程序共同構成。核心專長係指可與其他企業有所區別之特殊知識、技藝與科技秘方；策略程序則指將核心專長轉化爲產品或服務的過程。經過此二項目即可形成企業之核心能耐，此一能耐除了必須與策略目標相互聯繫外，亦必須爲其他競爭者所難以跟隨或模仿的。

Henderson與Cockburn（1994）則認爲企業的核心知能應由成分專長（component competence）以及結構專長（architectural competence）構成。

1. 成分專長：這是一種深植於企業內部的各式知識與技能。
2. 結構專長：企業運用成分專長之內容，且加以整合爲新穎且彈性的方式，並藉以發展出新的結構與成分專長，此種能力將是企業建立長期競爭優勢的根基。

至於核心知能的分類則可由定義、性質與知識基礎的差異進行分類，首先在定義部分，Collis（1994）將企業之核心知能分爲靜態、動態與創新三類。

1. 第一類組織能力（靜態）：此種能力可使企業在各項基本功能活動中表現優越。
2. 第二類組織能力（動態）：此種能力可使企業機動改善其內部之各項活動。
3. 第三類組織能力（創新）：此種能力可使企業整合策略性前瞻，並以創新性的活動使企業能及早確認差異化、獨特化之價值，並在競爭者行動之前率先發展策略。

Prahalad與Hamel（1990）則以性質之不同將企業核心知能分爲以下三種類型。

1. 接近市場之專長：企業經由品牌發展管理、銷售管理、通路後勤管理與技術服務支援管理可使企業更接近顧客。
2. 完整相關之專長：企業藉由生命週期管理、及時存貨管理與品質管理，可使企業更快速、更彈性回應顧客且超越競爭者。
3. 功能相關之專長：企業可藉由對此專長之投資發揮產品與服務之獨特性，並藉以與競爭者有所區別。

由於Leonard-Barton（1992）認爲組織的核心知能可從知識基礎而來，核心知能亦可視爲一套知識組合，因此其將企業之核心知能依知識基礎分爲以下四構面（如**圖8-1**）：⑴員工的知識與技藝；⑵技術系統；⑶管理系統；⑷價值體系。

如前所述，企業競爭力乃由企業之核心知能而來，建構核心知能的目的亦是爲達企業之競爭優勢，因此Stalk、Evans與Shulman

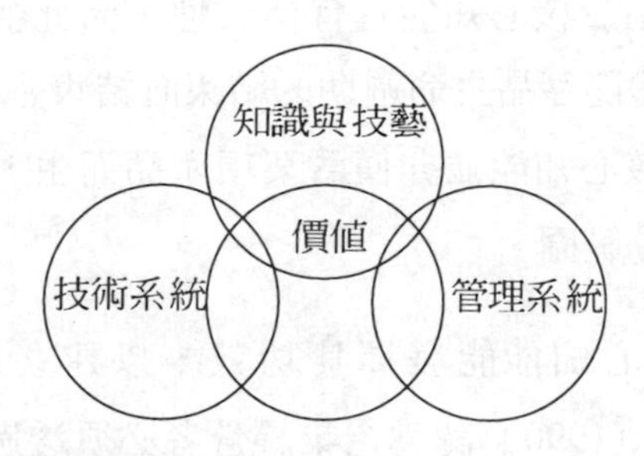

圖8-1　核心知能的四構面

資料來源：Leonard-Barton, D.（1992）, "Core Capabilities and Core Ridegities: A Paradox in Managing New Product Development", *Strategic Management Journal*, Vol.13, p.114.

（1992）提出「以能力爲基礎的競爭力」的概念，並歸納出以能力爲基礎競爭力的五項成功原則：

1. 企業策略之所以能對競爭者產生有效的障礙，並非因爲產品或市場的優勢，而是在於企業關鍵業務程序的掌握。
2. 競爭力是仰賴於移轉企業的關鍵程序至策略性能力上，應以此對顧客提供更卓越的價值。
3. 企業之所以能創造這些能力，乃是經由大量策略性投資於支援體系架構與功能所致。
4. 企業之經營管理者必須扮演正確的領導角色，才能促成以能力爲基礎的策略成功。
5. 組合這些經過挑選的核心能力項目，運用資源培養並確保組織成員均能擁有此技能。

Prahalad與Hamel（1990）有鑑於核心知能對塑造企業競爭優勢的影響相當大，進一步歸納核心知能的特色，包括持久性與廣泛性。

1. 持久性：由於核心知能具有持久性，因此企業所握有之核心知能並不會隨產品生命週期的結束而結束。
2. 廣泛性：核心知能並非僅爲某項產品而生，其通常涵蓋整組產品與服務範圍。

爲確保各核心知能能發揮其功效，以建立企業競爭優勢，Prahalad與Hamel（1990）認爲企業經營者必須透過以下五步驟管理企業之核心知能：

1. 辨別現有的核心知能。

2.擬定核心知能取得計畫。

3.培養核心知能。

4.部署核心知能。

5.保衛核心知能的領導地位。

Chiesa與Barbeschi（1994）則認爲企業應從下列三方向著手建立以核心知能爲基礎的防禦封鎖線。

1.爲長程目標承諾應許：企業必須訂定明確的長程發展目標，並據此持續投入人力與資金以維持資源優勢地位。

2.不斷累積資源：企業不但可透過內部的發展經驗抽取寶貴的競爭資源，亦可學習競爭者或其他周邊業者的經驗與技能，而加速資源的累積。

3.持續學習的過程：企業可透過OJT、Off-JT等方式持續學習，並將企業資源轉化爲更具競爭力的核心知能。

Amit及Schoemaker（1993）更進一步將企業資源與組織能力融合成策略性資源概念，認爲策略性資產是由資源、能力、策略性資產與策略性產業等要素所構成。

1.資源：包括人力資源、財務資源、廠房設備資產、管理資訊系統、激勵系統與科技系統。

2.能力：係指企業可藉由發展與執行上述資源以達成目標之力量，此種能力可視爲以資源爲基礎的有形或無形處理過程。

3.策略性資產：經由企業特有資源與能力相互組合而成的難以模仿、稀少的、可互補的、有限替代且耐久的有形及無形資產，這種策略性資產可保有企業的競爭優勢。

4.策略性產業要素：係指企業由市場層次看待產業中各競爭

者、顧客、政府、供應商與新進入者間複雜之互動因素。

在Amit與Schoemaker（1993）認為必須同時由企業層次來看策略性資源的形成，以及由市場層次來看策略性產業要素的形成的狀況下。其間之關係如**圖8-2**所示。

Amit與Schoemake（1993）認為可影響策略性生產要素的因素包括競爭者、顧客、替代品、新進入者、供應商與環境等六部分，而能夠影響企業策略性資產的形成與選擇則在於企業所擁有的資源與其能力而定，且企業策略性資產的良莠對其競爭策略與獲利水準

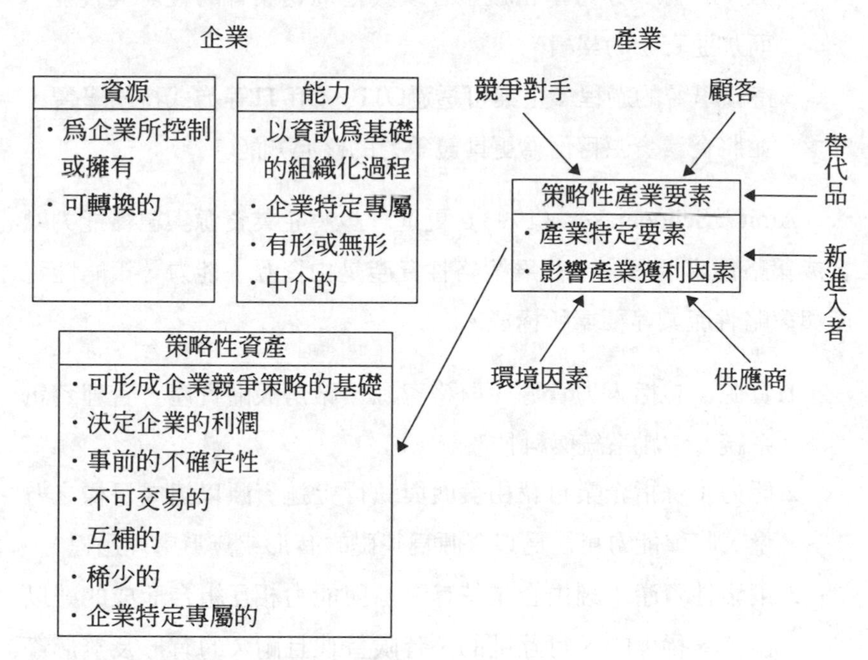

圖8-2　策略性資產關鍵架構圖

資料來源：Amit R. and Schoemaker P. J.（1993），"Strategic Asset and Organization Rent", *Strategic Management Journal*, Vol.14, p.37.

更有決定性之影響。除此之外，策略性生產要素亦可影響企業策略性資產的形成與選擇。Amit與Schoemaker同時認爲要提升企業的策略性資產（包括資源與能力）必須掌握以下七原則：

1.降低其交易性程度。

2.增加其稀少性。

3.使其具有不可模仿性。

4.限制其可替代性。

5.使其具有耐久性。

6.使彼此間具有互補性。

7.加強其適用性。

二、持續競爭優勢

在現代管理學者所提出的持續競爭優勢理論中，多以Long及Vickers-Koch（1995）的核心能力價值鏈爲基礎，此二學者認爲投入（資源）必須透過組織流程轉化爲核心知能，再透過核心能力價值鏈才能形成產出（競爭優勢），如**圖8-3**所示。Long及Vickers-Koch認爲若能適當連結企業的核心知能、策略性目標與策略性前瞻，將可產生企業整體之持續競爭優勢。

Long及Vickers-Koch（1995）藉由**圖8-3**架構圖提出以下概念。

1.高階掌控群掌握產生核心能力的學習、判斷與投入權力，其必須準確無誤的判斷現在需求、潛在需求與未來趨勢才能正確無誤的投入資源。

2.核心能力必須藉由核心專長加上靈活搭配的策略程序才能施

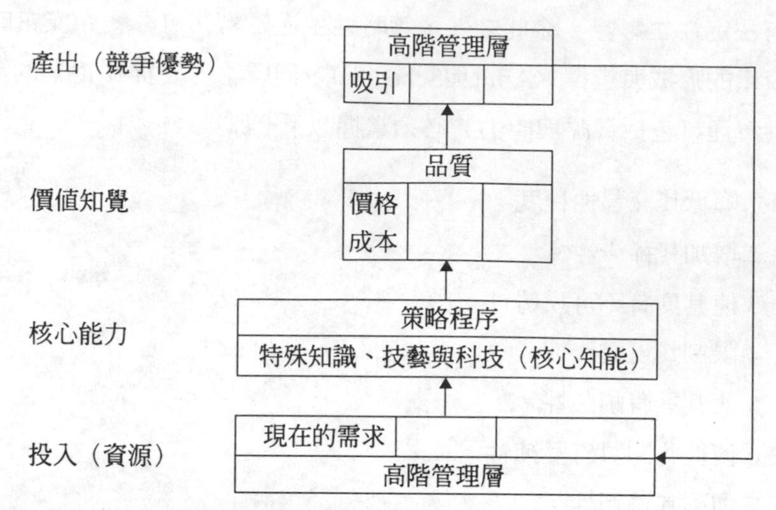

圖8-3　核心能力價值鏈

資料來源：Long C. and Vickers-Koch（1995），"Using Core Capabilities to Create Competitive Advantage", *Organizational Dynamics*.

展開來。

3. 經由核心能力的適度推展，將可產生顧客對產品或服務所反應出來之價值知覺。
4. 高階掌控群必須針對顧客所回應之知覺價值判斷各項資源是否應該予以保存、吸引或提升，而且可據此作爲未來資源投入的準則。

Grant（1991）則將企業資源、核心知能、競爭優勢與策略等四者關係建構成一持續競爭優勢模型，如**圖8-4**所示。在此一模型中，Grant提出以下三項重要概念：

1. 資源與能力可作爲企業的策略基礎。
2. 資源與能力可作爲企業的方向來源。

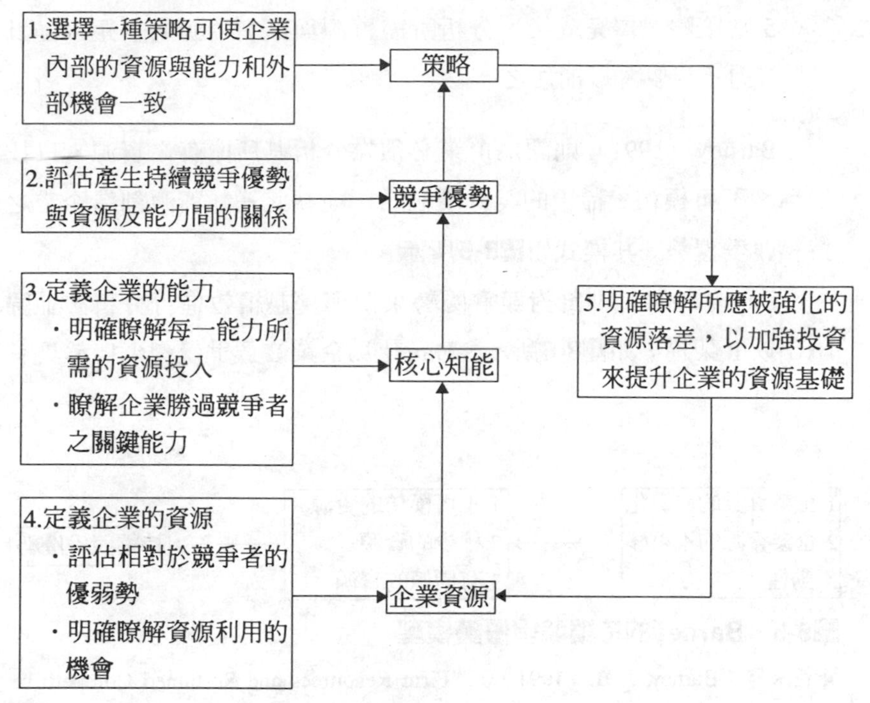

圖8-4 Grant的持續競爭優勢模型

資料來源：Grant, R. M.（1991）, "The Resource-Based Theory of Competitive Advantage: Implication for Strategy Formulation", *California Management Review*, Spring, p.115.

3.資源可作爲企業獲利能力的基礎。

在Grant所發展之持續競爭優勢模型中，可包含下列五個步驟：

1.明確定義企業所迫切需求的資源。

2.明確定義企業所需之能力爲何，且須與企業資源相互配合。

3.評估企業所擁有的資源與能力，以及其可能對企業帶來之相對競爭優勢。

4.依據企業所擁有之相對競爭優勢發展相關之策略方案。

5. 當策略選擇完成後，分析所需資源與既有資源的差距，並針對不足點加以補強之。

Barney（1991）則認爲企業必須先分析其所擁有之資源，以找出何者不可模仿、稀少的與有價值的，並藉此三類資源創造企業之持續競爭優勢。其模式如**圖8-5**所示。

Day（1994）則針對競爭優勢來源與優越績效進行分析，並歸納出以下架構，如**圖8-6**所示。Day認爲企業之競爭優勢來自於具有

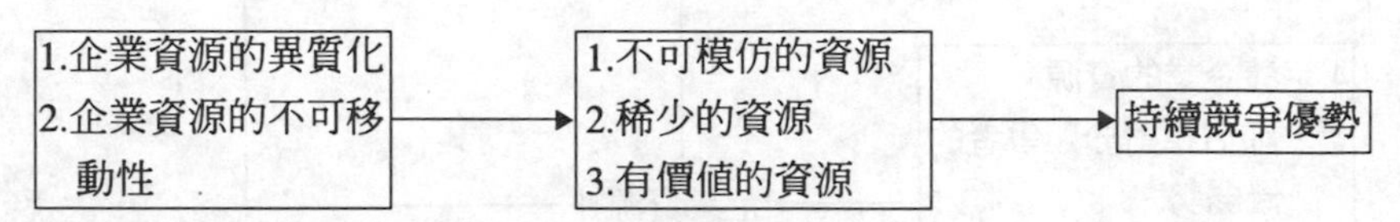

圖8-5　Barney的持續競爭優勢模型

資料來源：Barney, J. B.（1991）, "Firm Resources and Sustained Competitive Advantage", *Journal of Management*, p.112.

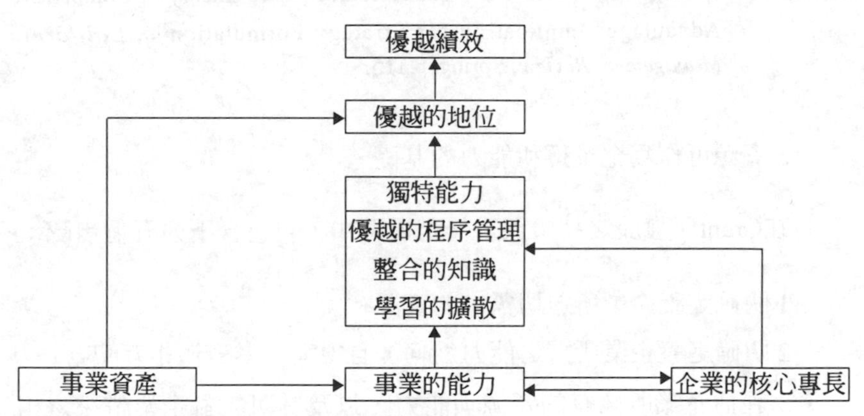

圖8-6　競爭優勢與優越績效關聯圖

資料來源：Day, G. S.（1994）, "The Capability of Market-Driven Organization", Journal of Marketing, Vol.58, p.40.

優越的地位，而優越地位的形成，則仰賴獨特能力，企業獨特能力的基礎在於：⑴優越的程序管理；⑵整合的知識；⑶學習的擴散。

Bogner與Thomas（1994）認爲企業之核心專長常被視爲一靜態的概念，以及處在穩定的狀況環境下；但競爭和競爭性環境通常是動態的，因此核心專長應該也是動態的概念。所以Bogner與Thomas（1994）即在動態觀點下提出競爭優勢的架構（如**圖8-7**）。二人以此架構圖爲基礎發展之相關概念如下：

1. 核心知能的行動或認知：企業的核心知能包含兩個層面，一爲行動成分（action component），亦即表現在執行動作上，

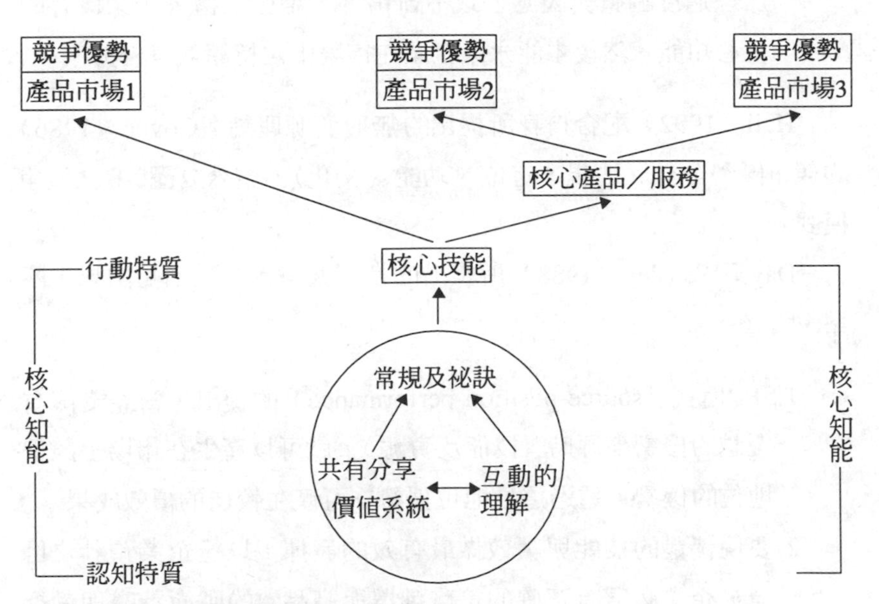

圖8-7　核心專長與競爭優勢架構

資料來源：Bogner, W. C. & Thomas, H.（1994）, "Core Competence and Competitive Advantage: A Model and Illustrative Evidence from the Pharmaceutical Industry", *Competence-Based Competition*, p.114.

企業所展現的技能比競爭對手更好，這種行動特質將產生核心知能。其二為認知成分（cognitive component），亦即企業所有相關的行動或技能均被一組特定的認知特質所趨動。

2. 核心知能與核心產品／服務：核心知能有時並不能直接導向競爭優勢，而必須先透過核心產品／服務的連結，經由核心產品／服務所製造出來的最終產品才能在市場中具有相當大之競爭優勢。

3. 持續性學習：企業若欲維持核心知能以回應市場的變動性，內部組織必須要持續性的學習，才能確實掌握環境變化的方向、本質與影響，並且在核心知能的認知特質與行動特質中加以適度調整與因應。以不斷精煉、增強或擴大企業既存的核心知能，然後才能永保企業在市場中之持續競爭優勢。

Hall（1992）配合自身所提出的無形資源理論與Coyne（1986）的競爭優勢分類（法規、定位、功能、文化），整合成**圖8-8**之競爭模式。

Day與Wensley（1988）所提出的持續競爭優勢架構可由以下四點說明之。

1. SPP模式（source-position-performance）的提出，當企業擁有優越的優勢來源時（技能及資源），就可以產生在市場上競爭地位的優勢，透過這種地位優勢亦可產生較佳的績效成果。
2. 要使優越的技能與績效做最有效的發揮，以達企業預計之目標，企業必須有正確的策略選擇與高品質的戰術計畫與執行力。
3. 透過財務績效的收穫，將使企業有能力發展未來。
4. 關鍵成功因素定義的正確與否將有助於企業建立真正所需之

優勢資源與技能的培養，而關鍵成功因素的決定，將視企業之地位優勢與績效成果而定。

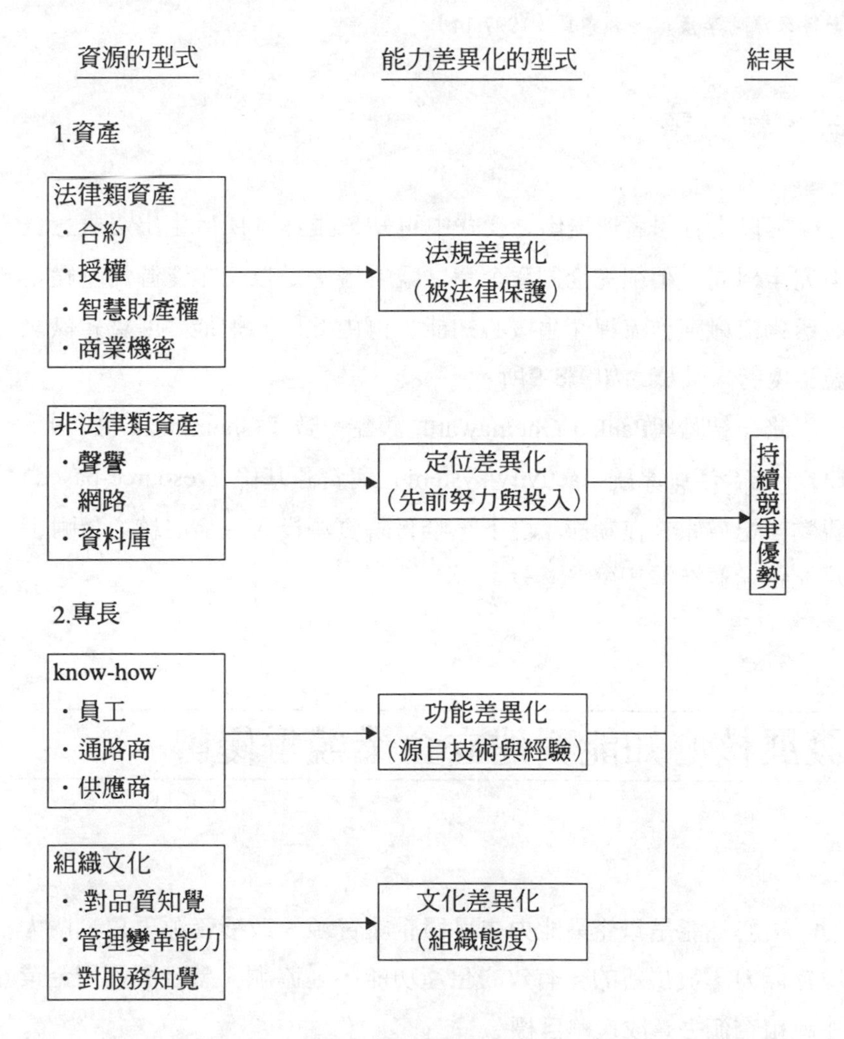

圖8-8　無形資源、能力差異與持續競爭優勢

資料來源：Hall, R.（1992）,“ The Strategic Analysis of Intangible Resources” , *Strategic Management Journal*, Vol.13, p.144.

企業資源 —組織運作流程→ 核心知能 → 競爭優勢

圖8-9　組織競爭優勢發展概念圖

資料來源：李漢雄、郭書齊（1997:14）

三、結　語

由以上各學者所提出之模式中可知，雖然其所衍生出之概念並不完全相同，但卻完全同意企業之競爭優勢是以企業資源爲基礎，並透過組織運作流程產生核心知能，再由此核心知能發展爲組織之競爭優勢，其概念如**圖8-9**所示。

此一結論與Pankaj Ghemawat的觀點一致；Ghemawat（1999：131）結合活動系統（activity-system）與資源基礎（resource-based）觀點，認爲企業在動態環境下，唯有將資源投入在發展核心能耐上始能建立並維繫其競爭優勢。

發展核心知能與建立企業競爭優勢

核心知能是以企業能力去累積企業資源、改變資源現象，擴大現存能力，發展新的、有效的生產功能，並協調、整合與運用企業知識和資源去達成策略目標。

在企業發展的過程中，維持一定程度的競爭優勢是確保企業永續經營的不二法門，爲使企業能夠維持長期的競爭優勢，必須建立競爭者無法仿效的能力。

因此，組織能力與競爭優勢的結合將是未來企業經營所必定面臨的挑戰。然而，此一過程的成功與否在於企業能否將員工所擁有的專業知識予以有效整合。一般認爲，未來技能的訓練由跨功能的訓練取代之，此種趨勢將有助於共通知能的增強，並進而提升組織能力。

本節整合文獻探討之重要理念，發展核心知能與企業競爭優勢的整合模式，如**圖8-10**所示。本節根據此一架構歸納其中所含括之重要概念，如知能發展的三角關係、員工個人知能發展的循環機制、差距分析、流程篩選與能力轉換等五部分。

一、企業知能發展的三角關係

企業知能是一種知識整合的產物，且以團隊爲基礎的生產活動，例如，美國運通的客戶帳單系統、克萊斯勒的汽車設計流程與

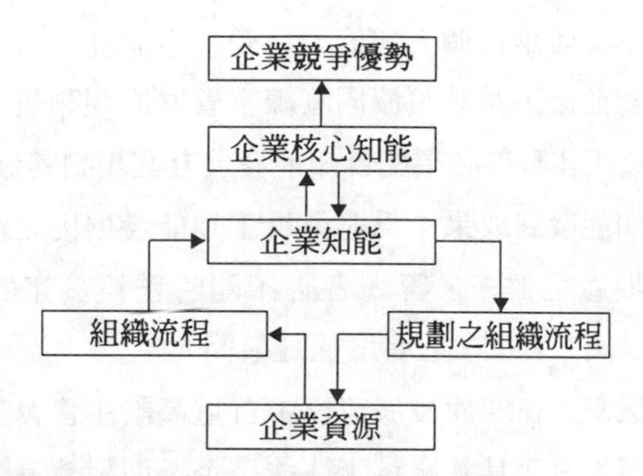

圖8-10　核心知能與企業競爭優勢整合模式圖

資料來源：李漢雄、郭書齊（1997:15）

殼牌的深海石油探勘等，即是於此種模式運作下之產物。

由於知能發展首重團隊的共同運作，因此，在發展企業核心知能的過程中，必須融合高階管理者、直線主管與員工三角色，如圖**8-11**所示。高階主管提供指引，並透過策略管理過程提供核心知能；直線主管透過知能管理，授權賦能去協助員工發展知能；員工本人則透過生涯管理發展知能。

二、員工個人知能發展的循環機制

由於知能發展的過程包含三個主體，為確保員工知能發展的成果能與企業之核心知能相互配合，可透過以下四個步驟的循環程序（**圖8-12**）。

1. 定義與決定核心知能：首先由企業經營者分析企業任務、企業目標、企業文化、競爭狀況、產業環境等內外部環境，並藉由分析結果歸納企業未來的發展方向，且決定何者為其往後所專注發展之核心知能。
2. 激勵員工與維持個人知能：當管理者確認其未來所欲發展之核心知能後，其必須協同直線主管共同規劃員工知能發展方案，員工本身亦必須配合知能發展方案規劃其發展時程。
3. 監控知能發展成果：為避免員工知能發展後之結果與管理者之預期產生偏差，管理者必須隨時監控員工的知能發展狀況，以使二者間之配合度能達最高。
4. 回饋機制：在知能發展流程中首重高階主管與基層員工間的團隊運作，而且基層員工往往是企業面對競爭壓力時的第一線部隊，因此必須建立一回饋機制，使此一流程不但只是上

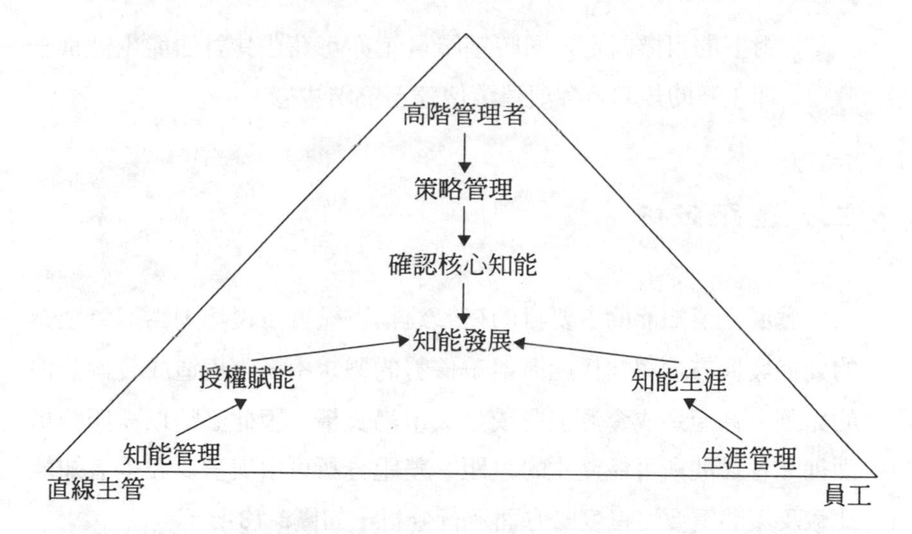

圖8-11　知能發展流程圖

資料來源：Bergenhenegouwen, G. J., ten Jorn, H. F. K. & Mooijman, E. A. M.（1996）,"Competence Development a Challenge for HRM Professionals: Core Competence of Organizations as Guidelines for the Development of Employees",*Journal of European Industrial Training*, 20（9）, p.33.

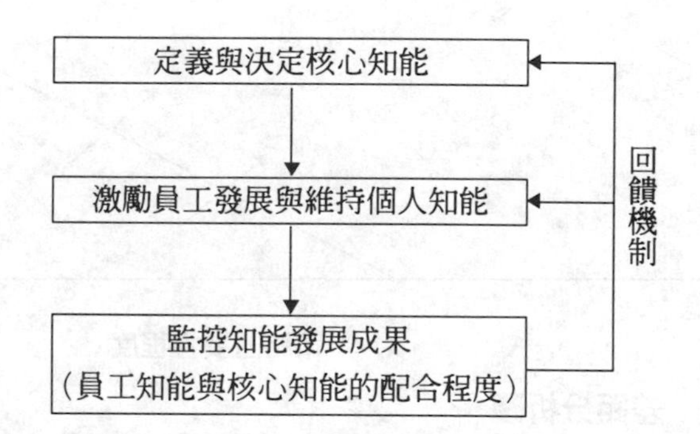

圖8-12　知能發展循環圖

資料來源：李漢雄、郭書齊（1997:16）

對下的目標制定，同時基層員工亦可藉由其對知能生涯與管理生涯的規劃將各項建議傳達至高階主管。

三、差距分析

發展企業知能的主要目的在於建構組織競爭優勢，爲避免企業的知能發展方向與建構組織競爭優勢的需求不一，而造成資源分派的錯誤，甚至造成資源浪費或坐失市場良機，因此必須以差距分析彌補二者之間所可能產生的差距。差距分析可由與重要競爭者知能比較及策略重要性程度二方面進行分析，如**圖8-13**所示。

在執行差距分析後，若知能發展高於競爭者，但卻非策略重要性者，必須予以減少資源配給或列爲未來策略規劃考量；若知能發展低於競爭者，且該項知能爲策略重要性者，則必須分配更多資源

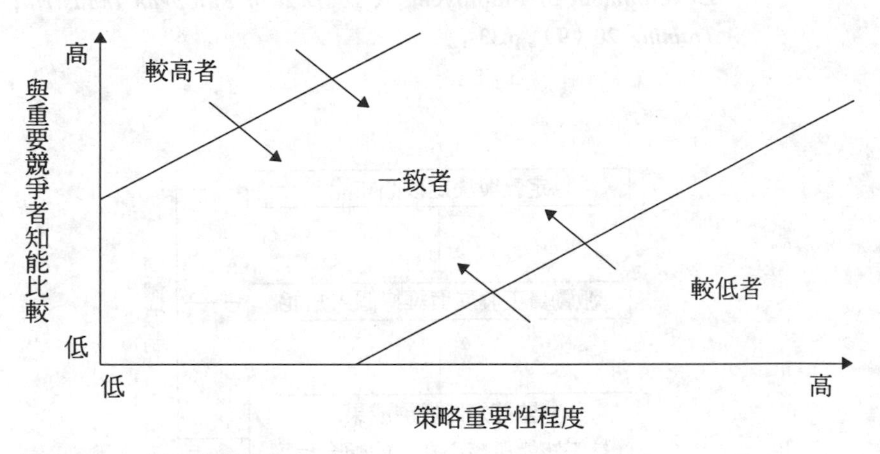

圖8-13　差距分析圖

資料來源：Andersons, M. C. & Morrow, M.（1997）, “Organization Capability: Creating Simplicity and Focus in Business Life”, *Organization Development Journal*, 15(1), p.77.

或透過知能改造予以補強。差距分析的目的在於重新檢討企業知能發展方向的正確與否，並努力使圖中的較高者與較低者能逐漸朝一致者前進，以使企業資源所發揮之效益能最大化，並進而創造企業競爭優勢。

四、流程篩選

企業知能是企業運用資源，透過組織流程以產生企業所需成果的能力，其可分爲一般知能與核心知能，一般知能是企業發展的主要基礎，但大多數的競爭者亦將同時具備此種能力，因此，核心知能的建立才是企業致勝的關鍵。

爲使核心知能與企業競爭優勢在實務上相互結合，必須透過組織流程的篩選。組織流程可分爲既有流程與規劃流程，當知能發展是以top-down之方式進行時，由於核心知能的發展方向是由高階管理者所規劃，因此其所經流程亦是高階管理者所預先規劃之架構。

反之，當知能發展是以buttom-up之方式進行時，由於核心知能的發展方向是以資源基礎爲開端，故其所經之流程乃是現有的流程架構。

五、能力轉換

在未來的組織環境中，企業必須先蒐集與業務相關的資料（data），並將資料轉化爲資訊（information），以協助決策的制定。資訊經企業消化後即爲知識（knowledge），若此知識與競爭者有相當大之區隔，且具稀少、有價、獨特與無法替代等特性時，亦可稱之爲核心知能。企業經大量的知識累積後即可轉化爲智慧

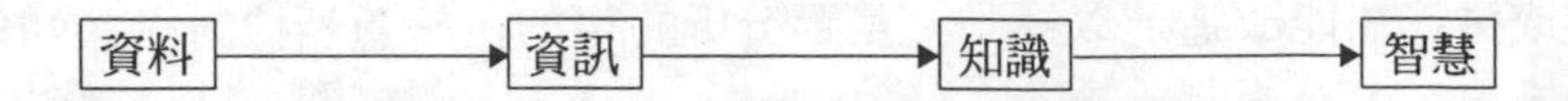

圖8-14　企業能力轉換圖

資料來源：李漢雄、郭書齊（1997:19）

(wisdom)，智慧將可協助企業建立競爭優勢，如**圖8-14**所示。

因此，企業如何運用組織學習的策略將堆積如山的資訊轉換成新的知識，並進而形成企業競爭優勢，已成爲現代企業管理的重點。例如，蒐集客戶資料，再將資料分析成資訊，最後再將資訊轉變成對客戶的認知，藉以吸引客戶，贏得客戶的信任。

至於如何發展核心知能以建立企業競爭優勢，首先必須瞭解企業的組織能力與策略之相關性，其內容包括與競爭者知能相較後之評比及其策略性重要程度。其次則是蒐集及評估組織能力，找出與組織策略重要性一致者。最後，當企業完成能力評估後，即可針對與組織發展方向一致者提擬適當之發展方案，以充分結合企業知能的發展與競爭優勢的建立。

組織學習策略模式

組織學習是一種持續性的過程，可以用來發展新觀點、創造共同合作的新方法與流程和組織架構，也同時可以協助組織成員創造新知識、分享經驗與持續改善工作績效。本節將根據上述概念發展組織學習策略與組織評核系統。

一、組織學習策略

Simonin與Helleloid（1994）認為組織學習對企業核心知能的提升與建立持續競爭優勢相當重要，因此建立了組織學習策略模式，如**圖8-15**所示。他們認為一個完整有效的學習必須包括獲取、處理、儲存與增補等四步驟，藉由此步驟與往後過程的配合才能眞正提升企業的核心知能與競爭優勢。至於企業獲取知識與資訊的方式則有五種管道：(1)內部發展；(2)外部協助內部發展；(3)由市場中購買；(4)企業間之互補與合作；(5)購併取得。

Bogaert與Martens（1994）則認為企業的資源可分為擁有與執行兩種，此二者將共同形成企業的策略性資產與獨特專長，然後產生競爭優勢與差異化的資源地位，並建立資源地位障礙，以持續累積資產存量，並透過組織內部不斷的集體學習厚實企業資源。如**圖8-16**所示。

Leonard-Barton（1995）認為能夠創造企業核心能耐的學習活動應包含問題解決、執行與整合、實驗與輸進知識，其關係如**圖8-17**所示。

在以上四項活動中，有三項是以內部為焦點的活動，包括分享問題解決、執行與整合和實驗，外部活動則藉由外部環境中的知識輸入而建立企業之核心能耐。

1. 分享問題解決：這是以產銷現有產品與服務時所產生之活動，並解決相關問題，這是組織中每一個成員的學習。
2. 執行與整合：針對新方法與新科技進行執行與整合，以提升內部運作水準。

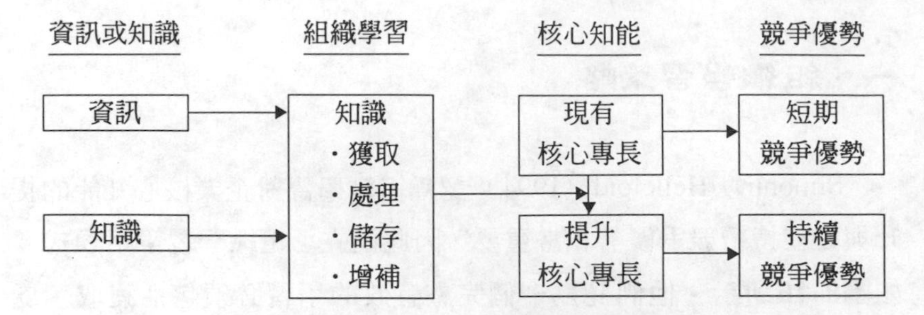

圖8-15　Simonin與Helleloid之組織學習策略模式圖

資料來源：Simonin, B. and Helleloid, D.（1994），"Organizational Learning and Firm's Core Competence"，*Competence-Based Competition.*

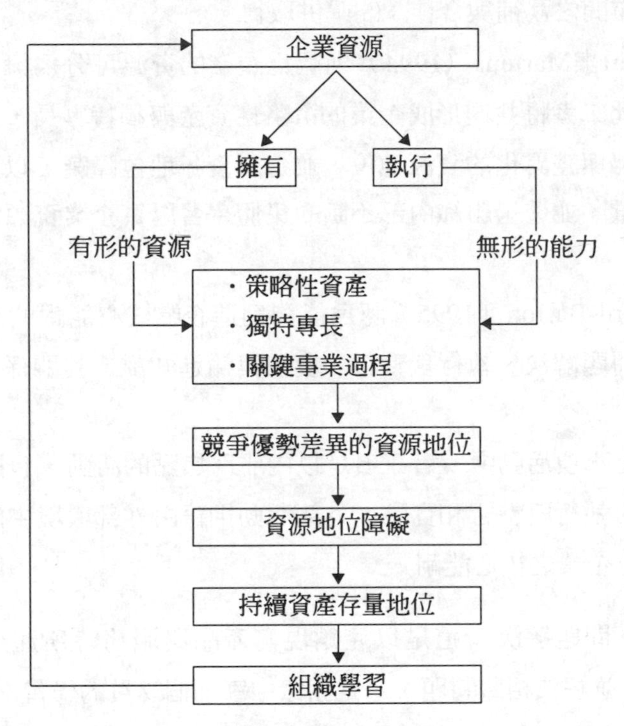

圖8-16　Bogaert與Martens的組織學習模型

資料來源：Bogaert, I. And Martens, R.（1994），"Strategy as a Situational Puzzle: The Fit of Components"，*Competence-Based Competition,* p.61.

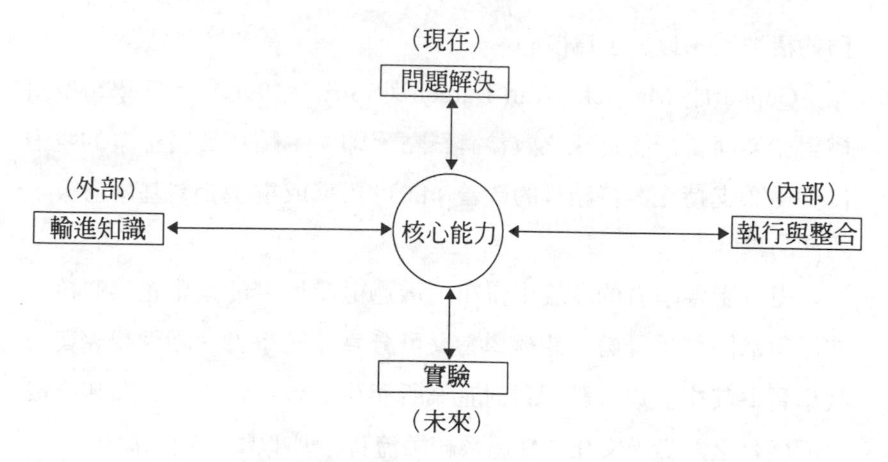

圖8-17　四種主要學習活動

資料來源：Leonard-Barton, D.（1995）, *Wellsprings of Knowledge: Building and Sustaining the Sources of Innovation*, Harvard Business School Press, p.9.

3.實驗：藉由各項試驗活動以建立未來的能力專長。

Gephart、Marsick、Van-Bureen與Spiro（1996）認爲學習型組織能爲企業提供一良好的環境，使企業在所處之產業中具有極佳之競爭優勢。首先，他們爲學習型組織定義如下：

1.促進組織學習、適應與改變。
2.學習流程如何被分析、監控、發展、管理及與組織發展和激勵目標相互結合。
3.其願景、策略、領導者、價值觀、結構、系統、流程與運作均會促進組織成員學習與增加系統層級的學習速度。

至於學習型組織的特色則包含：⑴系統層級持續性的學習；⑵知識的整合與分享；⑶系統性思考；⑷學習文化；⑸具有彈性與實

驗的精神；⑸以員工爲核心。

Gephart、Marsick、Van-Bureen與Spiro（1996）認爲學習型組織對企業而言所能達成之效益有三點，即：⑴順利發展企業的競爭優勢；⑵支持企業持續性的改善；⑶可再造或重塑企業基本層級，如產品線。

由以上各學者的理論中得知，透過組織學習能強化企業的核心知能與鞏固競爭優勢。組織學習又可分爲系統學習、團隊學習與自我學習，其中又以系統學習對企業所產生之效益最大，它將組織成員所存有之知識（文化、知識系統與流程）加以整合與制度化。

二、組織評核系統

除了上一節所述之主體架構外，爲能確實掌握每一步驟的執行結果，在本節的架構中亦同時規劃了組織評核系統，用以協助企業調整架構運作的偏差（相關概念請參考**圖8-18**）。

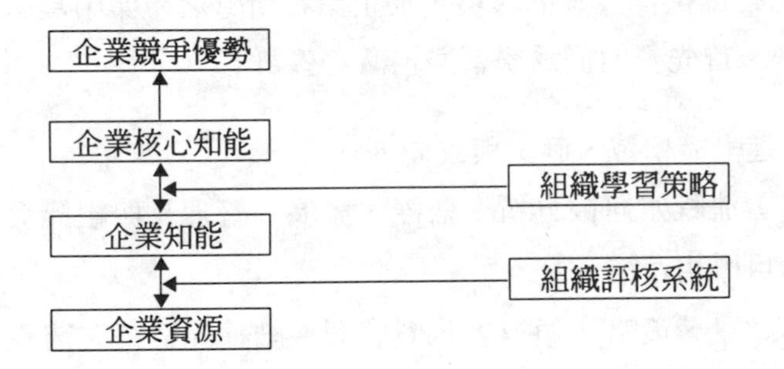

圖8-18　組織學習策略模式

資料來源：李漢雄、郭書齊（1997:23）

■資源價值評估

Collis與Momgomery（1995）認爲企業內部資源的評估必須與外部環境相互連結，才能有一客觀之標準，其認爲資源的可貴與否必須經過下列的測試步驟。

1. 獨特性：企業所擁有之資源越具獨特性，其越能維持獲利期間，否則競爭者將會輕易模仿，而破壞企業的競爭優勢。
2. 持久性：由於環境變動速度相當快，因此企業除了必須盡力維持資源的持久性外，還需不斷找尋更新、更具有競爭力的資源。
3. 適當性：企業長期策略必須建立在本身所可掌握之資源上，才能獲得利潤分配的權力，而不致喪失優勢。
4. 代替性：當企業的資源被競爭者的資源所取代時，其同時也失去了競爭優勢。
5. 優越性：資源的良莠是一相對概念，因此企業在進行資源比較時必須同時考量競爭者之情勢。

■企業核心知能的評估

企業的核心知能包括主要知能與機會知能；主要知能通常指企業強過競爭者之能力、活動、技術等，機會知能則是指任何有超越競爭者或向競爭者標竿學習的機會。

企業主要核心知能的指標可分爲三種：⑴不分行業之一般性知能指標；⑵行業別之知能指標；⑶個別企業之知能指標。

企業機會知能的評估標準則有兩項：⑴重要度——是否爲重要的關鍵競爭力指標；⑵標竿強度——相對於競爭者與標竿企業的強

度。

爲了確保核心知能的品質，以維持持續競爭優勢，企業經營者應確實執行以下五個步驟：

1.定期檢視更新目前及未來行業之關鍵競爭力因素或指標。

2.定期檢視目前主要核心知能與機會核心知能指標的一致性。

3.發揮機會知能與目前所握有知能上之弱點。

4.將上述結果作爲方針策略規劃之重要投入，並提出相關之方針策略，同時將其發展至各部門中。

5.經由方針策略中之plan、do、check與action（PDCA管理循環）維持，以提升核心知能的品質。

■企業競爭優勢的評估

企業的競爭優勢必須是可供企業整體廣爲應用，對提供顧客的價值知覺有所貢獻，及競爭者所難以模仿的。其評估重點可分爲企業關鍵流程與關鍵成功因素兩部分。

企業關鍵流程

要界定企業的關鍵流程必須先分析企業之主要流程體系，一般而言，企業的流程包括企業控制、產品設計、產品銷售、物料採購、產品生產、產品運籌、產品服務與企業支援等，企業可運用**表8-1**所列之企業關鍵流程矩陣圖評估企業中各運作流程。

流程標竿是一用以增加企業競爭優勢的工具，企業可透過標竿制度的使用訂定流程標竿。在實施流程標竿前，企業必須藉由管理者觀察、顧客抱怨或員工建議訂定一標準之流程，並以此流程作爲企業改善的目標。

表8-1 企業關鍵流程矩陣圖

企業流程	企業運作體系							
	企業控制	產品設計	產品銷售	物料採購	產品生產	產品運籌	產品服務	企業支援
市場資訊評估								
企業策略發展								
產品需求發展								
顧客關係發展								
顧客資訊蒐尋								
產品銷售預測								
資金需求								
庫存管理								

v 良好　▲尚可　×欠佳

資料來源：Watson G. H.（1993），“How Process Benchmarking Supports Corporate Strategy”, Vol.21, Planning Review, p.14.

關鍵成功因素

Rockarts（1979）認爲關鍵成功因素（critical successful factors, CSF）是少數幾個能導致令人滿意結果的要素，並使企業能維持競爭優勢。因此企業的關鍵成功因素必須與企業的核心競爭力相互結合，且必須是能量化、評量與稽核的標準。企業在擬定關鍵成功因素後，必須朝以下方向加以分析：

- 是否能夠量化
- 是否能夠衡量
- 是否能夠稽核
- 是否能夠顯示企業流程的結果
- 是否與企業目標相關聯

- 企業流程的改變與關鍵成功因素間是否具有關聯性
- 這種評估流程是否能爲企業所接受
- 對其他競爭者而言，此種CSF是否亦爲其所具備者
- 其所造成之結果是否易於衡量
- 此種CSF的內容是否曾公開發表過

三、組織學習策略模式

企業的核心知能乃由企業資源逐步篩選而得，而組織之持續優勢則是由核心知能發展而得，在這個發展程序中，組織學習策略不斷扮演催化者與協調者之角色，它必須不斷促進這個體系能夠正常運作，也必須同時協調流程中各步驟的運作，使整個體系能達完全之平衡。本節即以此概念爲核心，發展組織學習策略模式（如圖8-18）。

本模式之主體架構仍延續前節的核心知能與企業競爭優勢整合模式，除了此主體架構外，再融入組織學習策略與組織評核系統以形成一完整之組織學習策略模式。此模式具有以下之策略特性：

■以顧客為導向

由於本策略模式不但具有top-down之流程，亦兼具bottom-up之理念，因此，位於企業第一線的基層員工能隨時將市場最新資訊傳回企業內部，並轉化爲企業內部未來知能的規劃。以銀行業爲例，基層員工必須隨時蒐集客戶資料，並將資料轉爲資訊傳回企業內部，此種資訊內容將轉化爲企業未來知能規劃的參考依據，故企業未來發展之方向將能掌握顧客之需求。

■持續的學習改善活動

本策略模式爲能隨時依照環境變化加以調整策略方向，以形成一永續循環的迴圈，因此融入PDCA循環的概念，以期使此策略模式能成爲一持續的學習改善過程，如**圖8-19**所示。

由此一循環中可知，本策略模式的持續改善概念可分爲以下五個步驟：

1.訂定企業所欲達成之目標與評估準則。

2.依據計畫執行組織學習策略。

3.將當初所訂之目標與執行結果進行比較分析。

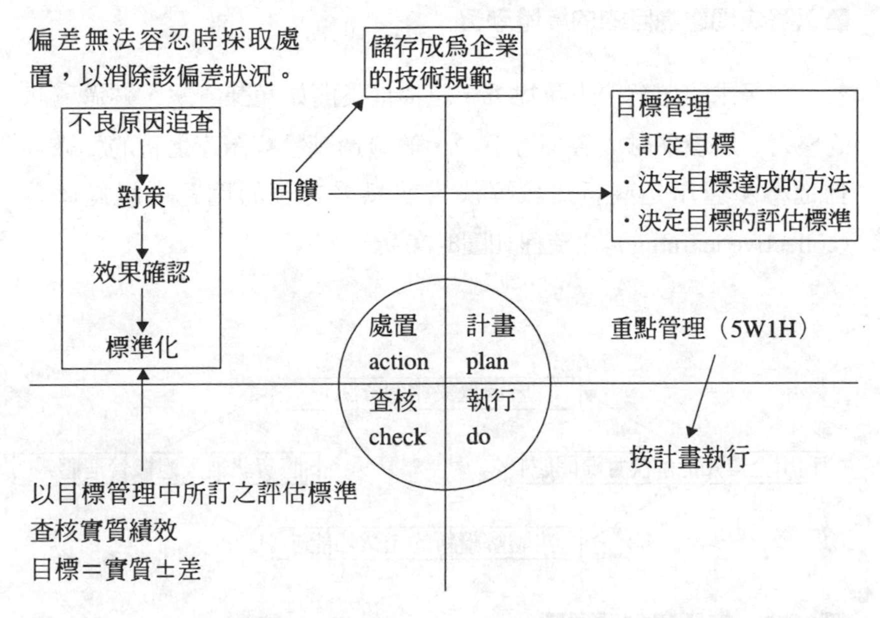

圖8-19　PDCA循環

資料來源：李漢雄、郭書齊（1997:27）

4. 當目標與執行結果間之誤差過大時，必須針對產生誤差之原因進行緊急處置。

5. 當此一循環結束後除了可將其儲存爲企業的技術規範外，亦將隨即開始另一新的循環。

■即時系統的概念

即時系統（just in time, JIT）的概念一般多用於生產管理中，但爲使企業組織能更具彈性，在本節所提出的組織學習策略模式中，融入了團隊運作的概念，再配合雙向流程並重的理念，將使企業資訊能透明化，且易於取得和學習，在此狀況下，團隊運作將有助於企業培養快速反應市場需求與解決問題的能力。

■以解決問題為目的的集體學習

在尋求問題解決的前提下，組織成員開始蒐集資訊，透過資訊的整合，將資訊融入管理體系中，並透過團體解讀產生新的知識，且進一步運用這些新知識解決當前急需處理的問題。集體學習（collective learning）之流程如**圖8-20**所示。

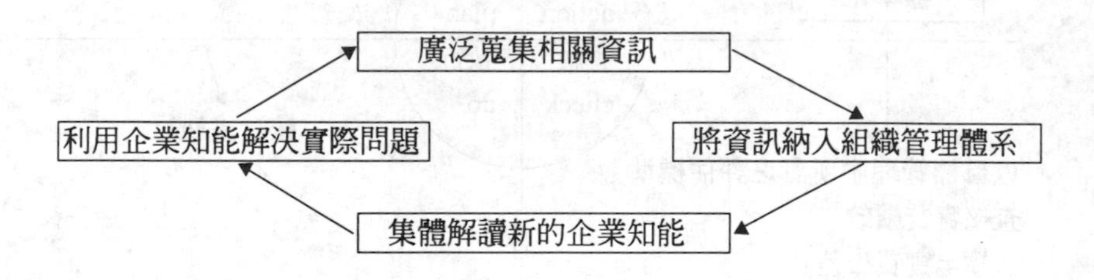

圖8-20　集體學習循環圖

資料來源：李漢雄、郭書齊（1997:27）

資訊科技產業組織學習策略與核心知能發展之現況

台灣資訊科技產業之競爭優勢，根據調查以「製造技術」和「品牌」兩項爲主要優勢，資金調度能力、技術開發能力及產品轉型能力次之（李漢雄，1999）。至於組織學習在形成核心知能的策略上發現：

1. 從整個組織內部學習環境來看，組織中每一位成員都能說出自己心裡所想的並加以溝通；組織的願景與策略能持續隨著環境及客戶需求而改變；且高階主管能經常談論與持續學習有關的課題等，是企業最常用的組織學習策略。
2. 在組織學習活動上，向顧客尋求意見、辦理員工訓練和在職進修、召開技術會議及建立內部檔案資料庫等是經常採用的方式。
3. 至於在推動組織學習時所遭遇的困難，企業普遍認爲在設計活動和推動計畫時花費時間、缺乏經驗與專家指導是最常見的問題。而一般認爲經營決策者的支持大都沒有問題。

至於不同組織特性在組織學習策略的採取上發現：

1. 在產業別對組織學習策略的影響上發現，軟體與其他類產業較呈現其主管鼓勵提出建議的傾向，在組織與工作流程上較傾向因應環境變化來改善工作流程。在組織學習實務上，發現通訊器材業較常採取向顧客尋求意見的作法。

2. 在不同成立年數對組織學習活動的差異，發現較年輕的企業（六年以下）主管較能鼓勵員工追求個人發展並從實作中學習的傾向；在工作流程方面年輕企業也較能因環境變遷而改善工作流程，另外年輕企業也較同意利用自主工作團隊來負責工作流程。在組織學習實務方面，較成熟企業（十二年以上）較常採用購併其他企業來取得企業所需資訊、知識及開發新技術。
3. 在不同的資本額對於組織學習活動的差異，發現大規模（十億元以上）企業較同意以有計畫的學習來掌握改變方向，較同意以職務輪調及部門訓練來建立工作彈性，定期因應競爭環境的改變來修改工作流程，較鼓勵員工分析檢討錯誤並從工作中學習，較同意直接依據績效來決定獎金發放，較常採取以購併及與策略夥伴合作的方式取得資訊及技術，較常要求公司成員撰寫報告，以公布欄或內部網路方式散播資訊，也常辦理訓練、在職進修或內部研討會。另外在組織學習實務方面，發現小資本企業較常採用由公司創辦人所引進的技術來獲取資訊。
4. 在資本來源方面，發現中外合資企業的組織成員經常討論產業及市場之現況及未來趨勢，利用資訊系統、虛擬組織使內外部顧客得到更多服務，較常要求公司成員撰寫報告，並以公布欄或內部網路方式散播資訊及知識。外資企業則較傾向由成員說出自己想法並溝通意見的方式。

就競爭優勢建立與核心知能形成之間的關係進行探討時發現，

競爭優勢的建立與核心知能形成之間的關係呈現相當顯著正相關，表示競爭優勢的形成與核心知能間確實有其關係的存在。例如，影響專利方面競爭優勢形成的核心知能有新技術開發能力、員工向心力和產品模仿力；在製造技術（品質）方面，則有品質控制能力；在產銷方面，則有資金調度能力、行銷能力、降低成本能力、經營管理能力等核心知能。另外在生產設備方面，則有行銷能力和市場資訊取得能力。

在生產規模方面，有行銷能力、資金調度能力、製程能力和新技術開發能力，而此四種核心知能與生產規模方面競爭優勢的形成也有相當顯著的關係。在人才素質方面，則與品質控制能力和產品設計能力有相當顯著的關係；表示此兩種核心知能對於人才素質方面競爭優勢的形成有相當大的影響力。在品牌方面，有經營管理能力和新技術開發能力。在組織結構方面，則與品質控制能力及行銷能力有顯著的關係；除此之外，尚有資金調度能力和產品設計能力兩種核心知能影響組織結構方面競爭優勢的形成。從整個競爭優勢的建立與核心知能的形成關係模式看來，核心知能中的行銷能力、資金調度能力及品質控制能力等三種核心知能，與整個競爭優勢的建立關係模式中影響最爲顯著。

最後，資訊科技產業核心知能與組織學習活動間的關係，可以歸納成爲下列的組織學習策略模式：

■行銷能力與客戶服務能力

促進行銷能力的建立，所需配合的組織學習特質在使同仁有更多的自主空間，且不斷檢討工作流程並持續改進，將心得及研發成果發表均有助於行銷能力的建立。在客戶服務能力方面，使同仁有更多的自主空間，且在面對問題時能共同解決，避免相互指責，並利用職務輪調以建立工作彈性等方式來建立客戶服務能力。

■資金調度能力與產品轉型能力

在資金調度能力方面，核對工作流程使同仁有更多的自主空間，以及檢討工作流程並持續改進將有助於資金調度能力的建立。在產品轉型能力的建立上，隨著商業環境及客戶需求來改變公司的策略和願景，且高階主管願意協助員工成長，以及公司本身的研發成果等均有助於產品轉型能力的建立。

■新技術開發能力與品質控制能力

在新技術開發能力的建立方面，企業策略和願景若能隨著商業及客戶改變，且高階主管願意支持員工成長對該能力的建立有所幫助；在實務方面，研發部門的成果扮演重要的角色。在品質控制能力的建立上，公司能有計畫的推動學習且在日常計畫中落實公司的遠程目標，將有助品質控制能力的建立。

■生產線轉換能力與製程能力

生產線轉換能力的建立方面，公司的工作流程定期因應環境而改進，以及利用自主團隊對工作流程負責，這都是有助於生產線轉換能力的建立；另外借助外聘的顧問團，在該能力的建立上亦扮演重要的角色。在製程能力方面，核對工作流程使同仁有更多的自主空間，鼓勵嘗試，失敗而不受處罰將有助於製程能力的建立。

■產品設計能力與產品模仿能力

產品設計能力方面，員工在工作中努力排除彼此成見的組織氣氛有助該能力的建立。此外，公司的研發成果及外聘的顧問團在該能力的建立上扮演重要的角色。產品模仿能力的建立上，公司的策略和願景若能隨商業環境及客戶需求而改變，將有助於產品模仿能力的建立。

■降低成本能力與市場資訊取得能力

降低成本能力方面，鼓勵嘗試，失敗不處罰，以及員工們在工作中排除彼此成見將有助於該能力的建立。市場資訊取得的能力方面，隨著商業環境和客戶需求改變策略及願景，以及主管鼓勵員工在實作中求發展，對該能力的建立有所幫助。研發部門的成果及辦理員工訓練和職進修在該能力的建立上扮演重要的角色。

結　論

成功的企業應該涵蓋如何擴大無形資源之運用，並將無形資源導入生產功能中，以形成企業所需之「核心知能」。而組織學習的目的即在於學習如何擴散核心知能，並應用於新的作業流程或系統中。甚至可用以診斷問題、瞭解客戶需求與發展新的核心知能。

企業之所以能成功，端賴其是否有能力掌握核心知能，且能運用於實務流程中，創造新的價值。透過組織評核系統與組織學習策略，企業便能掌握核心知能的發展，創造企業的競爭優勢。

本章的理論模式及實證研究涵蓋了企業內部資源、企業知能、企業核心知能及競爭優勢等範圍，加上組織學習策略及組織評核系統等概念的提出，相信對學術界與企業界具有相當的參考價值。

9 勞資關係策略

- □工業關係策略
- □勞資合作策略
- □勞資合作方案
- □影響勞資關係的人力資源管理策略
- □勞資協商與企業經營
- □電子業、汽車業之勞資合作現況

企業是爲法人團體，爲一群人所組成，人乃是組織中最根本與最重要的資產，企業在從事經營活動時需要以人力資源作爲後盾，以達成組織目標。然而，經濟社會下，必然形成資本家與勞工兩種角色，衝突與合作關係的發生在所難免，如何滿足勞工需求與資本家目標，就形成勞資關係的本源。勞資關係合諧，即爲企業經營的目標之一。在我國，勞資關係主要是「非集體協商型」，勞資自治程度低，只有極少數的大型企業組織內才能同時具有工會、勞資會議、職工福利委員會和勞工安全委員會等組織；亦即現存的中小企業中的人事部門或相關部門仍是處理勞資事務的主角（衛民，民82）。

再看其他國家發展的經驗，以美國爲例，Kochan（1984）觀察戰後美國勞資關係的發展，發現在1960年代以前，以集體協商（collectivl bargaining）式勞資關係爲主，但在1960年代以後卻走下坡，代之以起的是無工會的僱用關係急速成長，造成此一現象的形成，乃是外部環境變化影響企業策略及管理價值而形成所謂工會迴避策略。而工會迴避策略乃是透過「工業關係」與「人力資源管理」政策及措施，促使無工會勞資關係成立。

以策略爲導向的「工業關係」與「人力資源管理」成爲繼Dunlop（1958）的系統途徑研究後的新思維。Beaumont（1995）在對美國人力資源學術回顧時提及，人力資源管理學門的發展由40年代與50年代的人群關係學派，到了60年代及70年代的組織發展，以至於80年代的自我管理，近期則發展至配合外部環境、經濟變數、組織策略的「策略性人力資源管理」取向。組織文化的發展，則是源於科學管理學派對於士氣的重視，至於人群關係學派則提出組織氣候，近來才有組織文化的整體概念產生。

雖然對於勞資關係和諧各企業組織重視的程度不一，但對於勞資爭議的發生必然增加成本則早有共識，因此勞資關係的和諧爲企業組織的共同目標之一。組織中人力資源部門爲管理者與員工間之重要橋樑。企業透過人力資源管理達到確保、報償、開發與維護人力資源的目的，由此可知人力資源管理策略對勞資關係具有相當的影響。而人力資源管理策略的成功與否，最後的績效表現在於其勞資關係上；對雇主而言，員工是否協助達到組織目標、降低成本、創新產品、提升品質，而對員工言雇主是否能改善工作生活品質。

工業關係策略

當組織面對勞資關係事務時根據其組織目標所決定採行的政策稱之爲工業關係策略。爲瞭解組織如何管理工業關係，學者對於工業關係策略有不同的分類，於此介紹Fox、史龍管理學院、Mahoney和Waston三者的分類方式。

一、Fox的分類法

探討工業關係策略以組織是由單一目標支配或允許不同存在目標來區分，有所謂單元主義（unitary）、多元論（pluralistic）；而晚近學者對單元主義的變化，又提出所謂的新單元主義第三種類型的工業關係策略（以下轉引自張火燦，1996）。

■單元主義

單元主義的基本假設是組織爲單一威權的結構，組織成員有共同的價值、利益和目標。換言之，單元論認爲組織是一整個合諧個體，爲共同目的而存在。在員工與企業目標一致的情況下，其間沒有利益衝突，彼此共同合作爲增加生產、提高獲利率及每個人均有好的薪酬的目標而努力。而工會則被視爲組織的非法入侵者。

從單元論的觀點，勞資關係的衝突是由於磨擦引起的，而非結構上的因素所使然；衝突被認爲是不合理的活動，衝突的解決可以採用父權式或威權式的方式來領導，管理者運用高壓式的方法來管理，亦被認爲是合法的權力。

■多元論

多元論的基本假定是組織係由許多個個體所形成的群體，每個個體有其追求的利益、目標和領導的方式。因此，組織被視爲多元的結構，彼此間存在著衝突與競爭。多元論的勞資關係認爲工會是合法代表勞工利益的團體，透過集體協商也就是談判、讓步與妥協的過程以解決衝突（張火燦，1996）。

■新單元主義

傳統的單元論強調組織內和諧的特性，1980年代興起的新單元論，仍以單元論的基本概念爲基礎，但將理念應用於企業的主要目標在促使員工能融入工作的組織中，以市場中心爲導向、管理結合現代和個人主義，經由創造共同目標與價值的企業文化、爲員工設立明確的工作目標、提供教育訓練和工作保障等方式，期望獲得員工的忠誠、顧客的滿意以及產品具有競爭力。在勞資關係上，新單元論強調有承諾、有動機以及良好訓練的勞工是企業成功的關鍵因素（張火燦，1996）。

二、史龍管理學院分類法

學者Cooke（1990）在研究勞資合作時，曾採用麻省理工學院史龍管理學院（Sloan School of Management at M. I. T.）的分類法，將企業管理者的勞資關係策略主要分成三種策略取向。說明如下：

■工會迴避策略

基本上對工會採取高度敵對的策略，透過各種的活動，設法降低工場工會化的比例。經營者採工會迴避策略（union-avoidance）的目的，在減少來自員工自主力量的干擾。雖然工會迴避者對工會採敵對，但也採取一些員工參與活動，但其目的是要轉化工會廠爲無工會廠。

工會迴避策略，基本上的假設是現存的勞資關係必須建立在雙方互信互諒的基礎上，而非經第三者——工會的介入，而企業界乃直接訴求員工的滿足，在態度則較主動（proactive）以取代往昔以回應（receive）工會要求作爲達成勞資關係和諧的模式，而企業界也加強員工關係（employee relations）作爲人力資源管理的基礎(朱承平，1997)。

■合作策略（cooperation）

在場廠層級賦予工會或勞工參與決策機會的策略。一般而言，工會參與是透過委員會（committee-based）或團隊（team-based）的建立所形成。其目標是要透過這些參與的計畫，促使增加效率及生產力、提高產品品質及更好的顧客服務，以提高公司績效。在某些的計畫安排中，工會領導者甚至可參與策略性的決策。

■混合策略

追求混合策略（mixed）的企業不但致力於許多上述的工會迴避活動，但卻也致力於合作的努力，在於追求相對立立場的工會與管理者的合作。

三、Mahoney和Watson的分類法

Mahoney和Watson（1993）對企業層級工業關係策略的分類，係依據組織所採取工場管理（workplace governance）的模式作爲分類的依據。共分成權威式（authoritarian）、集體協商式（collective bargaining）及員工參與式（employee involvement）三種，說明如下：

■權威式

假設勞工與資方因利益相分歧，而形成一種敵對的關係，於是主要的勞資關係是受到各自目標所支配，並且雙方缺乏信任。在此種策略下，勞工與雇主的契約中，除了績效承諾外沒有別的，在極端的情況下，勞工的唯一選擇就是離職。

■集體協商式

是依據傳統的經濟交換原理，在主要的議題上採用協商方式，而由集體勞工與雇主進行交易談判。工會可以在績效要求上作抵制，但工會在企業政策的設計上，只是提供勞工可以表達聲音的管

道，以及要求管理階層在平等對待勞工上所做的貢獻。

■員工參與

此一策略主張勞工有合法代表權利，也就是促成分配正義可提升對產出增加的吸引力。讓勞工合理參與相關決策的機制也就是促成程序正義，可引導個人在工作上的投注。在互惠與信任的前提下，創造了社會交換的功能，而超越經濟交換的範圍。

Mahoney和Watson視上述第三種策略模式對企業經營績效影響最爲有利，雖然建立及維繫員工參與是需要投入相當高的成本。兩學者也承認，參與模式並不適用所有組織，但他們強調，個人或團隊在工作設計上的參與，可以將勞力與工資交換的經濟關係契約，轉化到能作爲策略夥伴的社會關係契約。「授權」和「彈性」將導引績效的增加，若個人的參與能被允許，而自我判斷的機會增加及決策範圍擴大，則社會交換的結果將顯現在員工的忠誠與承諾上。

四、Kochan的策略選擇模式

Kochan等人在1980年代發展所謂「策略選擇模式」（strategic choice model）（如**圖9-1**）。此一架構發展出一套綜合性與整合性的理論架構作爲探討「美國勞資關係的轉變」現象。在分析勞資關係的問題方面，Kochan等人的分析架構（theoretical framework）中有幾項重要的部分，那就是「外部環境」（external environment）、「價值」、「事業策略」（business strategies）、「企業階層勞資關係結構」（institutional structure of firm-level industrial relations）、「歷史與協商結構」（history and current bargaining structure）、及「表現結果」（performance outcomes）。該架構指出，勞資關係的過程與演

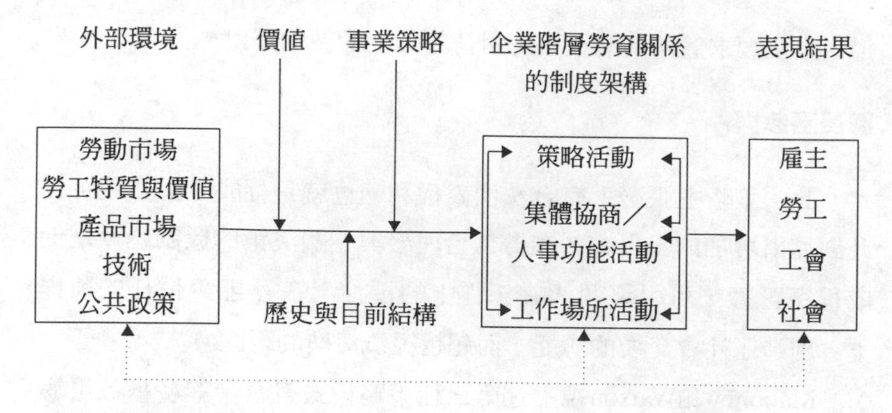

圖9-1　勞資關係策略選擇模式

資料來源：Kochan, Katz & Mckersie（1986）, The Transformation of American Industrial Relations, p.14.

變能持續展開，關鍵在於由與「環境壓力」及「組織回應」互動下所決定的，意味著環境因素將影響組織的運作，組織也對環境的變遷提出因應之道。

勞資合作策略

Peterson和Tracy（1988）根據Chamberlain的勞資集體協商關係，定義勞資合作為：任何有意提升勞資雙方的期望，所採行的協商或參與決策的模式。而勞資合作的付諸實踐則是以不同面貌的勞資合作方案出現，如品管圈（QCC）、工作生活品質計畫（QWL Program）等。

Dinnocenzo（1989）認為勞資合作是一價值原則，其基本的理念在於組織視人為企業最重要的資源，相信員工具有責任感且值得信任，有能力並願意付出。勞資合作透過各種不同員工參與方案，藉由員工參與及努力來達到組織的目標。

Cooke（1990）認為勞資合作是一種勞資關係模式，建立在勞資雙方共同追求更大效益的目標上，在追求的過程中勞資雙方不將各自的心力用於相互對抗上，而集中心力於目標的達成上。經過合作努力所帶來的結果，由勞資雙方所共享，此種勞資關係模式為勞資合作。

我國學者黃英忠（1995）則認為勞資合作係指雇主在企業的經營管理中，接受工會或勞工的意見，而勞工或工會在勞資關係上扮演主動合夥人的角色。勞資雙方將彼此的心智集中於更寬廣的領域及一些基本的問題上，如產品品質、技術移轉等。在合作原理中，管理部門不僅要肯定員工的參與權利，更要積極地鼓勵及回報此項參與行動。同樣地，勞工不但要認同與支持公司在投資上獲取適當報酬的權利，而且亦要強調此項投資報酬的必要性。

歸納而言，勞資合作具備有以下的特徵：

1.企業組織經營的整體責任屬於資方與勞方所應共同承擔的。
2.勞資合作是藉由員工參與方可達成。
3.勞方與資方應將對抗的相對力量，並轉化為組織總力量。
4.勞資合作所帶來的成果應公平分享。

Cooke（1990）在討論勞資合作策略時，首先假設勞資合作參與者都是理性的，資方與勞方都會儘可能獲取他所想要的。在決定儘可能想要時，有兩個重要的關鍵構面：(1)勞資雙方共同創造的利益價值是多少；(2)雙方對於利益劃分的問題。其次，Cooke再從生產責任的角度探討前述兩個構面，從美國工業關係歷史的經驗來看，資方也就是管理階層典型地會將擴大生產利益的責任加諸於自身，透過管理功能決策來達成。對於由管理階層支配整體決策這樣的看法，不只管理者及其利害關係人，甚至連工會也都有如此的想法。

從責任的觀點，勞資合作是爲了增加組織所產生的價值，降低成本、提高品質的目標是勞工及其代表與管理者所應共同承擔的責任。勞工及其代表與管理者共同參與決策以達成此一目標，並且共同分享合作努力所帶來的成果，也就是獲得更多的利潤與薪資福利。然而，勞資合作的基本前提在於合作必須建立在互助及互信。

經過以上的描述後Cooke進一步探討勞資合作的架構，此一架構主要包含幾個要素，分別是：合作結構（cooperative structure）、工會的相對力量（relative power of union）、公司的相對力量（relative power of company）、合作的強度（intensity of cooperation）、勞資關係的改變（change in labor-management relation）、組織的限制（organizational constraints）及公司績效的改變（change in company performance），它們之間關係如**圖9-2**說明。

經過工會相對力量與公司相對力量的改變將影響勞資關係，而勞資關係的改變則會進一步影響組織成員努力的分布情形，進而達到績效提升的目的。但在衡量績效時，必須注意到組織本身所受到的限制，以及管理階層對於資本、技術的投資。

由此可知Cooke所稱的勞資合作，其目標在使生產的利益也就是經濟學上比喻的「餅」擴大，使原本對立的勞資關係得以轉向集體合作的方向發展，而減低因利益不足所引起的對立與衝突。

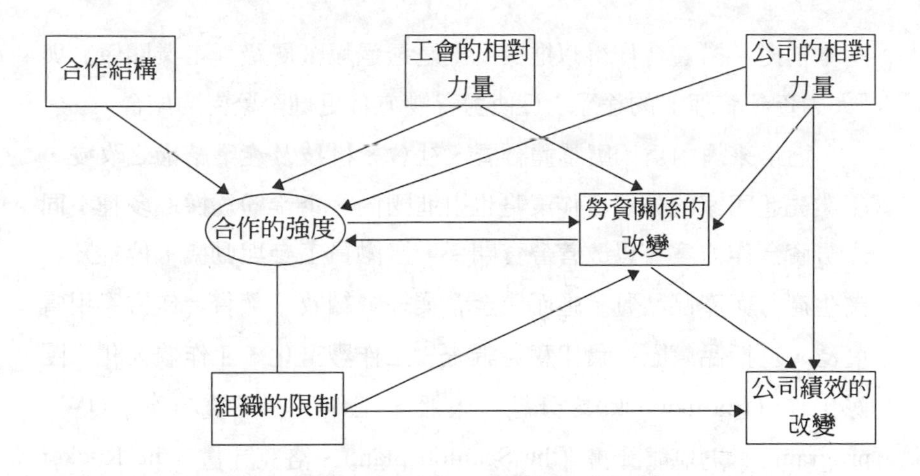

圖9-2　Cooke勞資合作對勞資關係績效影響之模型

資料來源：Cooke, W. N.（1990）.Labor-Management Cooperation: New partерships or going in circles?, MI:WE, Upjohn Institute for Employment Research, p.94.

勞資合作方案

戰後美國勞資關係的發展，已由衝突論出發的集體協商式勞資關係，轉而以無工會的勞資關係模式取代（Kochan, Katz & McKersie, 1986）。造成此一現象的形成，乃是外部環境變化影響企業策略及管理價值的改變所致。過去企業管理者常以打壓工會方式來減少經營上所帶來的阻礙；但在企業整體競爭力提升的考量下，也不得不承認勞資合作是重要的成功關鍵，因此將工會視爲企業組織的策略夥件。此一將工會或勞工視爲夥伴關係就形成勞資合作的基本前提。勞資合作得以推展，則是透過場廠層級「工業關係」與「人力資源管理」的途徑，促使勞資雙方有更健全緊密的結合。

近年來國內為因應整體經濟、社會、科技及產業結構之改變，工業先進國家的勞資合作策略也引進國內，企業紛紛採取多種不同之勞資合作方案，以改善勞資關係，激勵員工參與動機，俾提升企業生產力與產品品質，進而健全企業經營績效。勞資合作方案相當廣泛，包括品管圈、員工意見調查、工作豐富化、工作擴大化、團隊工作（team-work）、分紅、入股、工作生活品質方案（QWL program）、史堪龍計畫（the Scanlon plan）、洛克計畫（the Rucker plan）及生產力改善利潤分享（improshare）等（黃同圳，1993）。

從勞工需求的角度來看，根據勞委會（1997）所做的勞工意向與需求調查報告，在問及促進勞資和諧最有效的方法中，認為「重視員工福利」為最主要方法，（占全體勞工之66.93%），其次「推行勞工分紅入股制度」（占32.55%），「加強灌輸勞資雙方和諧共贏觀念」（占32.37%），及「建力各種勞資溝通管道」（占30.7%），其餘依序為加強員工參與經營、改善工作環境、遵守勞工法令。調查結果顯示企業經營者首先須重視勞工福利需求，再配合重要的管理措施，採行與推動勞資合作策略。

勞資合作為一策略選擇，其最主要的目標在於提高企業組織整體營運績效，也就是勞資雙方共同把企業經營的「餅」變大，使勞資雙方的需求能得到進一步的滿足。要將餅變大並非憑空可得，實有賴於勞資合作策略的推展。

由於勞資合作必須透過勞資合作的具體方案始能發揮效用，因此本節將探討員工分紅入股計畫、品管圈、工作生活品質委員會、勞資會議、利潤分享計畫、安全衛生委員會等七種勞資合作的方案，並審視勞資合作中雙方相對力量的變化、勞工參與的程度、資方授權的幅度、合作的目標及合作成果的利益分享方式等。

一、員工分紅入股計畫

員工分紅入股計畫包括「分紅」、「入股」與「分紅入股」等三種方式。在「分紅」部分，依現行勞動基準法第二十九條規定：「事業單位於營業年度終了結算，如有盈餘，除繳納稅捐、彌補虧損及提列股息、公積金外，對於全年工作，並無過失之勞工，應給與獎金或分配紅利」。

「入股」是指事業單位協助所屬員工獲取本事業單位發行之部分股權而成為股東，惟入股與否聽任員工之意願，實施之對象限於股份有限公司。「分紅入股」係將分紅與入股兩者相連而成的一種制度，即事業單位於每年年度終了結算，分發紅利時將一部分之紅利改發本事業單位之股票，使員工既享有企業盈餘所發之紅利，亦可獲取企業的股票。

員工分紅入股計畫之目的在於：⑴分享企業經營的成果；⑵可增加員工對企業的向心力。其設計架構係將公司的發達和員工個人的利益合而為一，即員工如能分配到企業盈餘一定比率的紅利，員工對企業之經營將有休戚相關之感，為了希望多得紅利，員工將會努力增產、降低生產成本，從而增加企業盈餘；而員工持有企業的股票，成為企業的股東，勞資結成一體，勞資對立的現象將不復存在，乃能開拓勞資合作之新境界（黃同圳，1993）。

從勞資合作的角度來看，分紅或入股計畫已將擴大經營成果的責任由完全資方負擔間接轉換為勞方與資方共同負擔。在相對力量的變化上，雙方採取暫時退讓，其最終目的即在提高總合效用，最後各自取得自身的絕對效用。①

員工入股制度在理論上可以協助企業分散風險，減少經營管理的失誤，降低監督成本與怠工損失，提升企業營運與促進企業成長。此外，透過股息的分配與經營權的參與，促使員工與企業利害一致，達到勞資關係和諧境界。

二、利潤分享方案

利潤分享方案（gainsharing）中主要有史堪龍計畫、洛克計畫、及生產力改善利潤分享等三種，其中又以史堪龍計畫較為普及。

根據Lawler（1986）的解析，史堪龍計畫主要被設計用來增加效率、減少成本，測量生產力以作為分享利益之標準。在此一計畫下，當總勞動成本（投入）除以產品銷售值或市價（產出）的比值有改善時，即給予紅利。此一比值必須是一個好的績效量測工具，且被認為是公平的，員工都能夠瞭解，碰到環境改變時能彈性調整的，很容易管理的，且能引導員工朝向公司所欲之方向努力。

Moor和Ross（1978）針對三十個成功的史勘龍計畫案進行研究，發現此一計畫可以獲致下列效益：

1. 團隊協調工作，較基層的員工在知能上因彼此分享而提升。
2. 透過參與及相互強化的團隊行為使社會的需求得以實現。
3. 注重成本的降低而不只是在生產的數量。
4. 對於因科技、市場及新方法所導致變革的適應能力增強。
5. 員工之間的工作態度發生改變，因為他們需要更有效率的管理及更好的工作。
6. 員工試著提供好方法，並且更聰明而不費力地工作。
7. 勞資關係的管理更加有彈性。

8.工會將更強大有利，因為他們代表著更好的工作環境與較高的收入。

Weitzman和Kruse（1990）及Mitchell、Lewin與Lawler（1990）等調查美國企業層級的利潤分享計畫與組織績效的關聯，結論證明利潤分享計畫對生產力的提升有顯著正相關。

三、工作生活品質提升（QWL）方案

工作生活品質委員會基本上屬於勞資雙方共同組成的機構，它與勞資共同諮商（joint consultation）委員會的結構類似，最主要的差異只在於勞資共同諮商委員會通常有特定的目標與時程，而工作生活品質委員會則無一定的目標，相當開放，提供勞工各種參與的可能。這些委員會的目標有三種：工會的目標、管理階層的目標和共同的目標。委員會通常以改善產品品質、提升工作生活品質或增加員工參與，來反映工作生活品質委員會三種不同的目標訴求。

有關QWL對生產力的提升，Lawler和Ledford（1981）所做的個案研究中，發現在八個工場中只有二個在生產水準上有顯著提升；雖然要衡量生產力提升的原因相當困難甚至不可能，但在實行QWL方案後，仍帶來許多優點，包括：

1.工作方法程序因問題解決團隊的成立而提升。
2.在大部分的情況下，工作的吸引力可以提升。
3.人員配置較有彈性，且訓練目標較明確。
4.因採用激勵的方法，因此在品質上可能有所改善。
5.產出率可能增加。
6.員工申訴的情形可能可以減少。

7.決策的品質得以提升。

8.員工的技能得以提升。

四、勞資會議

勞資會議爲我國勞基法所規定的勞工參與制度，根據「勞資會議實施辦法」之規定，其主要的運作方式由勞資雙方各選出同數之代表，以定期集會方式，在勞資平等的地位上，共同商討有關企業發展、員工工作環境改善之勞資協商組織。

勞資會議的主要功能根據ILO（國際勞工組織）第九十四號建議書中所強調，勞資協商制度可以說有兩個目標及功能；其一爲「加深勞資間之相互瞭解，發展其組織性的合作關係」；另一爲「就生產力之提高及彼此利害之共同問題，相互作建設性的提案，以期實現策略規劃具體建設，並協助之。」

根據Schuster（1990）所作的觀察，認爲建立提升勞資關係的機制如勞資委員會、勞資關係促進計畫等，具有以下的優點：

1.提供雙方有關協約條件溝通的正式場合。

2.溝通、接觸的目標在於正面地解決問題。

3.建立非正式的關係，增加信任與瞭解。

4.承認工會是員工與雇主間的橋樑。

五、勞工安全衛生委員會

依據我國勞工安全衛生法第十三條規定「事業單位平時僱用勞

工人數在一百人以上者，應設勞工安全組織；……（六三)」。勞工安全組織除了具有管理、諮詢、研究的性質外，其主要目的是藉由勞工的參與共同改善工場的安全衛生環境。

根據Schuster（1990）和Kochan、Dyer和Lipsky（1977）的研究，設立勞工參與的勞工安全委員會，具有以下的功能：

1. 勞工代表有更大的權力去影響與勞工安全相關的事務，迫使雇主重視勞工工作的安全。
2. 透過委員會可促使雇主在工場安全與衛生條件持續改善上做出承諾。
3. 工會可藉由參與此委員會爲員工爭取更大的利益。
4. 雖然傳統上這類委員會勞資之間的立場通常是對立的，但是勞工可依據勞工安全衛生法對工場的安全提出合法合理的要求（衛民，1995）。

六、品管圈

根據Hyman和Mason（1995）引述英國貿易及工業部在1985年的定義：所謂品管圈是一種活動，主要是由一個來自同一個工作領域四到十二人所組成的團體，從事類似的工作，自願地在一個規律會議的基礎上，定義、調查、分析及解決他們工作上相關的問題。「圈」對問題解決的表達方式就在實際投入執行的過程及事後的觀察上。

品管圈的特徵，Lawler（1986）認爲有以下六個：

1. 成員關係：大部分是由特定工作領域或部門的自願者所組成。

2. 權力的行使：大部分的品管圈沒有預算也就是組織無法提供資源。

3. 會議的議程：QCC大部分在探討生產與產品品質的問題，但共同特徵就是目標明確。

4. 績效的報酬：依據建議案給予報酬。

5. 會議的頻率：規律是QCC主要的基礎，通常以二週爲期間，每次開會至少二小時。

6. 領導關係：大部分的QCC並不邀請經理的加入，取而代之的是所謂的「教練」(facilitator)，主要工作在於會議的諮詢或引導員工參與。

透過QCC可能帶來的效益則有（Lawler & Ledford, 1981）：

1.改善工作方法及程序。

2.使組織更有吸引力並且能維持持續的參與。

3.因新方法而得以改良產品及服務。

4.因新方法的採用而提升產出。

5.決策中可引發不同學習領域的知識。

6.參與者能發展出團隊運作過程中的決策技巧。

七、員工福利委員會

員工福利委員會是一個對於員工福利相關事務，由員工自主決策與執行的機構。我國「職工福利委員會組織條例」規定：職工福利委員會的任務爲關於職工福利事業之審議、推動及督導事項。工廠、礦場或其他企業組織之職工福利委員會置委員七至十二人，其中工會代表不得少於委員人數三分之二，因此員工福利委員會不但具有溝通性質，同時也有勞工參與及勞工自治的性質。

影響勞資關係的人力資源管理策略

由人力資源管理的觀點，勞資關係具有策略功能性意義，如前述新單元主義的觀點，促使員工融入工作的組織中，以市場中心、管理主義和個人主義爲導向，創造共同的企業文化，期望獲得員工的忠誠、顧客的滿意與產品具有競爭力。

勞資關係與經營策略相結合，在制定經營策略時，工會可以提供勞動力的狀況，而且管理階層亦有必要與工會共同合作，以提高生產力。在經營策略實施時，工會可將經營策略的相關訊息傳達給員工，有助於策略推展的順暢。工會的領導人或代表若瞭解經營策略的計畫，並將訊息傳遞給員工，可使計畫更具合法性與可靠性，並獲得工會的支持與讓步。但是如果工會的領導人或成員對經營策略不瞭解或無法接受時，高階主管得花很多時間來說明，以獲得支持。而且即使獲得工會成員的支持，也將訊息傳遞給員工，但由於太花時間、官僚與繁瑣，以致延誤經營策略的制定與實施。

Foulkes（1986）在觀察二十六家美國無工會的大型企業，發現採取九大類屬性、態度來維繫勞資關係：

■重視感（a sense of caring）

傳統企業中，層級制相當嚴明，層級象徵著權力與支配關係，而現今許多企業逐漸將層級淡化，讓層級與地位的色彩沖淡。如在企業的自助餐廳，從副總裁到清潔員都可在那裡自由享用。另外，高階管理透過一些政策的承諾，如利潤分享、入股、彈性工時等，使勞工不再認爲高階主管只有象徵意義，而是休戚與共。

■小心留意周遭環境（carefully considered surroundings）

人事制度的推動與信心的建立，許多周遭的環境會造成影響，這些因素如工場的區位與規模、一些敏感工作的處理，以及一些特定的員工等。在選擇區位方面如一些常發生罷工或勞資爭議的地區，列入設廠的考慮。

■高利潤、快速成長、家族連鎖

在許多採行無工會措施的企業，常具有高利潤、成長快速、家族連鎖（high profits, fast growth, and family ties）的特徵。許多企業特別是成長快速的高科技事業，在市場上有支配的地位，在產業間則是領導者。成長使其提供許多機會，提供充分就業，以及支付利潤分享的薪給。

■就業安全

在不景氣或經濟情勢變遷時，有些企業採取以科技代替人工，因而裁減員工。但研究發現，有許多企業採取另一措施，即建立企業內部就業安全（employment security）制度，以避免大量資遣所造成之勞資爭議，且減低對勞工的傷害。HP公司即於1970年代不採用工會安全條款形式，而改採取全面減薪措施，以保障員工內部就業全安。

■內部晉升（promotion from within）

此一政策的推動，伴隨訓練、教育與職涯諮詢及工作職位的公告。當公司的成長，開起許多升遷的職位，在職位公告下，讓有心爭取的員工，透過訓練培養能力，在通過甄選後，即可晉升。以一措施目的就如同就業安全般，可驅動員工對公司的忠誠。

■有影響力的人力資源管理部門（influential personnel departments）

部門主管或直線經理負起一些人力資源管理的任務，如隨時調查員工的態度、將申訴意見檔案化，以及擔當員工關係的任務。此時專業的人事人員對直線經理扮演諮詢建議的角色。

■競爭性薪資福利措施（competitive pay and benefits）

企業留意競爭者的變化提出既能符合成本又能激勵員工的措施，如分紅入股制；還有以公開方式讓員工知道公司的利潤，以及競爭對手的利潤，讓員工及工會願意爭取更高的利潤。

■管理階層傾聽（managements that listen）

管理階層藉由傾聽員工的聲音，可探得組織的「溫度」以及發現員工所關心的事物。配合暢所欲言（speak-out）計畫，允許員工以匿名方式寫下問題而由管理階層回答。許多企業採行開放門戶計畫，讓員工受到委屈時得以藉由管道來申訴。

■對經理人小心培育（careful grooming of manager）

為了避免許多經理人只在短期績效上追求紅利，而忽略長期的結果。包括持續的員工關係，採用股權選擇或其他激勵措施以求企業長期成功。

根據上述學者對於人力資源策略於理論與實務特徵上的敘述，周建次（1998）將影響勞資和諧的人力資源管理策略歸納區分爲八類，分別是參與策略、團結策略、吸引策略、減少磨擦策略、多元主義策略、投資策略、公平報償策略、安全工作環境策略及機會主義策略（見**表9-1**）。

表9-1　影響勞資關係和諧之人力資源策略類型

策略類型	策略目的	策略方法
參與策略	·提高生產力 ·提高工作生活品質 ·增加互動	·勞資會議 ·參與各種委員會 ·工作團隊
團結策略	·增加員工忠誠度 ·吸引員工 ·降低流動率	·就業安全 ·員工入股制（ESOPs） ·利潤分享 ·內部晉升 ·市場領導給付
減少磨擦策略	·減少勞資對立氣氛 ·降低爭議發生	·正式溝通 ·申訴制度 ·流動人事部門 ·管理者傾聽
多元主義策略	·取得共識 ·促進溝通	·集體協商 ·簽訂團體協約
投資策略	·提高生產力 ·激勵員工 ·提振士氣 ·增加認同感	·教育訓練
公平報償策略	·減少爭議 ·激勵員工	·績效基礎給付 ·調薪公式化
安全工作環境策略	·減少事故降低成本 ·增加員工向心力	·定期員工健康檢查 ·定期保養檢查設備與環境
機會主義策略	·減低成本	·不主動採取任何措施

資料來源：周建次（1998:23）

勞資協商與企業經營

隨著科技不斷進步，管理方式不斷演變，生產要素中「人」的因素開始被雇主所重視，勞資關係乃由不平等的從屬關係逐漸變爲可協商、較平等的契約關係，特別是自由主義的興起和市場經濟體制的形成後，使得勞資間的關係發生了根本的變化，必須透過協商的機制與勞資合作的方式，激發勞工工作熱忱，生產力才能提高。企業經營以追求利潤極大化爲目標，所以對於生產要素之一的勞動成本自然希望能以減低爲佳。而勞動者由於工資爲生活重要來源，自然希望高工資、良好工作環境等優渥勞動條件；然勞動者的希望亦將減少企業經營的獲利。是故勞資雙方的立場不同，權利義務不同，勞資雙方的利害本是互相對立的，容易形成勞資之間的糾紛。不和諧的勞資關係將影響員工的工作情緒而降低生產效率，相對的也減少企業的獲利。而不能獲利的企業，將不具競爭力而從市場上退出，企業不能繼續經營，則勞動者亦將失去工作機會，兩蒙其害。

綜觀上述勞資關係的演進，雖然勞資立場不同，勞資問題難以控制掌握，唯有運用良好的勞資協商，透過勞資合作的手段，勞資雙方才能互蒙其利。然微觀企業中長期經營，面臨外在總體產業、勞動力環境的變化，在永續經營及追求利潤最大化的前提下，勢必以組織變革方式，或縮小規模、或多角化經營等做適當的調整因應。然無論如何組織變革都必須面對員工的抗拒壓力，所以良好的勞資協商便愈形重要，透過不斷的溝通才能達成勞資雙贏的局面。國際化、自由化對企業經營的衝擊，產生許多不可測的變數，考驗企業的應變能力也考驗企業的勞資關係良窳。企業唯有透過良好的勞資協商，結合眾人之力量與智慧，方能從容應付這股自由化的浪潮。

一、傳統的工業關係對現代的人力資源管理

一個勞資關係系統中，如果資方或資方團體能主動的提供勞力或勞工團體所求，利用民主和溝通的方式協商勞資之間的共同利益或相對利益的問題，通常其工會組織的發展空間較爲有限，勞工運動也相對溫和或弱勢。Kochan、Katz等人在《美國勞資關係的轉變》一書中指出，美國的勞資關係活動已從中階層的「協商階層」分別向上階層「策略階層」和下階層的「工作場所」階層發展（如**表9-2**）。尤其在工作場所中出現了一些新型勞資合作的作法，例如，企業利用人力資源管理的策略和工具，促成無工會的事實，因而造成美國工會密度的持續下降和勞工運動的衰退。

表9-2　三階層的勞資關係活動

階層	雇主	工會	政府
長期策略與決策制度	・商業策略 ・投資策略 ・人力資源策略	・政治策略 ・代表策略 ・組織策略	・總體經濟與社會政策
集體協商與人事政策	・人事策略 ・協商策略	・集體協商策略	・勞工法與行政
工作場所與個人／組織關係	・領導風格 ・勞工參與 ・工作設計與工作組織	・協約執行 ・勞工參與 ・工作設計與工作組織	・勞動基準 ・勞工參與 ・個人權利

資料來源：Kochan, Katz & McKersie（1986:17）

傳統的工業關係範疇強調正式制度（機構）和規則系統，如當時所重視的是工會、雇主團體、集體協商、勞資爭議與仲裁等。亦即表一所指的中階層「集體協商和人事政策」的形成與政府為管理勞資關係的公共政策。二次大戰後的工業關係黃金歲月，集體協商仍是主要討論範疇，當時絕少談到「人力資源管理」。1980年代開始，有些學者不再只關心雇主團體、工會和其他正式組織，而開始關心企業管理者角色，注意到社會學、心理學和組織行為方面人力資源取向的問題，開始建立新的工業關係體系。

人力資源管理的相關策略確能適時化解原本勞資關係中僵化與不和諧的部分。例如，新的工業關係策略採用利潤分享、分紅入股等解決集體協商中有關薪資福利方面僵化的架構，運用外包或承攬的方式使得勞動力的僱用更加彈性化。近年來我國以人力資源為取向的管理也有快速發展的趨勢，因此在此說明人力資源管理與工業關係之間差異所在：

■主導力量來源不同

人力資源管理本質上由企業組織的角度出發，企業主和管理者是單一主導力量和策略制定者、執行者；但是工業關係則採互動的觀點，勞資雙方都有積極主動權，而主導權端看勞方或資方本身力量。

■目標上有所不同

人力資源管理乃是使用人力資源以達成組織目標，所以企業的目標優先；但是勞資關係則以維護和提高勞工條件福利為目標，其優先順序顯然與人力資源管理有所不同。

■使用策略方法上不同

人力資源管理乃是結合人事管理、人力規劃、人力資源發展、績效評估等工具，彈性運用策略主動滿足勞工要求，以達有效運用人力資源促成組織發展；而工業關係主要利用工會組織、集體協商、勞工運動等工具，必要時採取爭議手段施壓達成目標。

不論傳統的工業關係與現代的人力資源管理都有其優缺點，卻都必須立基在良好的勞資協商溝通以求化解勞資間的爭議與紛爭。由此可見，和諧的勞資關係有助於企業經營成長，而其中良好的勞資協商則是化解勞資不同意見的最佳轉化機制。

二、勞資協商的基本概念

簡單來說，工業關係系統（如**圖9-3**）係牽涉勞、資、政三方的一些輸入因素，透過轉化機制而產生影響與回饋所構成。其中勞資關係重要的轉化機制便是勞資間集體協商。由於勞資雙方先天經濟地位的不平等，勞方單獨力量不易展現，所以在勞資協商中多以集體協商居多。所謂集體協商是工會（勞工團體）與雇主或雇主團體共同制定或決策勞動關係的過程，強調是勞工以團體（工會）與資方協商。傳統的勞資關係多以集體協商爲主要討論範疇。

集體協商是一個勞資雙方共同制定決策的動態過程，強調過程中須勞資雙方參與完成。而國家爲促進勞資自治，便會爲勞資協商制定一些遊戲規則促其效力發生與實現。例如，制定工會法，詳細規定集體協商勞方當事人資格與組織程序等；制定團體契約法，規定勞資雙方應誠意協商，勞資協商結果須以書面說明，勞資雙方互負債務權利義務，以及勞資雙方協商過程與結果的規定。

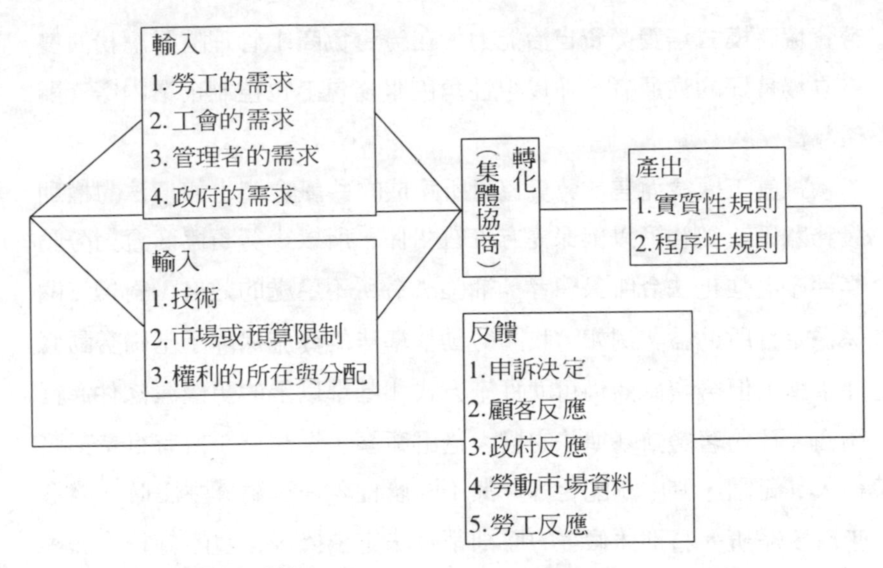

圖9-3 工業關係系統

資料來源：Saur & Voelker（1993:15）

集體協商是勞工經由長期的努力向資方爭取來的重要勞工參與共同制定勞動條件的制度。由於集體協商深受政府法令及工會力量干涉，較缺乏彈性，加上後來人力資源管理的崛起，使得目前企業似乎有意以勞資協商中勞工參與精神為基礎，不以工會為對象而代以企業內全部員工為對象，以更具彈性的勞工參與方式來完成勞資協商。特別是管理階層在決定相關勞資事務之前，先徵詢員工觀點與意見。這種事先溝通的過程稱為勞資共同諮商，其目的在協調解決不適合「對決」型態的問題，藉此建立共識。在大多數情況下，勞資共同諮商與集體協商間具有程序上的連續性與互補性。

三、我國目前勞資協商概況

西方工業國家勞資關係的理論研究和實務運作，非常重視良好勞資協商模式培養勞資自治能力。在勞資協商中管理階層應扮演雙方立場良好的溝通者，並以中性角色服務員工也控制企業內勞資關係品質。

對員工權益而言，勞資協商所達成的共識會產生如債法的權利義務關係或契約等以確保雙方實質關係。所以，勞資協商會對勞動條件產生強化法令所保障者，補強法令所不足處的效果，對勞資關係穩定有所助益。例如，我國勞動基準法的實施保障了基礎勞動條件水準，但勞資協商仍可就實施方式和基準以上的更優渥條件進行協商。且隨著勞動基準法的擴大適用範圍，未來幾乎所有行業都將納入其範圍，其中爲配合各行業不同屬性差異，對彈性工時、變形工時、輪班、特別休假等的原則都有法定依據，但實際施行方法等運用空間則保留由勞資協商去解決。

勞資協商能促進勞資雙方互信、互諒、互重，進而增加勞資倫理、企業向心力，如此一來，對外則樹立良好企業形象，吸引良好勞動者加入企業團體，使企業在員工僱用上更有籌碼；對內則能減少員工離職退職的意願，使人事招募再訓練費用減少，促使生產效率提高。勞資協商開啓一個溝通的管道，使勞資雙方立場能被相互瞭解。所以在其他如績效評估、利潤分享、品管控制等管理制度，將隨著勞資協商與經營哲學、人事管理等制度更具協調性與一致性，有助於企業改進與順利向前邁進。

四、如何將勞資協商正式納入經營管理體制

良好的勞資協商需有勞資合作的觀念爲基礎方能順利推動。勞資雙方應體認透過勞資合作的目標，從增加生產力的途徑中達到增加企業利潤的提高和員工待遇的要求，才能互蒙其利。這便是勞資

合作的概念。依勞資協商中勞工參與程度的不同，由所涉及的事項可區分成四個層次：第一層次，是員工參與相關勞動條件、福利事項等社會事項的決定；第二層次，是員工參與公司人事事項的決策，如人員聘僱、升遷、資遣、人事評鑑與列席高層決策會議等；第三層次，是員工參與經濟事務，如產銷會議、品管計畫、組織改造與財務決策，甚至分紅入股等經濟事務；第四層次，員工代表董事會或監事會占有一定席次，實際參與公司的經營。

電子業、汽車業之勞資合作現況

以產業別來看勞資合作方案的採取，我國電子業較汽車業常採用勞資合作方案。而較常採取的勞資合作方案為：勞資會議、利潤分享計畫、員工分紅計畫、員工入股計畫及業績分享計畫等六項。此一結果顯示出，我國勞資合作方案的採取並非如英、美國文獻中經常討論的發生在以汽車業為主的勞資合作方案。

在不同員工數規模方面，採行勞資合作方案的企業多屬較大型企業（一千人以上），而其中尤其在利潤分享、員工分紅計畫、員工入股計畫三種的勞資合作方案上有顯著差異。而這三種的勞資合作方案均屬財務參與性質，在薪資與獎酬的性質上屬於集體性，也就是重視企業整體績效。

至於採行不同的勞資合作方案對於工業關係績效究竟有何種程度的影響？採行生產性質的生產力委員會、品管圈及訓練委員會對總生產值有顯著正向的影響。在生產設備利用率提升及失誤率降低上，採行品管圈有顯著正向的影響。在採行溝通性質的勞資合作方案方面，勞資會議對於申訴率的降低與勞資關係的和諧程度相當顯著的正向關係，顯示勞資會議的確具有促進勞資雙方關係改善的效益。在工作生活品質委員會方面，顯示其與離職率降低的情形呈現正相關，因此促進工作生活品質應爲留住員工的好策略。

在採行財務上的勞資合作方案，員工分紅計畫對於勞資關係氣氛有顯著正相關，給員工分享企業經營成果的分紅計畫在勞資關係的表現上得到驗證。員工入股計畫在申訴率的降低上有顯著正相關，表示員工入股計畫能改善勞工對資方的不滿。員工入股計畫在經濟上的指標特別是在生產設備利用率上呈現正相關，顯示該計畫能刺激員工在效率上做改善。另外，必須一提的是薪資水準此一勞動條件的變項，無論在經濟上或勞資關係上的指標都有顯著正面的影響，顯示薪資水準對於整體工業關係績效的影響效果，可能較勞資合作方案有效。

至於不同的工業關係策略對工業關係績效究竟有何影響？參與合作方式的工業關係策略是否有較佳的工業關係績效表現？經過比較權威型、傳統工業關係型、參與合作型等三種策略取向的企業，發現參與合作型無論是在經濟上的績效指標或勞資關係上的指標，都較其他兩型的工業關係策略取向表現要來得好，顯示員工參與合作未必影響經營，反而有助於經營績效的提升。

由於勞資合作的基本理念在於勞資雙方不以目前既有利益作爲對立、相爭的目標，而是透過勞資合作的機制，經由溝通、員工參與及合作利潤分享的方式，從而將目標集中在更高遠的理想；如提升品質、增加競爭優勢、提高生產力，勞資合作所得到的利益再由勞資雙方依努力的程度公平分配。對於不同勞資合作方案所促成工業關係績效表現，經過迴歸分析後發現採行品管圈、生產力委員會之勞資合作方案，對於促成員工進一步奉獻心力於工作上，增加效率提升績效有其正面助益。

在促進勞資和諧方面，透過勞資會議、工作生活委員會等方式的勞資合作方案，可減少申訴率及員工不滿的程度，維持勞資和諧的關係。在財務參與的配合上發現員工分紅計畫在勞資和諧的促進上有顯著正面的影響，透過員工分紅可讓員工感受到企業對員工的重視，分享努力得來的報償。另外，在員工入股方面，研究結果發現在生產設備利用率與申訴率上都有明顯的正向相關，顯示員工如擁有公司股票，在經營上有高效率的表現，在勞資關係上也可因分配股票而減少員工對公司的不滿。

整體工業關係管理的策略取向上，採取參與合作方式對於經濟上及勞資關係上的表現都有正面的效果，此一管理方向不但可以增加與員工的互動，減少對立衝突，同時也可以讓員工提出在企業生產流程的改進，避免傳統工業關係的對立與衝突，以及減少權威式管理的階級壓力。

注　釋

①總合效用（total utility）與絕對效用（absolute utility）以Cooke的勞資合作理論，相對力量是指勞資雙方追求各自絕對利益最大化，也就是「得到的效用越多越好」(as-much-as possible)，在此前提下雙方的相對力量在於能夠迫使對方讓出利益。

在勞資關係中總合效用是包含外在的利益（如利潤及工資）以及內在的利益（如尊重及自主)，合併內外在的利益，即形成對雙方有用的效用(utility)。總合效用的利害關係人，在任何時點均含兩方，一爲管理階層（包含所有管理的利害關係人)，另一爲勞工（包含勞工、工會及工會代表)。絕對效用與相對力量（relative power）假設勞資雙方期望從勞資關係中發展出較多的效用，每一方均尋求期望自身所取得的效用最大，此種效用稱爲絕對效用。雙方追求能瓜分最大總合效用，勞資關係因瓜分利益而產生衝突，一方的取得即爲一方的損失，在衝突的情況下，其解決方式，在任何時點都是靠相對力量。而任一方所獲得的絕對效用占總合效用之比，即爲相對效用。變動總合效用可以選擇改採雙方合作方式，融合管理者與勞動者的組織力量增加總效用。

10 多元化管理發展策略

□多元化管理的基本概念
□跨文化學習的理論基礎
□跨文化訓練的基本概念與實務
□教學活動設計
□國際化人才培訓
□結　論

影響企業在國際市場的競爭力因素很多，除了總體經濟、社會與政治面外，企業個體的組織文化、人力資源管理、管理型態與能力等，是企業在人力資源競爭優勢的主要構成因素（Tayeb, 1995）。而在國際化人力資源管理的策略選擇上，有的是將母公司的政策制度移植到海外分支機構，有的是依照駐外國家的地區特性重新設計，有的則是採用全球一致的人力資源策略。其實，最重要的關鍵因素在如何於分化或整合（differentiation or integration）中尋求解決。

爲了維持分化與整合的平衡，Welch（1994）建議人力資源管理制度與運作要能符合各地所關切事務；另外再訓練發展一批經營團隊在世界各地分支機構進出，以協助全球性組織的整合。其實，分化與整合的適當搭配，必須視國際化程度、產業和市場情況及員工特性而定。高度國際化講究的是全球一致的標準，比較不考慮地區性差異。製造業則是客戶導向型態，因此各地人力資源管理的功能以降低成本、提高效率或附加價值來提升企業競爭優勢；而總公司則是以協調、支援的活動居多。最後考慮當地員工知識、技能水準，與是否願意放棄「自主」接受調度指揮作爲分化或整合的考量點。

多元化管理的基本概念

組織內文化差異性到底對人力資源管理存有那些意涵？許多企業通常視而不見，將員工視爲同質化的一群；或者只是提醒管理階層注意此一問題。根據《經濟學人》(*The Economist*, 17, June, 1995)1994年所做的調查顯示，在受訪的美國企業高級主管中有5%的人認爲是「社會責任」的理由才重視多元化管理(managing diversity);有一半的人認爲是企業的需要，而其他36%的人認爲會影響企業的競爭力。

文化差異性的認知在80年代的美國，是由「人權」的觀念延伸到「就業平等」。在歐洲，勞動力的多元化被視爲「豐富資源」，可以滋長企業組織(Hall, 1995)。Hall以管弦樂團來比喻企業組織，各種不同樂器合奏出來的音樂是那樣的美好。《經濟學人》雜誌(1995, June 17)也引述密西根大學Taylor Cox的研究，認爲多元文化可以激發創造力。

一、多元化管理的挑戰

多元化管理的挑戰是：較少的經理人如何去管理更多地域分隔、對組織缺乏忠誠度及更差異化的員工。在追求組織永續經營的前提下，爲自己、爲組織創造機會可能是唯一解答(Johansen & Swigart, 1996)。因此，我們必須提供員工共同的工作空間(work spaces)，透過資料庫與資訊媒體縮短員工與員工，員工與客戶之間的距離，創造自己的工作價值。

此外，如何保有核心員工，透過資訊網路與外購廠商建構虛擬團隊也是未來的發展趨勢。這種透過電子工具的網路工作型態(web workstyle)，形成企業新的數位神經系統(digital nervous system)就像人類的神經系統般，把井然有序的資訊提供給相關單位，並藉此瞭解環境做出回應。也許Bill Getes所稱的數位神經可以刺激員工協力發展和執行企業策略(《聯合報》，民88年)，自然應該可以解決上述多元化、差異性的問題，因爲資訊已能取代員工進行及價值判斷。

Johansen和Swigart（1996）所主張的魚網式組織（fishnet organization）在克服時、地及多元化的議題時，及時的觀念與作法便顯得相當重要。因此，他們認爲未來的組織設計必須有長期觀、系統觀，強調以客戶爲導向的作業流程，以資訊作爲決策的依據。預估未來工作職場中彈性的勞動力比率由1970年的29％成長到2000年的43％（Johansen & Swigart, 1996:64），員工對組織的忠誠度與認同不再。加上距離與跨文化的因素使得多元化管理變得更加複雜。

至於目前在企業界頗爲流行的策略聯盟（strategic alliance）、合資（joint ventures），甚至併購（merge and acquisition）等也會涉及多元化管理的議題。Hofstede（1983）的研究指出不同國家文化所重視的管理議題以及喜歡的管理型態存有差異；例如，法國人比英國人有較高的權力距離（power distance）以及不確定性迴避（uncertainty avoidance）。法國人的管理型態趨近於獨裁，決策權在高階主管；法國人開會只界定在澄清爭論疑點，因爲最後與會代表還是要回去請示他們的老闆。薪酬制度也不同，法國人重視教育背景；英國人則看工作內容來給薪。最後談到合作，法國人相信繁複的計算驗證；而英國人則用一套簡單的系統，只要實驗說明可行即可進行。

Trompenaars和Turner（1998）在歸納跨文化經理人的難題時，首先指出美國式的解決方案不見得能解決其他國家的兩難困境，尤其是中央集權和地方分權的兩難，常被視爲一貫性與彈性之爭。其次我們常對文化的差異預設立場，常想藉著「資訊」來掌控分支機構的運作，造成許多主管試圖去製造一些假象。最後，他們兩人建議跨國籍企業應該讓地方能依不同價值先後順序而有相當程度之自主權。

不同文化之間管理實務的移轉，也成爲多元化管理的重要議題。例如，團隊工作適合在集體文化（collectivist culture）的條件下實施；品管圈（quality control cycle）要在員工具有高度工作倫理，團隊導向的承諾下才能有效運作。Kirkbird和Tang（1992）就認爲香港並不存在推動品管圈的必要文化條件。同樣的，及時生產的管理方式唯有在衛星工廠關係良好的日本產業才得以推動。因此，如果要成功的學習、模仿、引進不同的管理制度，Tayeb（1995）建議採取下列三種策略：

1.不能完全照抄，需要做部分的修正。

2.用「獎勵」與「懲罰」來引導員工行爲的改變。

3.對員工態度、價值觀等文化差異表現相當程度的敏感性。

二、多元化管理的策略

僅憑政府或企業在法規上、辦法上的規定，要消除文化差異所引發的各種問題是不可能的。唯有同時透過教育訓練、組織結構與文化的調整才能改變員工的心態。Tung（1993）指出跨文化訓練可以提升跨文化的認知（awarness）與處理技巧。最起碼願意承認文化差異，想瞭解文化差異，並認同文化差異的價值。如此對於組織目標達成及績效提升，將有實質助益。

如果在組織結構設計、控制策略與誘因政策上能將不同員工文化背景列入考慮，將可提升員工工作滿意及組織管理效益。在工作任務指派時考慮員工文化背景，選用企業所要文化背景的員工，都是人力資源專業人員可以運用的策略。美國績效最好的航空公司

South-West的選用策略強調工作態度與團隊合作，工作設計講求多能工、授權與「家」的感覺（Ghemawat, 1999: 119）。不少美國大企業已設置專人處理多元文化的問題；特別針對少數民族的就業與訓練提出建設性的建議。

Drexler、Sibbet和Forrester（1988）發展一種團隊績效模式（team performance model），將團隊績效的發展依下列五個階段實施：

1.引導訓練（orientation）。
2.同一時間、同一地點建立彼此形成關係。
3.同一時間澄清目標、角色，建立對組織的認同。
4.可以在任何時間、任何地點執行工作，創造高的績效。
5.檢討、再生（renewal）。

國際化人力資源管理機制在維持整合又允許差異的情況下的作法包括：

1. 人員選用：為了維持一定程度的一致性，通常高階主管大部分由母公司指派，中階主管則訓練當地教育程度比較高的員工來擔任。
2. 人員訓練：地區的高階主管會被安排接受母公司的訓練；而其他當地員工則是由母公司外派講師或當地訓練單位給予訓練。
3. 人員國際化：為了有助於國際化人才的培育，通常許多跨國企業會經常舉辦一系列跨文化訓練，以協助經理人及其眷屬學習語言及跨文化能力。跨文化訓練的目的在學習認識文化差異，培養尊重文化差異及瞭解協調文化差異（Trompenaars

& Turner, 1998）。

至於合資事業必須事先瞭解合作夥伴企業組織文化和所屬國家文化之間的差異。Faulkner（1995）建議人力資源管理應針對下列議題深入探討：(1)高階主管的重視；(2)互相依賴；(3)對企業文化的敏感度；(4)低階層員工對組織的認同；(5)對國家文化的敏感度；(6)廣泛傳播資訊；(7)良好的爭議處理機制；(8)散播學習；(9)檢討學習。

Florkowski和Schuler（1994）還提出一套在進行合資時人力資源管理的稽核項目，列舉如下：

1.合作夥伴的選定：

- 對內、外勞動市場的認知程度
- 資源分配在訓練發展的情形
- 薪資政策在內、外公平性的考量
- 高階主管推動員工參與的程度
- 企業對工業關係所採取的態度與記錄
- 如何配合勞動法令的遵守情形

2.開始成立合資事業：

- 選擇合資事業總經理及核心幹部時的影響力
- 人員選用標準與母公司在決定合資時策略目的的一致性
- 在評估訓練需求與決定訓練方案時母公司的角色扮演
- 對於合資企業的考核與薪資政策，母公司是否保留足夠的控制權去強化其策略目標

3.合資事業管理：

- 是否提供足夠的教育訓練給合資事業的指派人員
- 當地的職員是否忠於合資事業，不會妨礙知識移轉

- 合資雙方的訓練方案是否互惠
- 有關學習的責任是否正式納入事業計畫
- 是否提供足夠的經費和誘因去維持學習
- 學習的流程有無定期、廣泛的檢討

跨文化學習的理論基礎

跨文化學習的理論基礎係沿用Bandura在1977年發表的社會學習理論（social learning theory，簡稱SLT）。SLT認爲學習來自「結果」（effect）對行爲的強化，學習來自模仿別人的行爲；換言之，學習來自於觀察與經驗。SLT指出學習過程的四個基本要素分別是：

1. 注意（attention）：行爲的學習模仿前，必先引起學習者的興趣。
2. 留住印象（retention）：將所要模仿的行爲留在學習者的腦海。
3. 複製（reproduction）：將所要模仿的、抽象的行爲轉化成實際動作。
4. 激勵（motivation）：激勵會引導、誘發學習者將所學行爲產生出來。

社會學習理論的四個基本要素，常被使用在跨文化訓練的策略運用上。如果訓練的情境與學員相關，或講師本人與學員相似，就越會引起學員的注意。如果要模仿的行爲與學員過去的經驗有關，就越能保留與模仿。如果採用漸進式的，或合併使用「認知」和「經驗」的訓練方法，都能加強、留住訓練成果。如果所要模仿的行爲越新奇，就越難複製。最後，自我效能（self-efficacy）的提升，及對結果的期待（outcome expectations）會激勵學員將所學的行爲重新產生（emit）出來。

根據一項針對二十九篇研究文獻研究統計，於跨文化訓練中採用社會學習理論的架構，確實產生技能發展、適應與績效等三種成果，建立新的學習模式（如**圖10-1**）（Black & Mendenhall, 1990）：

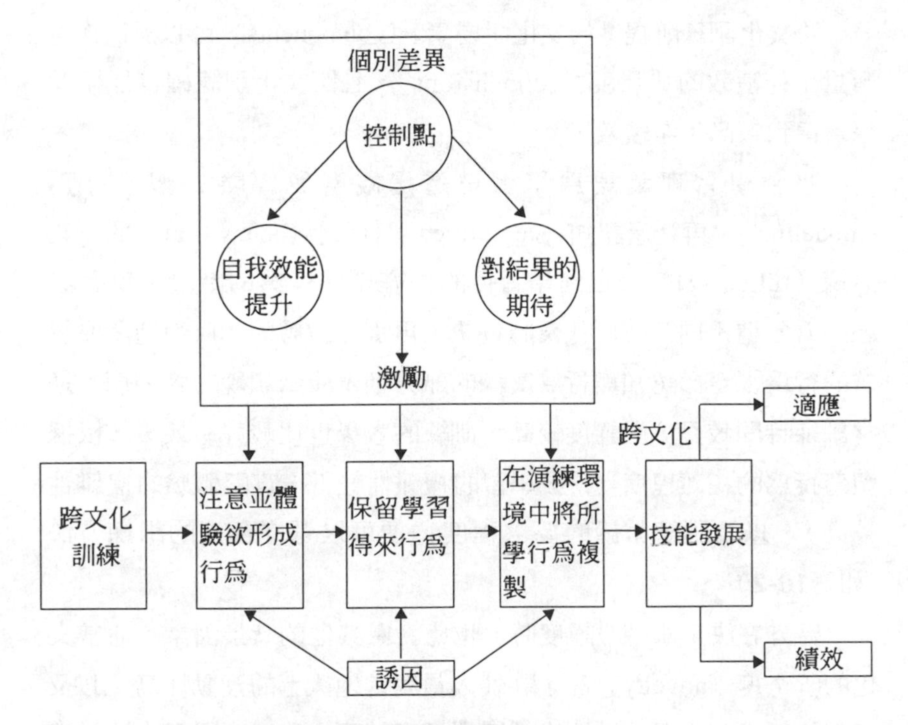

圖10-1 跨文化訓練與社會學習理論

資料來源：Black & Mendenhall（1990:120）

■社會學習理論與技能發展

跨文化訓練能增加學員的信心及自我認知，能增進文化認知能力及人際關係能力，去有效處理跨文化事物。

■社會學習理論與適應

跨文化訓練能幫助學員運用不同技能去適應不同的文化環境，降低文化衝擊。

■社會學習理論與績效

跨文化訓練所提供的文化「要素」（components）可以提供作爲衡量工作績效的「尺度」（dimensions）。且跨文化訓練確實能協助學員達到較高工作績效。

社會學習理論認爲學習是透過觀察與經驗去塑造行爲（modeling），再透過認知（cognitive）與行爲（behavioral）的一再演練（rehearsal）去達到學習目的。在塑造行爲的階段，學習者聽、看各種不同符號所代表的資訊，再實際去體驗如何塑造所要模仿的行爲。至於認知與行爲演練的部分則牽涉到訓練的嚴謹度；通常訓練時間較長，嚴謹度較高，訓練的效果也比較好。最後，根據塑造行爲的複雜程度（符號學習的複雜性較低，實際體驗的複雜性較高），以及訓練嚴謹的要求程度，便可以選擇合適的訓練方法（如**圖10-2**）。

另外在決定訓練嚴謹度時，也應考慮其他的背景因素；通常文化的新奇度（novelty）高，駐外人員與當地人士的互動性高，以及工作的新奇度高者，需要的訓練嚴謹度較高。這三項因素中又以文化新奇度的難度最高（Black & Mendenhall, 1989）。以下有二個個

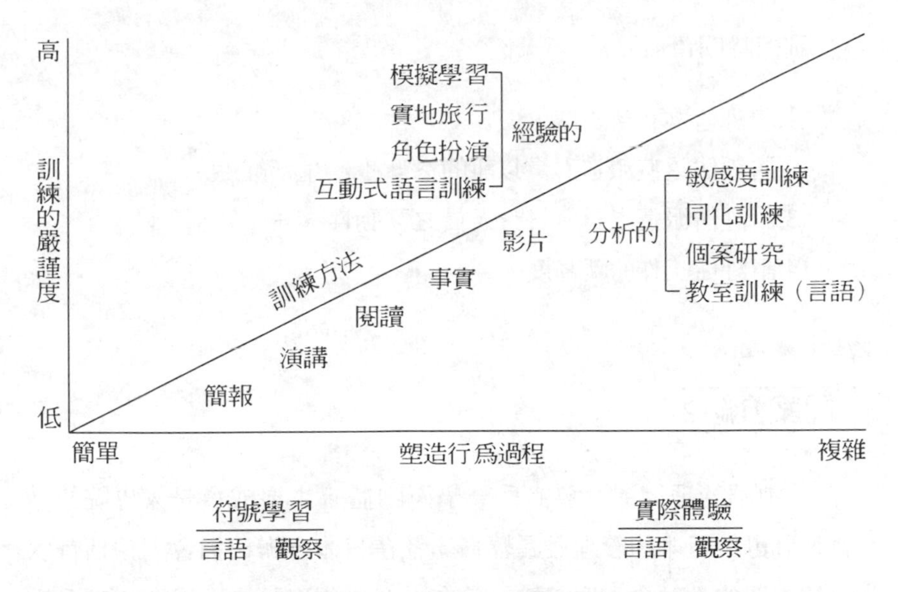

圖10-2　行為塑造複雜度、訓練嚴謹度及其訓練方法之選定

資料來源：Black & Mendenhall（1989:520）

案，可以協助學習者練習評估塑造行爲過程的複雜度及訓練的嚴謹度，並試著去選擇適當的訓練方法。

個案介紹1

「ABC」是一家美國電腦軟體公司，最近剛與日本一家電腦設計製造公司（Fuji）合資。ABC要派六位美國軟體工程師由西雅圖到東京與Fuji的軟體設計師一起工作，以協助Fuji改善軟體設計。專案經理由ABC公司的John擔任。所有美方工程師都是已婚，都同意搬到日本工作三年。但是據說其中至少有三位太太害怕孩子的教育受到影響，害怕到日本去適應新的生活方式。

問題：針對這一組人要到日本去工作，跨文化訓練如何建構？

（含訓練時間預估）

1.請評估文化新奇度。

2.請評估這些派遣人員以前的海外工作生活經驗。

3.請評估派遣人員與日方人員之互動性。

4.請評估工作的新奇度。

個案介紹2

「中華管理發展學會」爲一學術團體，主要成員是大專院校教師，計畫與日本的管理發展教育學者在日本合辦研討會，預估有六十位本地的教師會出席參加，並在大會中提出論文。學會決定爲這六十位學者提供跨文化訓練。

問題：請規劃此一跨文化訓練。

1.請評估訓練嚴謹度及訓練所需時間。

2.請評估行爲學習複雜度及訓練方式。

跨文化訓練的基本概念與實務

文化代表著一系列的價值觀、信仰、態度和行爲方式的集合體，是共通的，是由一群人在一特定環境下所共有的。跨文化訓練可以幫助員工發展出對文化的敏感度，對文化差異的認知能力，甚至可以提升不同組織文化間的融合。因此，跨文化訓練不應被視爲僅僅是對派駐海外人員的訓練。在多元化的社會中，勞動力的結構日趨複雜，跨文化的認知訓練可以增進組織效益，它應被視爲一般管理發展訓練中的一環。

一、為什麼要實施跨文化訓練

跨文化訓練的目的在創造文化差異的認知，瞭解影響行爲的文化因素，發展跨文化調適的技能及促進不同文化的融合。

跨文化訓練對全球化管理有其特殊意義。例如在1985年的《經濟學人》雜誌曾經報導，一項對一千三百位日本的海外經理人及其東南亞當地的合作夥伴所做問卷調查，結果顯示其中一方對另一方存有許多負面意見。讓人不得不懷疑跨文化學習在雙方訓練活動中的比重。

根據一項對八十個多國籍企業所做調查，只有32%的受訪者表示他們的企業對準備派赴國外工作的人員提供跨文化訓練（Tung, 1979）。在1950和1960年代，許多學者認爲管理是不分地域，一體適用的。直到1970年代才開始體認到國家和文化的差異會影響到管理的運作。其中特別是駐外人員海外生活的適應、工作的績效等，成爲在企業加速國際化過程中漸漸受到重視的問題。

此外，從人力資源發展的觀點來說，訓練活動的展開必須考慮學習對象的不同文化背景。例如，角色扮演法（role play）一向被西方社會認爲是相當有效的訓練方法；但在害怕失敗、害羞的東方文化中實施，效果就要打折扣。對於HRD專業人員而言，如何將管理的理論與實務橫跨文化和國家的界線，是一件相當困難的挑戰。尤其必須從文化的敏感度上去瞭解文化差異所引起管理上的問題點，同時在不同文化背景下修正訓練教材和訓練方法去達到一致的訓練效果。

由早期教育與文化的交流活動，到後來的學者研究文化對人類行爲的影響，促成企業界對派駐海外工作人員跨文化認知訓練的重視。不管跨文化認知訓練是針對管理發展或駐外人員，其共同的目的在於（Harris & Moran, 1991）：

1.對不同文化的情境及行爲，能有較敏銳的感覺與觀察。
2.增進來自不同文化背景的人們，其相互之間的瞭解。
3.藉由文化差異的認知，改善客戶與員工間的關係。
4.讓經理人瞭解文化的基本概念，並應用這些知識在人際關係和組織文化的改善上。
5.提升跨國企業的管理績效。
6.改善員工派駐海外工作的跨文化處理技能。
7.降低員工在進行海外工作時的文化衝擊。
8.應用行爲科學的原理原則在國際企業管理上。
9.經由訓練瞭解如何管理文化差異，進而提升工作績效。
10.改善員工跨文化溝通的技能。

二、跨文化訓練的理論應用

跨文化訓練應該提供學習者瞭解派駐國家的風俗習慣和管理模式，協助學習者發展人際關係技巧。從增進自我的認知去體認文化的差異，進而學習提升管理文化差異的能力。依據加拿大國際發展局（Canadian International Development Agency）所規劃的跨文化訓練，訓練的目的主要在灌輸學員下列七種概念能力：

1.溝通上的尊重。

2.避免使用道德上或用自己價值觀上的評斷。

3.認爲一個人的價值觀、知覺、意見和知識會影響人際互動；是相關的，但並非絕對的。

4.試著從別人的觀點去瞭解別人，將自己置於他人的生活空間，彼此心意相通。

5.從不同的角色扮演中，彈性地完成不同的工作。

6.與人溝通時展現互惠的誠意。

7.能適應文化的差異，容許含糊不明確的狀態。

另外根據Brislin（1981）的說法，從跨文化訓練的成功經驗歸納出下列六種學習後的人格特質：

1.能容忍別人不同的意見。

2.具備正向自我概念的人格優點。

3.有能力與別人發展良好關係。

4.有搜尋資訊的智慧。

5.以任務爲導向的工作態度。

6.願意聽從別人的回饋意見。

Brislin（1981）還歸納出下列六種成功必備的技能：

1.完成職務所需專業知識。

2.語言能力。

3.溝通能力。

4.能掌握機會在其他文化追求成長與興趣。

5.能瞭解不同文化的人其思考和行爲方式。

6.能依照其他文化既訂程序去完成工作。

爲了培育派駐海外工作人員具有上述人格特質及概念能力，跨文化訓練的內容及方式可以分類如下（Harris & Moran, 1991）：

1. 認知的：包括對他人及其文化背景的瞭解，特別是風俗、價值觀和社會機能。
2. 意識：針對適應異文化自我意識的提升，以及與不同文化背景人們互動時之文化意識及敏感度。
3. 行爲的：強調學習派駐地區特定文化行爲，以符合當地文化的期待。
4. 交互作用（interaction）：安排與不同文化背景的人相處，增加對其他文化的認知。
5. 情境模擬（area simulation）：安排與派駐地區文化類似的模擬情境，實施文化同化練習（cultural assimilator exercise）。
6. 關係系統化（relationship systems）：將跨文化關係或人際關係以系統方式處理。
7. 語言學習（language studies）：特定語言的學習活動。
8. 跨文化溝通（cross-cultural communication）：學習一般溝通理論及其在跨文化溝通上的應用，藉以改善口語和非口語的溝通技能。
9. 面對和對比（confrontation/contrast）：讓學員面對並比較不同文化的差異，從觀察別人的反應去評估改善自己的行爲。例如，透過影片教學再進行角色扮演演練就是一個典型的訓練方式。

美國的軍事單位在跨文化訓練上做了相當大規模的研究。這些研究在試圖改善軍中種族間關係，改善軍職人員與社區成員的關係，以及改善派駐海外服役人員之跨文化調適。和平團（Peace

Corps）在美國是最早提供赴海外義務工作人員跨文化訓練的團體，訓練的內容從介紹不同地區的工作性質，到瞭解面對不同文化應扮演之角色等。隨著二次大戰的結束，國際事務活動的頻繁等加速對跨文化訓練上的研究需求。儘管如此，跨文化訓練的基礎研究在學術領域上仍然是一項相當「年輕」的學門。

三、跨文化訓練的基本模式

訓練一向被視爲可以產生正向行爲改變的策略。從心理學的觀點來看，當一個人來到一個完全陌生的環境，由於過去經驗的影響，必然會察覺到客居文化（host culture）中角色與規範的差異，甚至引起焦慮。同時由於必須集中心力去達成某些工作目標，加上認知層面的加大，結合上述差異察覺、焦慮等，會誘導當事人試圖尋求發展出適當的行爲對策。接著配合未來自我形象的發展傾向，改變自我的角色與行爲規範，擴大自我的行爲特性。最後如果行爲的改變受到客居文化的認同，加上少許的焦慮程度及一些演練，會加速當事人形成心目中所要塑造的跨文化行爲。上述跨文化行爲的發展模式可以參考**圖10-3**的說明。

另一種跨文化行爲的發展模式是採用「降低不安定／焦慮理論」（uncertainty/anxiety reduction theory，簡稱U／ART）。這種由Gudykunst與Hammer在1987年所倡導的理論，在解釋不同文化背景人際關係的調適，倡導以溝通爲基礎的跨文化互動。其主要理論依據在：

1. 溝通主要在降低不確定性，不確定性的降低可以幫助人們預測、解釋別人的行爲。

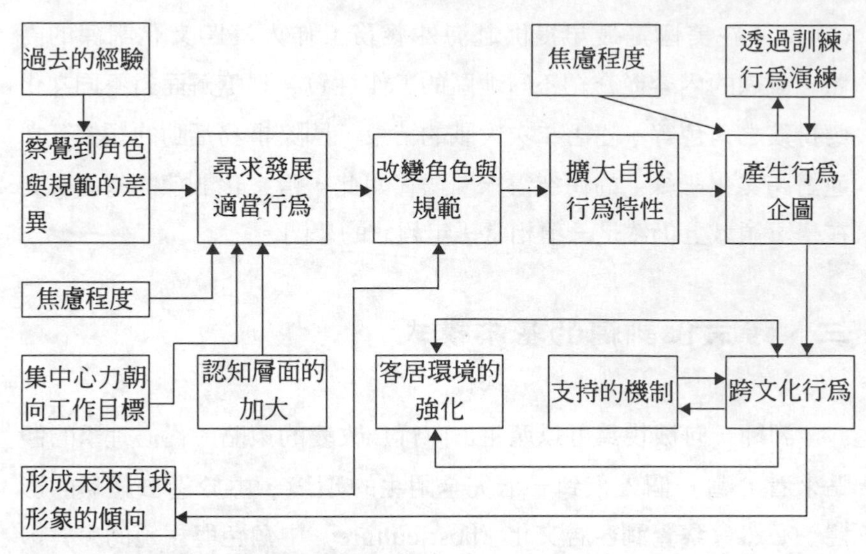

圖10-3　跨文化行為的發展模式

資料來源：Triandis（1972）

2. 要適應不同的文化，除了要有足夠的資訊，還要尋求降低與不同文化背景的人接觸時可能的焦慮和緊張。
3. 降低焦慮和不確定性，除了可以增進對派駐地區文化的瞭解，並且可以增進工作、生活滿意度。

單文化訓練（monocultural training）和共同訓練（joint training）係根據上述理論所實施的訓練方式。單文化訓練純粹在瞭解對方的文化和商業習慣；共同訓練則以混合不同文化背景的人，學習工作團隊的問題解決及跨文化溝通技巧。共同訓練的訓練目標除了在增進彼此資訊的交換，瞭解對方的商業運作，最主要在降低共事時可能的焦慮與不安。

一項針對美日合資企業的美籍經理所做的問卷調查發現，在受訪者中有一百五十人未接受任何跨文化訓練，一百二十八人僅接受單文化訓練，有五十六人接受共同訓練。調查結果顯示，三個不同樣本群在資訊的交換、不定性和焦慮的降低上有顯著差異（Hemmer & Martin, 1992）。證明訓練可以幫助瞭解不同文化型態，瞭解文化的差異，降低不安定性。特別是共同訓練對增進不同文化間之互動技能（interactional skills）相當有效。

一般常見的跨文化訓練可以分成三種模式：⑴認知的；⑵經驗的（experiential）（Gudykunst & Hammer, 1983）；⑶交替的等訓練模式。「認知的」訓練模式較為普通，通常包括環境的介紹、文化的導引等提供學習者眞實的資訊。至於「經驗的」訓練方式則提供學習者在特定的環境中親自體驗，檢討行為反應，並吸收有用的學習經驗以配合運用在實際的情境中（Harrison, 1992）。「交替的」訓練模式則結合認知的與經驗的學習方式，在訓練活動中交替使用。

「認知的」跨文化訓練是一同化作用的訓練（Fielder, Mitchell & Triandis, 1971）。這種訓練採用編序教學方法（programmed learning technique），要求學員閱讀一序列跨文化事例。每一個事例會接著一個問題及四個選項，學員必須從中選擇一個正確答案。學員如果答錯了會被要求重讀、重測。這種訓練方式在測試學員對文化差異的認知，以及幫助學員瞭解這種文化差異環境下所造成的影響。

「經驗的」跨文化訓練是將行為「模式化」（behavior modeling）的一種訓練過程。根據社會學習理論，大部分的行為都是經由模式化、觀察學習來的。觀察學習的四個主要程序是注意、留住印象、複製和激勵（Bandura, 1977）。在注意的過程中會掌握相關的學習重點。在保留的階段會將已經被模式化的活動所代表的符號、知識予以保留。在複製的階段會將這些符號、資訊透過訓練轉化成適當行為。最後如果當事人的模式化行為受到正面的回饋與激勵，這些行爲就會被強化，就愈可能將模式化的行爲展現出來。在實際的行爲模式化訓練中，學員從影片介紹中掌握學習重點，注意到不同情境下的相關行爲模式。接著透過練習，試演這些行爲。最後由講師或同學給予建設性的回饋和正面的強化。

「交替的」跨文化訓練是結合上述認知的與經驗的訓練方式。首先由講師確認、分析文化的差異點。接著讓學員體驗學習設計活動中，不同情境下情緒和行爲的反應。最後檢討跨文化差異下的信仰、價值觀對上述情境反應的影響。另一種交替的跨文化訓練可以依照社會學習理論的設計，跟隨一位有經驗的導師（mentor）學習、觀察和實際互動，也是一種很好的跨文化訓練方式（LaFromboise & Foster, 1992）。

最初有關跨文化訓練的討論大都集中在訓練方法與訓練方法論的分類上，其中以Landis & Brislin（1981）所提跨文化訓練方法的分類，獲得廣泛的接受。其模式如**表10-1**所示。

四、跨文化訓練的實施

跨文化的知識、技能是派駐海外工作人員必須具備的。跨文化訓練的主要功能在使學員認識文化對行爲的影響，學習有效跨文化溝通的技巧，對協助駐外人員適應新的文化環境，提升海外工作績效有其正面影響（Black & Mendenhall , 1990）。但是實施跨文化訓練的時機、內容、方式、場所及對象等均應考慮周詳，以下將詳細個別討論。

表10-1　跨文化訓練模式

訓練方法之類別	訓練方法與目標
資訊或事實導向的訓練（information or fact-oriented training）	透過演講、討論、錄影帶以及閱讀教材等方式進行，以提供依據必要性及合適性篩選的派駐國相關資訊
歸因訓練（attribution training）	透過不斷的反覆練習，使受訓者一方面學習去瞭解地主國人民的行爲原因，另一方面則試著調整自己發展內化出配合客國文化的行爲標準
文化察覺訓練（cultural awareness training）	探討母國文化內常見的價値觀、態度以及行爲，藉此瞭解文化對受訓者個人的影響，進而使受訓者能在不同文化下體會文化的差異，並理解文化對客國人民行爲的影響
認知行爲的修行（cognitive-behavior modification）	先教導受訓者調適其他文化的要領，在要求其列出母國文化下的行爲模式，然後依據上列要領，試圖以客國文化的特性去修正原來的行爲模式
經驗學習（experiential learning）	藉由實地旅遊、複雜的角色演練以及文化模擬學習，讓受訓者具體參與並經驗異文化的衝擊
互動訓練（interaction training）	透過深度角色扮演或口頭的討論，讓受訓者與客國人民或自該國回任之同事互動，使其能在訓練過程中發展因應及調適的方法，並且獲得對方的回饋，以便在實際生活中及早進入狀況

資料來源：Brislin（1981）

■實施跨文化訓練的時機

訓練的時機對於跨文化訓練是一項關鍵因素，特別是與出發日期太接近時，學員的焦慮會阻礙學習。而時機的選定，端賴學員在不同階段需要不同的資訊而定。通常一年的語文學習以臨行前三至六個月的跨文化訓練最爲普遍，而學習的資訊可分爲「生存」(survival）所需的資訊及其他資訊。前者如子女就學、就醫、賃屋、薪資待遇等。後者如新環境調適、如何交新的朋友、如何融入當地社區、如何把工作做好等。這兩種資訊的適當取得時機請參考**圖10-4**說明，因爲不同時期，跨文化資訊需求的種類及其強度也不同。

另一種訓練時機的分類區分爲：到達新的文化（entry）及回到舊有文化（re-entry)。通常人們到達一個新的文化情境，必須學習修正原有的態度、價值觀或行爲，去配合適應當地人的期待。同樣的，駐外人員返回本國文化時，如果沒有足夠的訓練去調整，他們的言行舉止會讓他們的家人、朋友或同事認爲相當的怪異。

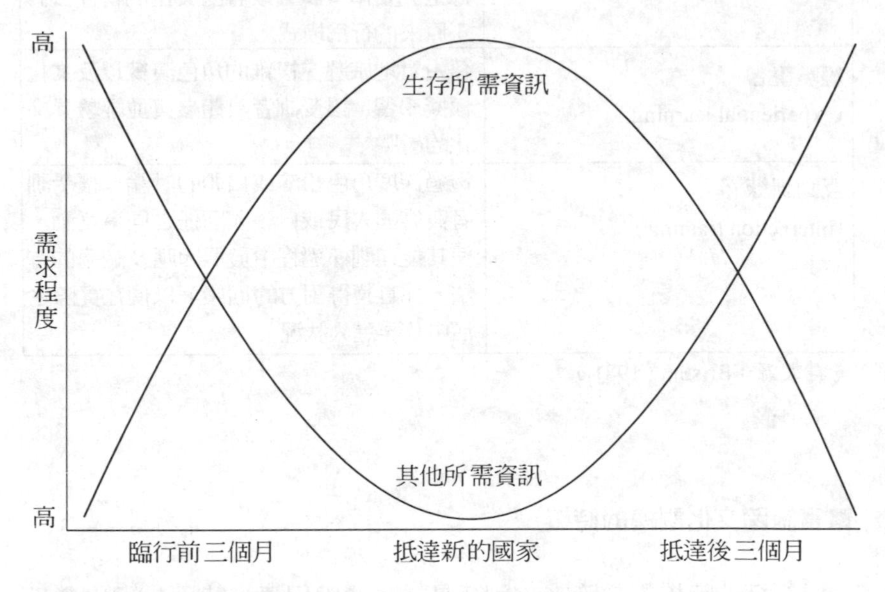

圖10-4　不同程度跨文化資訊需求的時機說明

資料來源：Mendenhall & Oddou（1985:42）

■選擇合適的跨文化訓練

選擇合適的跨文化訓練及決定訓練嚴謹度，應考慮與派駐地區文化交互作用的程度，以及派駐人員本身的文化背景與派駐當地文化的相近程度（Tung, 1981）。假如交互作用程度低，文化差異性低，訓練的方向可能要針對與工作職務相關的問題；而跨文化方面的問題較少，跨文化訓練的嚴謹度低。假如交互作用程度高，文化差異性大，訓練的重點應置於跨文化能力的發展，跨文化訓練的嚴謹度就要相對提高。Mendenhall和Oddou（1985）也認爲上述的決定因素可作爲訓練方法、訓練嚴謹度及訓練期間長短的參考因素。

通常跨文化訓練的進行，其訓練方式可以參考下列六種基本方式：

1. 以提供資訊或陳述事實爲主的訓練方式。透過演講、討論、錄影帶、閱讀教材等提供資訊、事實。
2. 文化屬性（attribution）訓練。訓練學員從客居文化的觀點，從單一事件之不同解釋中選出正確的。經過不斷地反覆練習，發展內化出與本國文化不同的行爲標準。
3. 文化認知訓練。學習認識自己文化的價值觀與行爲規範，讓學員處在不同文化情況下能體會文化的差異。
4. 認知行爲的修行（cognitive-behavior modification）。這種方式會先教導調適其他文化的要領，接著要求學習者列出自己國家文化的行爲模式，然後依據上述要領，試著依客居文化的特性去修正原來的行爲模式。
5. 經驗學習（experiential learning）。學習者親自到其他文化情境去實際體驗，或在模擬的情境下學習。

6.交互作用方式（the interaction approach）。學員在訓練活動中與其他國籍文化人士或「老手」互動。學員在訓練過程中學習相處之道，以便能在實際情況下儘早進入狀況。

至於如何選擇合適的訓練方式，必須同時考量一些限制因素；例如，可用的教材、可容許的時間、可運用的資源、講師及學員的狀況等。場地的選定可以影響學習的深度與行爲的改變，因此在決定內訓或外訓，在本國文化（home culture）或客居文化歷練時要相當謹慎。最後在跨文化訓練的對象上，眷屬的參與有其必要性，因爲可以將整體文化衝擊的影響減至最低程度。

跨文化訓練要能成功，必須依情況不同使用最有效的方法和技巧，包括需求評估和訓練規劃等方法。**圖10-5**表示跨文化訓練的系統規劃流程。

■跨文化訓練的評估

影響跨文化訓練成果的因素有很多，包括：訓練的目標、訓練活動的型態、學員的特質、講師的特性及學習的環境等。至於評估訓練的成效有以下四種方式：

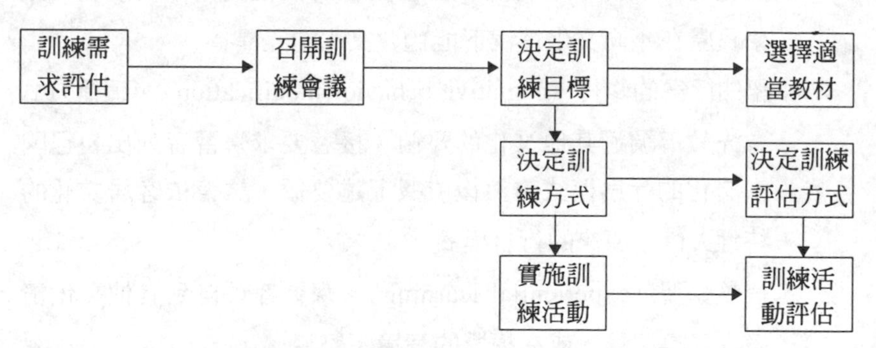

圖10-5　跨文化訓練系統規劃流程

1.訓練前、訓練後的比較評估。

2.使用控制組作爲訓練影響的比較研究。

3.藉由設備或訪談，在訓練實施中或實施後觀察訓練成果。

4.訓練結束返回工作崗位或派駐海外工作，由學員的同事和主管給予考核。

■跨文化訓練個案公司實例介紹

爲了培育具競爭力的駐外人員，某公司人事部根據駐外人員所需能力分析，完成知能建構圖（competence map）如**圖10-6**說明。除人事相關規定事項外，各項能力建構均將駐外人員配偶納入訓練對象。圖10-6附註部分將二階段之訓練課程內容也做了詳細說明。

所需能力	建構方法
A.語言能力	**A.日常會話，溝通，寫作能力
B.國際應對溝通能力	**B.國際經營，商業禮儀，社交，溝通技巧
C.跨文化認知	**C.指派國家文化介紹，文化差異認知，經驗分享
D.壓力調適	**D.外派人員心理建設，資源運用能力，輔導人員
E.人事相關事項	* E.津貼福利，生涯規劃，危機處理，參觀活動

圖10-6　駐外人員知能建構圖

附註：*第一階段：通識教育
- 國際禮儀，溝通技巧
- 工作生涯規劃
- 壓力調適技巧
- 國際化經營策略
- 駐外漫談

**第二階段：國際分區訓練
- 派駐國介紹
- 甲公司在當地發展現況及範圍
- 甲公司企業文化及經營理念
- 國際溝通技巧
- 國際商業禮儀
- 綜合座談

■結　語

設計良好的跨文化訓練對駐外人員確能產生一些正面效果。從文化認知上的改變來看，會用比較複雜的思維程序去增加對其他文化的瞭解，增進世界觀，降低對客居文化負面、刻板的印象。在感覺上能從客居文化的觀點去瞭解當地的人民，建立良好的工作關係。在行爲的改變上，能與不同文化背景的人建立較佳人際關係，較能適應不同文化之生活壓力，有較佳的工作績效。總之，跨文化訓練是必須的，絕非是奢侈品；但必須審慎規劃，而不是爲了必須訓練而訓練。

教學活動設計

HRD專業人員在訓練發展的活動設計中應該掌握文化因素對教材內容及教學方式的影響，在訓練發展活動的實施中針對不同國籍人士能有效處理文化的差異。不同國家有其文化背景的差異，而文化的差異確實會影響多國籍企業的管理運作。未來的多國籍企業，各地區的管理運作方式必須符合當地的文化背景。如果文化的因素未能列入訓練活動設計的考慮，會造成經理人無法掌握文化變數的影響，容易產生誤解。因此，HRD專業人員應熟悉瞭解各種不同地區的文化，針對不同文化背景的學員實施教育訓練時，訓練方式和教材內容必須做適當調整。

不同的文化背景下對HRD的角色有不同的詮釋，對HRD的支持程度也不一樣。因此，要將管理的與HRD的技術在不同文化間做移轉，常會受到文化差異因素的影響。特別是文化的因素常會影響管理型態、思考方式、生涯期待、組織文化及變革。此外，一個國家的工業化及經濟發展程度也會反映對HRD的接受度，以及其對教育訓練的需求（Hansen & Brooks, 1994）。

美國與日本在工作場所的標準與規範上，大約有上百種文化上的差異。例如，在美國以績效爲導向的薪資制度，其背景部分是來自平等人權（equal human right）的要求。相反的，日本的企業在考核上較採主觀、質化的評估、重視年資的因素。雙方在獎酬方式、權責觀念及資訊管理上有相當的差異。尤其是日本人強調和諧、圓滿；美國人則強調誠信、兩極化（不是對便是錯）的價值觀。另外從曹國雄和吳雅芳（1996）的研究也發現我國美商、日商與台商的組織文化特徵是影響組織推行績效評估成效的重要因素。

不同文化背景對於訓練的假設與期待也不同。美國人通常認爲教學的方法和學習的方式本來就有差異，沒有一種方法或方式是最好的。美國的學員希望學習的資訊、技能和目標能符合他們個別需求。但他們也希望講師能與學員對話，回答問題，交換意見。相對的，美國的學員常會挑戰講師，比較挑剔，認爲訓練必須簡短有力，切入要點。

以管理發展教育爲例，跨國籍企業在辦理訓練時，由於文化的差異很難同時滿足各地方的要求，因此建議採用以下策略：

1.儘量採用實際的體驗方式。

2.針對個別行爲績效的問題去探討。

3.讓來自不同地方的主管交互訪問。可以在講師的安排下一起去協助解決某一地方的問題，從不同的情況整合出具有創意的問題解決方式。

4.有關共通性訓練應強調：

・文化的認知

・學員間的相互啓發

・成爲「世界人」（cosmopolitan）必備的知能

至於如何將訓練配合當地的文化予以本土化，是HRD專業人員另一挑戰。訓練本土化的目的幫助其他文化的人瞭解、運用經由學習得來的原則概念。訓練內容除非與當地規範、信仰、價值觀不合，否則內容變動不大。但是討論的方式、問題的提出或解釋的方式必須依照當地使用者的習性來設計。本土化不應只是將教材翻譯，應該針對下列三個M去實施有效的本土化策略（Morical & Tsai, 1992）：

1.模式（model）：去設計一個模式，分析評估訓練課程對不同文化的適用性。

2.模組化（modularization）：設計模組化的課程，可以將課程中的部分單元彈性調整，而不必將整個訓練課程重新改寫。

3.講師手冊（trainer's manual）：從講師手冊中指導講師如何修正教材，去配合當地不同文化的需求。

配合企業走向國際化，HRD專業人員必須不斷提升專業能力，將生涯發展的方向推向全球。

在考慮文化差異的前提下，HRD專業人員要有「雌雄同體」的思考方式（androgynous thinking），訓練的方式，內容必須是多方考慮的。文化融合，合作的模式（collaboration model）也許是未來適應全球化較佳的方式（Clarke, 1990）。

國際化人才培訓

近年來政府不斷地推動自由化、國際化的基本經濟策略；企業界也因為勞工問題及土地取得困難，大幅增加對外投資。企業國際化形成一股風潮，而國際化的成功與否，最大的因素還是在國際化人才的培育。本節首先將從「企業內部國際化」的角度來探討國際人的培育。其次將從駐外人員（expatriate）訓練發展的架構介紹駐外人員培訓的實際作法。最後將從人力規劃與生涯發展的觀點說明國際化人才培育的基本策略。

一、國際人的培育

企業國際化之後，由於員工必須廣泛接觸國際事物，因此教育的內容必須在國際人的培育上作轉變。為了讓員工成為具有世界觀的國際人，學習瞭解異國文化與國際社會相關的知識，學習語文與國際人的禮儀等成為企業訓練體系必須涵蓋的課程內容。具體的研修項目包括以下幾個課題：

■語言進修

語言能力的提升必須要靠企業長期的培育及員工的自我啓發。通常許多企業會安排員工在公司內或公司外學習外語，甚至於把外語的檢定列為升遷、國外訓練或駐外人員的必備條件。

■海外研修制度

派遣員工到國外大學進修，或到關聯企業研修。這種研修制度一方面可以讓當事人學習外國語文外；透過各種溝通交流，得到異文化管理的學習機會。

■異文化研修

爲了幫助員工瞭解他國文化，一般企業安排「異文化瞭解」、「國際商務禮儀」、「異文化溝通」等，從異文化瞭解及異文化溝通的一般理論，到透過演練、模擬的訓練課程。異文化研修的目的在培養異文化的適應力；訓練學員認識自己本身文化的能力，瞭解對方文化的能力及溝通交流的技巧。日本富士全錄（Fuji Xerox）的小野紘昭（民85年）運用Gudykunst和Hammer（1983）的跨文化學習設計模式，將上述異文化研修的內容，依「教導」與「經驗」訓練方式予以課程化。**圖10-7**由縱軸的學習方法與橫軸的對象文化組合成不同學習領域。

二、駐外人員培訓

跨國企業對於海外分支機構的用人策略通常有下列三種型態：由母公司國籍的人（PCNs）擔任，由海外分支機構的人（HCNs）擔任，或由第三國的人（TCNs）擔任。基本上不管是採用那一種用人策略，母公司通常會派遣或初期派遣駐外人員赴海外分支機構服務。因此，駐外人員的訓練與發展對於駐外工作的成功與否，扮演非常重要角色。配合企業國際化策略的推動，企業在形成駐外人員訓練發展模式時必須考量企業本身因素、環境變數及派駐國別的

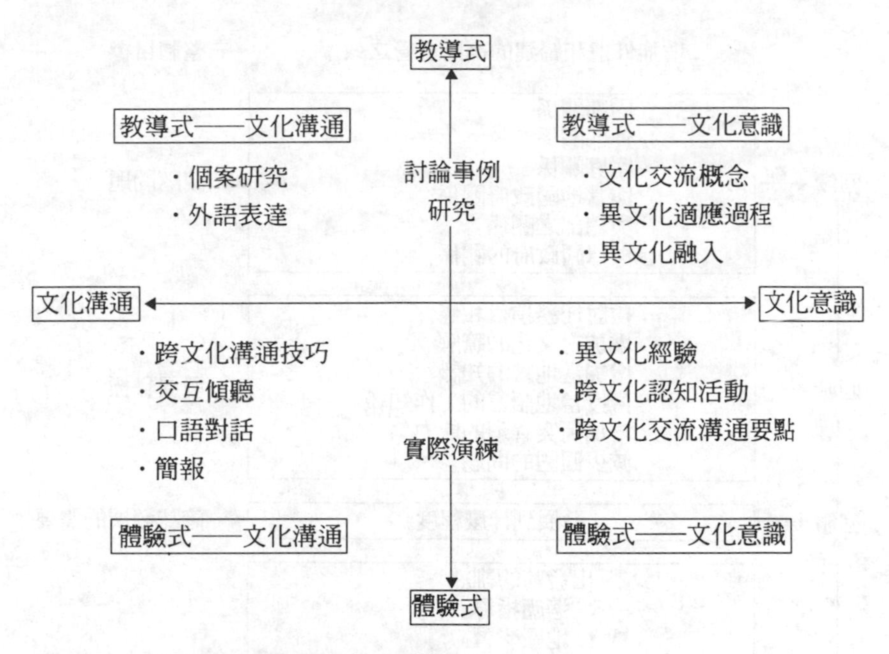

圖10-7　跨文化溝通學習的訓練組合

資料來源：Gudykunst & Hammer（1983:130）

文化背景因素等。**圖10-8**顯示駐外人員訓練發展的規劃模式；訓練的方式則可同時採用「認知的」與「經驗的」學習原則（Cascio, 1992）。

人才國際化是一個企業全球化是否成功的重要關鍵。在研訂駐外人才培訓方法需要先瞭解駐外人員的主要功能；以歐姆龍（OMRON）爲例，駐外人員的主要功能有四（雷斯禮，民85）：

1.把當地員工訓練成將來的管理人，進而培養成幹部。

2.力求靈活的在海外分公司發揮領導能力。

3.培養當地職員成爲幕僚班底。

4.返回國內後，致力於母公司的國際化。

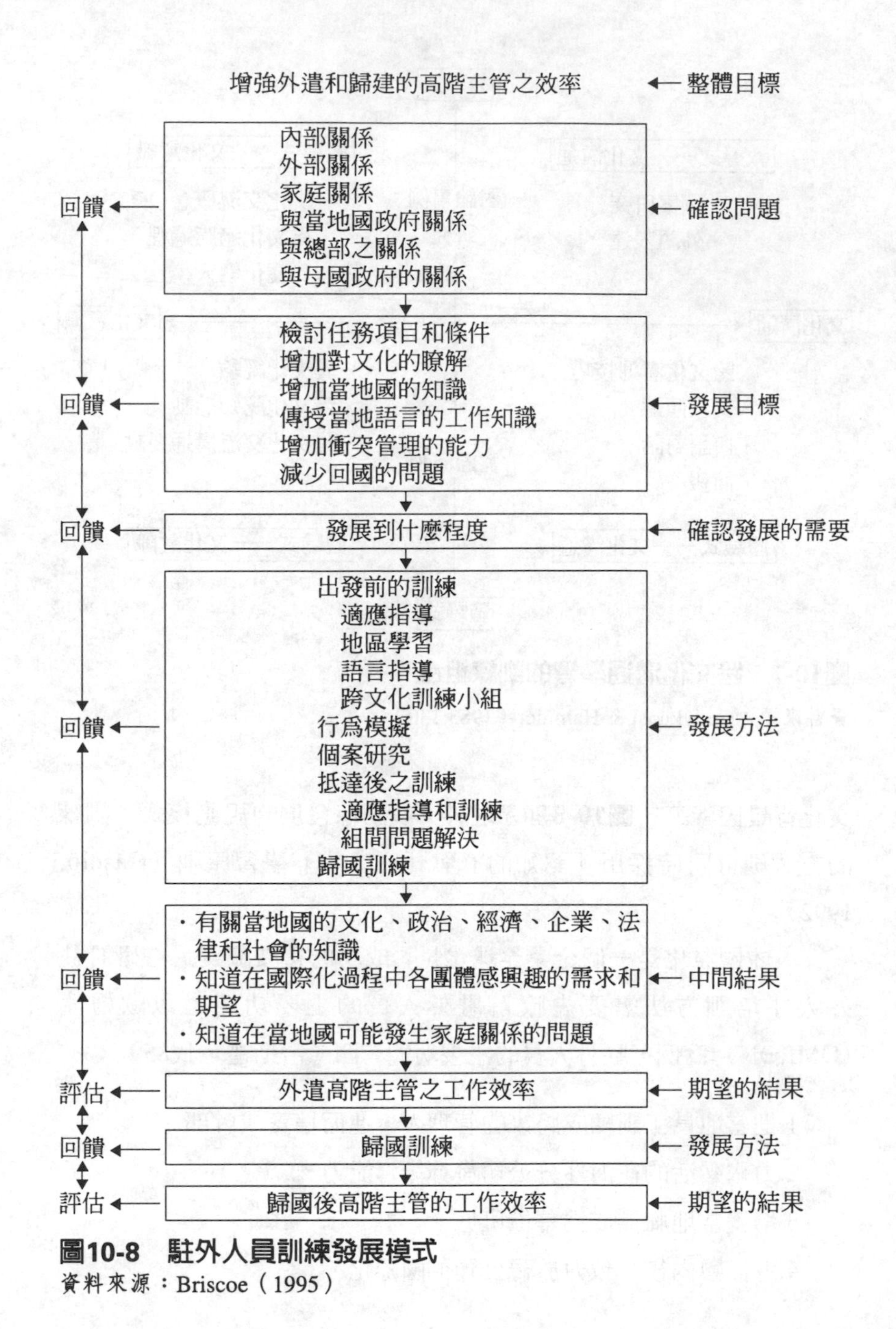

圖10-8　駐外人員訓練發展模式

資料來源：Briscoe（1995）

因此，爲了海外業務的成功，歐姆龍公司認爲國際化人才必須具備下列四項條件：

1.專業技術。

2.英語或其他可以充分表達的第二外國語。

3.對異文化的感受性。

4.關心世界政治、經濟等重要事物。

根據上述人才條件，在駐外人員的培育方面，訂定四個要件，並以實施研修作爲充實這四項要件的手段之一：

1.具有職務水準以上的執行能力。

2.深知本國文化的特徵、特殊性，並且絕不會自限於此。

3.具備最低限度的語文能力、技巧，以便順利達成溝通交流。

4.對於全球性的趨勢、動向等常常保持關心，致力於知識的吸收，並對這些事物、現象等有自己的看法。

其他企業在甄選駐外人員的條件上也有不同的標準，以下就其中若干知名企業的標準作說明：

1.松下電器：

- 專長（specialily）：具備必須的技能、才能或知識
- 管理能力（management ability）：激勵員工的能力
- 國際性（international）：海外學習的意願和調適能力
- 語言能力（language facility）：駐在國之語言熟悉度
- 盡心竭力（endeavor）：面對困難時依然具有活力並堅忍不拔

2.飛利浦：

・專業技術

・生意眼光

・心胸開闊、有親和力及溝通技巧

・對社會發展有充分瞭解

3.日本電氣：

・人格因素：活力、適應力、忍耐力、好奇心

・能力因素：管理技巧、職業知識、語言能力、談判技巧、解決問題的能力

另外在具體的研修內容方面，松下電器正宣導具有世界觀的「松下國際人」的想法。課程內容包括：學習在海外相關業務上必要的實務知識，學習在海外必須具備的基礎管理技巧，學習瞭解異國文化與國際社會相關的知識，學習語文、國際人的禮儀等綜合組成的。在日本電器，會對即將派遣到國外工作的人員，設想各種狀況（職位、職務內容、派遣地等），並制定受訓計畫書，依據計畫書學習國際交流、國際禮儀、地區研究等必要科目。富士通的海外工作行前教育分為下列四大類，針對每個科目設定若干主題（葉宜玟，民85）：

1.瞭解不同的文化。

2.與海外駐在有關的管理知識。

3.與海外駐在相關的基本知識及實務研修。

4.富士通的海外戰略。

三、國際化人才培育的基本策略

企業在進行國際化的同時，即應進行國際化人才的培育。國際化人才培育的基本策略包括：(1)策略性人力資源發展；(2)國際化人才之生涯發展體系。從總體的國際事業發展、人力資源發展，到個體的生涯發展，結合成國際化人才培育的基本策略。

■策略性人力資源發展

通常企業在從事人力資源發展策略時必須先結合企業經營目標與人力資源規劃，經評估人力資源現況及企業內外環境後擬定人力資源發展方法與策略，再依策略與重點去執行、控制與評估。**圖10-9**說明國際化人才培育的規劃實施程序。

企業國際化的策略規劃中必然會考慮到人力資源的運用策略，包括人員的招募、調動與培訓等。為了有效發展短、中、長期人力策略，必須瞭解未來的業務發展、組織架構與人才需求。再根據內部人力盤點作業，決定是由公司外招募或由公司內培訓。針對公司內培訓部分執行國際化人力發展策略，其實施步驟為：

1.實施國際化人力需求分析，設定目標職位及培訓目標人員。

2.目標人員訓練需求檢核與培育計畫制定。

3.培育計畫執行。

4.工作輪調制度的配合。

5.目標人員培育成效追蹤與輔導。

國際化人力培訓的目標人員通常分為三類，其職務內容及培訓重點說明如下：

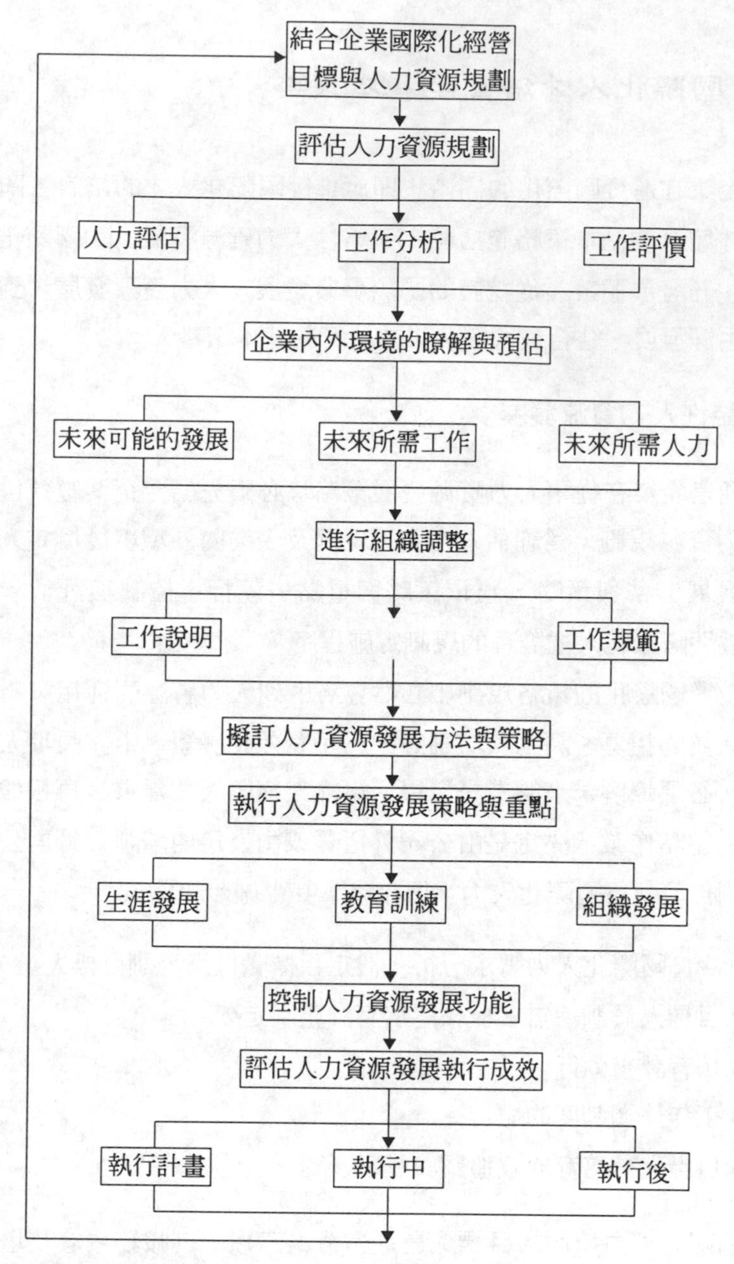

圖10-9　策略性國際化人才培育規劃施行程序

1. 重點培育人員——海外地區或分支機構之主管：對於高層人員的培育重點，目的在培養更完整的能力；因此除了強化異文化管理能力的研修外，提升派任海外時所需的語文能力、知識、技能也是研修重點。
2. 國際業務擔當人員：對於日常必須與海外分支機構接觸，或到海外地區從事業務活動的人員；語文能力、異文化理解能力、溝通技巧等是研修的重點。
3. 國際化儲備人員：儲備人員的培訓屬於長期培育工作；研修課程除了外語是必修外，學員可配合自己需要（如管理類或製造類），決定應加強的選修課程。

■國際化人才的生涯發展

為了進行國際化，加速開拓海外事業，國際化人才的取得可以透過「指名」或「招募」；但是不管用那一種方式徵求人才，「個人意願」仍然是必須考量。希望成為國際化要員的職員，可以在每年舉辦一次的能力開發面談中，向所屬主管表示自己的意願；或透過「派駐海外機構意願調查表」（如**表10-2**）表達意願。對於有意願的職員，將考慮其職務執行能力、個人生涯發展、家庭狀況、健康狀況等，再由其主管與人事部門進行調整後，決定那些列為重點培育人員，那些列為國際業務擔當人員，那些列為國際化儲備人員。

被列為國際化儲備人員的人選，首先由人事部門配合各相關部門主管，根據各類人員之專業、管理職能標準對當事人進行檢核；再就初審合格者實施語言測試。通過語言測試者參加由人事部、國外部及高階主管主持的面談，就未來海外工作、培訓重點交換意

表10-2　派駐海外機構意願調查表

<table>
<tr><td>為加速本公司國際化腳步，積極開拓海外分支單位，以及培養未來海外分支單位之駐外人員。有鑑於此，本公司將實施一至三年的國際化人力培訓計畫。為建立本公司「國際化人力資料庫」，特舉辦本次意願調查。</td></tr>
<tr><td>部門：________　姓名：________　職級：________　職工編號：________
一、婚姻狀況：□已婚，子女___名
□未婚，但預計___年內結婚
若派駐時已婚，□願意　□不願意派駐海外
二、有無意願派駐海外工作，並接受一至三年的培訓計畫？
三、培訓結束後，本公司有服務年限之規定，你是否願意接受？
四、若有駐外機會，問你希望到那些地區工作（請依優先順序註明前三項）？
五、你認為身為駐外人員，應俱備那些條件？
六、若你成為海外分支機構的儲備人員，請問尚需加強那些專業知識及技能？
七、一般駐外人員任期為二至三年，你是否接受？
八、你曾經歷過那些部門及業務？
部門　經歷業務　期間
1.
2.
3.
4.
5.</td></tr>
</table>

願；同時由面談主管就是否將被面談者列入目標人員做成決定。

目標人員一經決定，人事部門應輔導各目標人員完成培訓計畫書。通常高階主管可以安排密集語言訓練及海外進修或觀摩，以提升全球化的管理視野，挑戰跨國界的管理。至於中階主管部分除了語言訓練、跨文化訓練外，職務輪調、專業或管理知能的強化、海外分支單位的實習等都是訓練的重點。

國際化人才在一般企業通常屬於組織發展的「策略性人才」，

因此在有限的資源下應該針對有意願、有能力及有潛力的人實施生涯發展。換言之，從目標人力確定，目標人員設定，到培育養成計畫的做成，都需要公司當局與當事人取得充分共識，國際化人才的培育工作才能落實展開。

結　論

如果你搭乘亞洲的航空公司飛機時，機上的空服人員來自不同的國家與文化，你會覺得新鮮，或覺得語言溝通上比較沒有障礙。但是如果機上傳來英國腔機長的聲音或台灣腔英語的副機長聲音，這個時候你可能要開始擔憂他們兩位會不會因語言和文化的誤解而導致飛行災難。1992年和1994年南韓的兩件飛行意外即肇因於駕駛員間的協調出了問題；1999年華航香港機場意外事件也有人懷疑是義大利正機師與華籍副機師的溝通有問題。

Arthur Andersen企管顧問公司在1996年透過《財訊雜誌》對四百位來自歐、美、亞洲高階企業主管實施問卷調查，以瞭解他們的管理文化、型態和實務運作。調查結果發現，東、西方不同文化背景下的管理型態差異很大，商業運作的喜好方式也不同，對「理想中」的經理人定義也不一致。但雙方都同意最近五年來企業文化有顯著的改變，而且組織的變革也在不斷地加速進行。報告的結論認爲，即使文化的差異仍然存在，誰愈能夠體認多元文化差異的，就愈能在國際化的企業環境中成功。

根據另一項調查，美國派駐海外人員的失敗率在20％到50％，每一次的失敗大約要花費美金五萬五千到十五萬美元之間，因此估計每年的損失約在二十億美金。最後，根據吳祉龍（1998）對台灣地區銀行業派外人員培訓研究發現，甄選主要考慮因素爲工作意願及外語能力；主要訓練項目爲外語訓練、專業技能訓練及行前短期研修（實習），極少數曾接受跨文化訓練；惟長期以來派外人員在適應上大多未遭遇特別困難。

從以上的事實顯示，企業內部國際化、國際化人才培育及跨文化訓練對企業國際化的重要性。因此，HRD專業人員應該跨越地區和文化的疆界，依據跨文化學習的理論基礎，配合企業國際化的策略，積極推動跨文化訓練與國際化人才的培訓活動。同時在課程的規劃、設計與實施上，應該考慮文化差異的因素，適時調整課程內容與授課方式，以避免因設計或施教不當影響教學成效。

11 組織變革與發展策略

組織爲什麼要執行變革，爲什麼要實施轉型，其實目的都在增進企業效能。尤其是一些歷史悠久的公司，在成長階段往往重視業績而忽略了管理，爲了管理而忘了客戶，造成以下的組織問題：

1.採取無效的管理策略，以致無法達成組織目標。

2.組織規範與員工行爲型態不一致。

3.組織結構不適，員工任務界定不清。

4.單位間協調不良，缺乏團隊合作。

5.溝通不佳，資訊未能有效傳播。

6.流程冗長，造成客戶抱怨連連。

Leavitt（1964）認爲一般組織在變革時常採用下列三種途徑：

1. 結構途徑：改變組織的結構設計，建立新的權責關係，即所謂的組織再造。

2. 技術途徑：改變產品的生產技術，完成新的工作流程，即一般所稱流程再造。

3. 行爲途徑：改變員工態度與價值系統，形成新的行爲模式，即學者所稱組織發展。

組織變革，有些公司成功，但是大部分的公司都失敗。哈佛大學對六家大型公司所做調查研究顯示，只有一家是改造成功，有三家做了一些改變，有一家甚至績效下降。另外一項調查一百六十六家歐美公司實施變革，只有三分之一表示成功。因此，組織變革對於企業界而言是必須的、困難的、可能的。

組織變革

企業爲何需要實施組織變革，其原因不外乎是面臨市場的競爭及快速變遷的科技，加上勞動力人口多樣化所造成政治結構與社會生態的改變，最後產生企業內部改善績效和競爭優勢的需要。近年來由於新的管理理念與方法大量出爐，使得我們在變革管理工具的運用上更得心應手，其中主要的理念與方法如：⑴企業流程再造（BPR）；⑵企業資源規劃（ERP）；⑶全面品質管理（TQM）；⑷外購策略（outsourcing）；⑸及時製造；⑹客戶導向（customer-oriented）；⑺授權賦能；⑻團隊組織運作；⑼組織再造設計（restructuring, reorganization, resizing）。

促成組織變革的激勵因素來自客戶及其他利害相關團體（如股東、員工、社區、供應商及政府等）的需求與期待。高階經營層將這些需求與期待轉化成願景與目標，再透過上述管理手法，試圖在組織結構、員工技能與價值觀、領導型態等進行改造，最後結合流程再造去滿足顧客與相關團體之需求與期待。其實，就整個變革管理的組織績效模式來看，組織變革是一種結合「行爲價值觀轉化」與「業務流程轉化」的共同體。從組織結構、管理制度及系統流程去進行改造以滿足客戶需求；並藉此形成有利工作氣氛，塑造所要組織文化，實施授權賦能等去激勵員工與組織提升、改善績效。

不管是行爲價值觀的轉化或業務流程的轉換，在導入新的管理體制前必先實施文化改造，尤其是人的改造。在進行組織變革時如何避免、克服員工的抗拒即是「變革管理」的主軸。除了應該與員工進行有效溝通，邀請員工參與變革規劃，透過授權賦能去教導員工學習如何適應變革，賦予員工自我管理的責任應是可行方案。

組織變革中如何提供工具、資源去激勵員工迎接變革是另一挑戰。在組織變革或再造工程中人們需要知道的是資訊、行爲準則與新的人際關係。人們不是抗拒變革，而是在除舊佈新的移轉中因能力不同而有個別適應上的問題。在移轉的過程中分成四個階段（Anderson, 1996）：

1. 概念階段：人們需要的是資訊，要瞭解變革對他們的工作及未來眞正的影響。
2. 調適階段：此時人們需要的是教育、訓練、工作研討等，去強化特定的行爲及知能。
3. 消化階段：人們開始瞭解新工作流程的因果關係及相互影響。此時需要將每一個人的角色及責任定義清楚，組織必須重新設計去支持新的工作關係。
4. 擁有階段：人們完全瞭解他們新的工作責任，並尋求不斷地工作改善。尤其透過模擬，更能提升工作績效達成工作目標。

管理者如何能成爲一位有效的變革領導者？必須能擁抱變革，爲未來塑造願景，將爲何需要變革、變革的成本效益等與同仁們溝通。此外，積極參與、走動與傾聽、說服是必要的行動，要能瞭解與檢討整個變革管理的規劃與執行。如果我們針對影響組織績效的社會行爲因素進行全面性改造，就不難發現導入變革的三個步驟是：

1.現況評估，對變革的迫切性有充分瞭解

2.計畫與實施變革，取得員工的支持與認同

3.員工的參與及願景的共享

Tushman和O'Reilly（1996）提出一套「一致性」的組織診斷模式。這套模式主張策略與組織間有四種「建構」(building blocks)，分別是：關鍵任務、人員、正式組織與文化。而文化變革的目的在使這四種建構之間，維持一致性的協調狀態。組織內部各建構之間的協調狀態，可以透過**表11-1**之一致性檢定來找出差距，作爲修正之依據。

組織變革的範疇，已從單純的訓練發展方案，融入組織文化改造的管理理念。在不斷改造過程中，需要從個人的改造做起，改變員工的價值觀與營造支持變革的態度。因此，如何塑造支持組織變革的氣候與文化，成爲變革推動者的首要任務。Thurbin（1994）認

表11-1　組織建構之間的協調狀態檢定

搭配	議題
人員／正式組織	·個人需求與組織安排的搭配程度如何？ ·個人是否有完成關鍵任務的動機？ ·個人對組織結構是否有清楚的認知？
人員／關鍵任務	·個人是否具備達成任務要求所必備的技巧與能力？ ·任務與個人需求的搭配程度如何？
人員／文化	·非正式組織與個人需求的搭配程度如何？
關鍵任務／正式組織	·正式組織安排是否能滿足任務要求？ ·這些安排能否激勵符合任務要求的行爲？
關鍵任務／文化	·文化是否有利於提升任務績效？ ·文化是否有助於滿足任務要求？
正式組織／文化	·文化的目標、獎酬、結構，是否與正式組織的這些項目相一致？

資料來源：Tushman & O'Reilly（1996）

爲不論採取何種形式的變革，人力資源改造的建設性行爲模式（如**圖11-1**）是支持變革的原動力。

組織變革除了針對組織成功關鍵因素中的結構面、文化面進行改造，還進一步提供員工工作態度改善和學習成長的機會。在營造彈性適切的變革管理上，應致力於以核心知能發展爲導向的管理改善活動，主管在領導與管理上的能力再開發；而其最終目的在形成一個學習性組織，讓員工擁有充分的彈性適應能耐。最後，我們將組織變革的成功關鍵歸納如下：

1.改變權力與控制結構。

2.建立績效衡量與回饋制度。

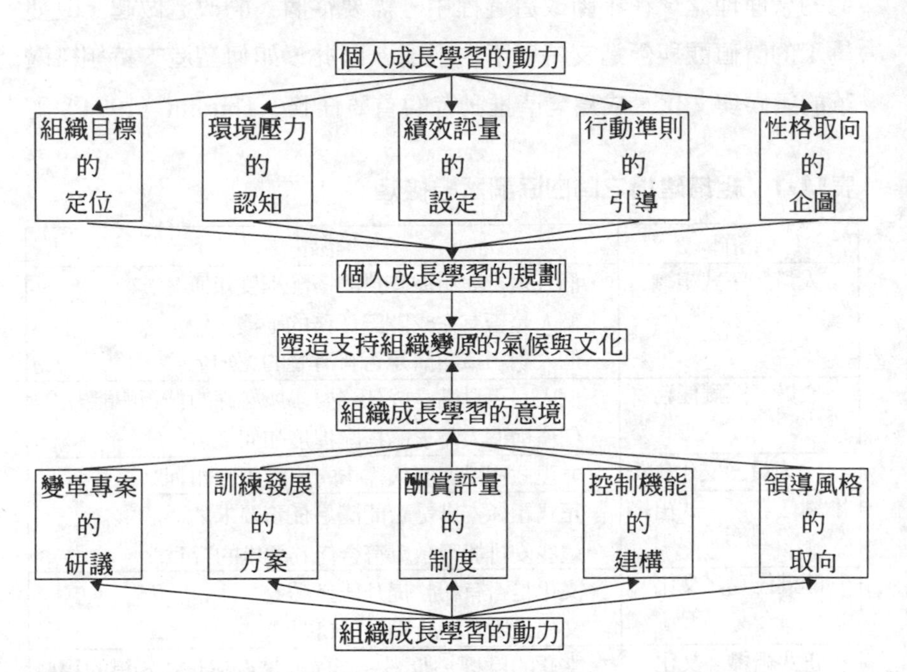

圖11-1　人力資源改造工程運作理念的變項

資料來源：Thurbin（1994:206），轉載自黃昌宏（民86：229）

3.修改薪酬制度。

4.培訓領導幹部。

5.辦理教育訓練。

6.人力再運用。

7.員工的參與及認同。

企業轉型

企業轉型（enterprise transformation）是企業爲了因應競爭環境，透過資源的運用，對文化、組織或管理上所做預防性的改變。企業轉型的主要概念來自於四個R及十二個染色體的生命組織體，茲評述如下（Gouillart & Kelly, 1995）：

1.概念重建（reframe the mind conception）：重新思考企業的現況及未來可能達到的境界。
  - 激發心智活動
  - 塑造組織願景
  - 將願景轉化成步驟、目的、行動方案，並建立衡量制度

2.結構改造（restructuring the body within）：將組織結構帶到更有績效、更具競爭力的境界。
  - 從股東的價值考量，建構組織經濟模式
  - 重新設計組織基礎架構
  - 實施流程再造工程

3.活力再生（revitalize the body and environment）：重建企業體與其周邊競爭環境間成長的動力。

- 選擇以客戶市場爲導向的成長策略
- 投資新事業
- 透過資訊科技改變遊戲規則

4.心智革新（renew the spirit）：不斷地發展新的技術並持續改造心靈。

- 發展新的薪酬結構
- 建立個人學習系統
- 創造學習型組織

企業轉型中仍應以組織能耐與核心知能爲焦注。企業必須在「學習」與「績效」之間尋求共同焦點；由產品服務、資源投入及流程中檢核出能耐與知能，從競爭策略、策略內涵中定義出能耐與知能。這種由下到上、由上到下的探尋中可以明確找出組織轉型的目標，並據此發展出核心組織與邊陲組織。

企業轉型也可以依其生命週期做各種不同重點調整。在草創期應在組織系統下保持與擴散文化。在調整期應以保存、整合文化爲主，要求員工行爲與組織規範一致。在轉型期則以創新、授能來建立員工對組織的認同。最後在危機期則應主張革命、反對的態勢去挑戰舊有的文化。儘管企業轉型依不同生命週期有不同轉型型態，但是未來企業革新的主要驅動力有下列七類：

1.科技——技術先進化與尖端化：

- 技術理念的主導能力
- 資訊取得、判斷與行動力
- 技術主題的開發能力

· 事業展開能力

· 人力活用能力

2.企業家精神（enterpreneurship）：

· 設定有利企業環境的能力

· 活用資源的能力

· 人才活用能力

· 新事業開創力

· 事業擴大融合能力

3.文化——企業文化的創造與穩固：

· 社會感知力（體察、感受、選取外部資訊能力）

· 挑戰現有價值觀的意志力

· 貫徹理念的實踐力

· 自我革新成長的能力

· 整合單位成員活動的組織力

4.事業柔軟化（soft）：

· 提升客戶滿意度的服務能力

· 資訊整合運用能力

· 商品企劃能力

· 技術應用能力

· 因應客戶需求的組織應變力

5.行銷——與顧客密切結合：

· 蒐集、累積、活用客戶資訊能力

· 因應顧客需求的創新能力

· 通路規劃能力

· 行銷策略構築能力

· 行銷策略行動力

6.生產——高品質高價位：

· 在設計、生產、物流上的因應能力
· 多樣生產上的因應能力
· 高品質、高精密度產品製造能力
· 效率化、自動化能力
· 管理、工程及資訊的統合能力

7.全球上——世界最宜：

· 全球化事業構築力
· 通用型產品開發能力
· 海內外資源活用能力
· 經營技術本土化能力
· 跨文化認知能力

個案介紹1

西門子（Siemens）進行企業轉型係以標竿、目標管理及逆向工程（reverse engineering）作爲分析的方法。其次透過垂直整合、產品區隔做出「自己作」或「外購」考量（make or buy consideration），以確定組織再造的目標。接著以流程導向取代傳統功能導向，發展出產品和流程設計的矩陣型組織。最後再配合持續的改善活動進行檢討及修正。

個案介紹2

××科技公司爲因應網路時代的來臨，把過去以產品爲中心、多層次的價值鍊式組織轉型爲以「客戶」與「網路」爲中心。在網路時代裡所有部門都應直接面對客戶。微軟（Microsoft）公司也由原先依產品別分類改爲依消費族群分類的組織型態。

企業轉型必須將企業的組織人員重新結合。過去的企業組織模式相當機械化，在未來的網路時代我們需要的是如何透過溝通增加結合感（connectivity）。因此，在講究溝通的時代，企業建構知識網路變得更加重要。但是隨著資訊科技的發達，人與人之間面對面的接觸日漸減少，組織內部新秩序的建立，轉型的方向與策略也必須重新調整。

組織發展與文化變革

組織發展是一種組織成長、文化變革和組織規劃的綜合表現。組織發展應用行爲科學的知識來幫助組織進行必要的改變或革新，以獲致較佳組織績效。爲了促使整個組織系統的改造，組織發展以行爲科學中的行動力研究（action research）爲基礎，將其中微觀的團體動力、工作設計、領導，以及巨觀的組織策略、組織結構、組織與環境的關係等運用到組織變革。

組織發展是一種有計畫變革的介入；是基於對人性、民主的尊重，所採取的組織效益和員工福祉的改善策略。組織發展的概念是由訓練發展所延伸的；因爲組織或個人的績效成因中有許多無法歸諸於知識或技能不足者。這種來自於組織環境、制度、文化或領導所造成員工心態上的問題就必須借助於組織發展的策略。

通常組織發展的策略包含下列五個步驟：

1.診斷：透過人員訪談、問卷調查或資料診視等蒐集相關問題資料。

2.分析：根據問題資料加以整合、分析原因。

3.回饋：將問題、成因及解決方案提交高層主管。

4.行動：介入組織內部管理或教育訓練，進行改造。

5.評估：行動告一段落後評估介入成果。

企業文化乃是組織學習處理外部的適應問題及內部的整合問題時所發展出的一套基本假設，以作為組織成員遇到這些問題時認知、思考及感覺的正確方式（丁虹，民76）。企業文化是一種基本假設，被視為理所當然的、看不見的或潛意識的。企業文化也可以是一種可知覺的價值觀；或是可見但無法解讀的人為創製品(artifacts and creations)。獨特的企業文化已儼然形成另一種競爭優勢。企業文化會影響員工行為與組織績效；企業策略的推動如果能與企業文化一致，則成功的機率較大。

企業文化的形成，部分來自於領導者的經營理念所形成的企業形象與公司作風，並具體形成行為理念與行為規範。也有來自組織內社會動態的形成；如問題解決的共識、個人需求和團體的關係、認知與偏好及在團體成長中所形成的共有經驗等。最後，組織內正面強化或負面迴避的學習，也是另一種形成的基礎。以組織價值觀為例，價值觀在概念形成之後，如果能在組織成員之間形成凝聚，並形成力量在組織內展現，這種組織的成功經驗就會逐漸調和形成為組織文化。

企業文化的形成，在解決組織的兩大基本問題：

1.適應外界環境，力求生存的五大工作：

・使命和策略

・目標

・方法

・衡量

・矯正

2.整合組織內部成員，確保組織生存發展：

・共同的語言和概念

・團體界線的形成

・權力、影響力差異化及分化的認知

・同事關係

・獎懲規定

・意識形態

企業文化與環境、策略的一致性是競爭優勢的一項來源，但是如果現行文化遭受到危機衝擊，舊有文化瓦解，組織則必須尋求解決問題的良好方式，持續建構新文化。企業新文化的形成或變遷，是根據過去的變遷及對未來的預測，重新在經營理念方針、高階領導模式、人事政策型態、管理型態模式及事業內容定位進行變遷，以形成一企業新文化。

從文化變革的動態架構來看，當企業組織行爲類型與企業實際的組織行爲類型不一致時，會造成組織績效低落，員工滿意程度降低等情事。此時，企業文化變革的需求會漸漸浮上檯面，必須進行系統性變革規劃。系統性變革行動方案分爲以下四個階段：

1.階段一：

・經營層的承認與共識

・診斷分析

・目標及計畫設計

2.階段二：行動理念的宣導及推展。

3.階段三：改變員工對工作的作法與看法。

4.階段四：改變工作的方法與過程。

其實文化變革的主要目的在改變員工心態，而員工擁有越多一致性的資訊，就越可能擁有共同心態。文化的變革可以從人力資源管理的策略去影響並形成所期望員工的行爲，也可以從組織工作流程、資訊溝通流程、權力決策流程及人力資源流程等核心組織流程的設計去營造員工共同的行事方式。

一般企業在進行文化變革時先進行組織文化調查，評估目前文化與期待文化間的差距，並設計文化變革的可行方案。接著透過員工參與及認同去形成新文化，透過儀式、制度與控制系統去形成新文化。最後，組織內部一致性檢定可以協助檢驗文化變革的成效：

1.個人需求如何由非正式組織給予滿足。

2.組織文化可否協助達成工作績效。

3.規範、價值觀及領導風格等與組織管理系統是否一致。

個案介紹1

××食品公司成立已超過三十年，十年前曾易手給國內某財團，去年再讓售給一世界知名之食品公司而成爲一外商企業。新的經營團隊認爲有必要實施文化變革，因此委請一企管顧問進行組織文化調查。企業文化衡量構面包括：

1.結構：

· 授權

· 意見及決策參與

· 權責劃分

2.支持：

· 領導風格

· 工具性支持

· 社會性支持

3.風險：

· 一般創新管理

· 創新氣候

4.凝聚力：

· 組織內凝聚力

· 組織間凝聚力

5.成果導向：

· 推動顧客滿意

· 營運目標與價值

經過顧問評估之後，建立之變革系統模式如**圖11-2**：

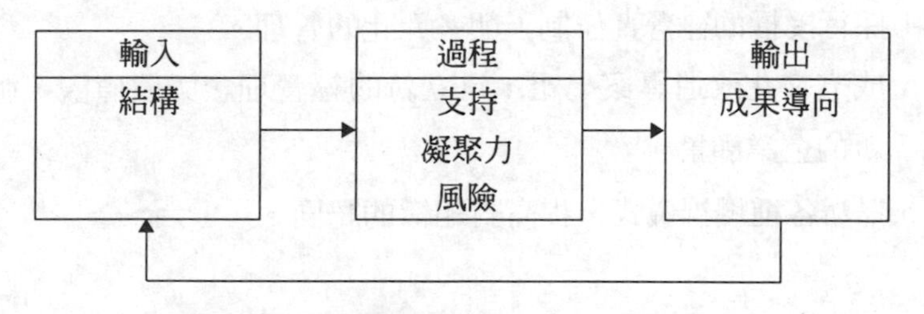

圖11-2　××公司變革系統模式

經過組織文化調查後推斷目前文化型態及決定理想文化型態爲：

1.高體恤中控制→高體恤低控制。

2.參與式文化→創新型文化。

個案介紹2

國際知名的兩家藥廠在三年前宣布合併，其旗下兩家台灣分公司（簡稱A、B公司）也同時宣布合併，在合併的過程中人力資源管理上究竟該採取那幾種策略值得重視。而企業合併最大障礙在於異質文化的整合問題。合併前A公司強調腳踏實地的精神，傾向中央集權；B公司則強調開明、充分授權的組織文化。合併採「互相整合策略」，合併後的公司（C公司）則傾向A公司，強調高績效，管理集中化及團隊合作。

異質文化管理模式：

1.充分掌握溝通的適切性與時效性。

2.合併過程中員工權益的確保。

3.尊重彼此文化的特質，擷取雙方文化的優點。

4.採行授權的經營責任制，朝多元化的管理。

5.成立文化改造專案小組，建立新的經營理念與價值觀，強調新的企業願景。

6.舉辦各種慶祝儀式，提高對組織的認同。

部門內組織開發策略

爲因應日趨競爭激烈之市場，「組織開發」的實施在強化經營管理組織力。組織開發的目的在促使組織活性化及強化企業組織力，以行爲科學的理論及方法，來解決組織內所潛在的各項問題。組織開發之教育訓練也可稱之爲「工作場所訓練」，與傳統式的教育訓練最大不同之處是，組織開發之教育訓練較著重於全員參與經營之訓練，而傳統式的教育訓練則較著重於個人之訓練，其不同之處可歸納爲**表11-2**。

表11-2　組織開發之教育訓練與傳統式教育訓練之比較

傳統式的教育訓練	組織開發之教育訓練
1.以個人爲對象	1.以整體部門之成員爲對象
2.強調個人，部分能力的提高	2.強調團體、全體能力的提高
3.聚集形形色色各種性質不同工作場所的人員，此點很容易帶來各種性質不同之觀念	3.將工作場所的所有成員視爲一個家族(family group)，可帶來性質相同之觀念
4.加強管理、監督者及上級指揮命令之體制	4.加強全員參與經營之體制
5.重視個人的知識技能的學習及個人的行動	5.能得到問題解決的方式及認識集體行動的重要性，並重視團隊精神及團隊行動
6.斷續性的O. J. T.	6.持續性的O. J. T.
7.以解說及演講爲中心	7.以討論方式及親身體驗爲中心
8.將不同性質工作場所的從業員聚集一堂實施，很容易陷入劃一性且抽象性問題的處理	8.將同一工作場所的從業員聚集一堂實施，不僅可處理劃一性的問題，而且也可以處理具體性的問題
9.教育的主、客體不一致	9.教育的主、客體一致

組織開發之教育訓練一般以「課」單位為主，偶爾也以「部」單位為訓練之對象，總之，最終的目標及理想的方式是企業內所有從業員之教育訓練。組織開發之基本方法包括下列六個階段：

■發現問題

找出目前組織上之問題點，並正確的把握住問題的內容，若問題點係在現場主管本人時，幕僚部門應檢討其對策，這種情況應依客觀資料做正確之認識及依關係人之說明。

■診斷組織活動

1. 決定調查之內容與方法，並詢問問題發現者及各相關部門人員之見解，或者，調查過去之資料，其他公司之情況及各相關文獻，並且也可接受專家之指導。
2. 調查——實施前須得到相關人員之諒解與協助。在實施調查中，說明主旨以取得諒解，並約定其結果將帶給莫大之助益。問卷調查儘可能一次彙集完成，以便一次實施。
3. 分析調查結果——調查結果之整理應多面的分析，並且想辦法能夠說明問題之所在，最好能準備各種相關資料，並活用圖表與圖解，以利分析。擔任分析或解說的人，最好是從事改革計畫的人員或專家。

■設定改革目標

1. 具體上，以「所期待之結果」作為改革目標之設定，並且將其列為重點目標。
2. 將其目標明確化，明確完成進度的可能性，並且儘可能的測定其結果，其完成的期限也須明確。

3.必要時，可探詢層峰或相關部門之意向。

■訂定改革目標

爲在日常活動中完成改革目標，應須訂定戰略、方針，具體的實施方案及日程表，並決定其實施之方案及日後之follow-up以及檢查方法。並且，在計畫展開過程中，應事先考慮到任何障礙的處理對策。

■改革計畫之實施與展開

1.要深刻體會改革的必要性，對於改善上應施予必要的教育訓練及開說明會。

2.計畫實施的主導權由現場主管負責，幕僚人員則爲其輔佐。

3.進行方式的重點，不要存有階級意識之念頭，儘可能的製造出可自由發揮之氣氛，以利進行討論。

■評價結果

原則上，由現場主管負責執行，最好是訂定計畫之幕僚人員或關係人員都能參加，其評價之結果可作爲下次改善的開端。

〈附錄一〉　組織活性度調查

這個調查是針對你及你的工作單位所做的詢問，調查的目的在於將大家平日的感想做統計性的整理，以作為改善部門的資料。

但是，這個調查並非以「誰覺得怎樣？」來設定題目，而是以「工作單位的全體同仁認為如何？」為主題。

調查結果雖也包括身為單位主管的你之意見，但最終仍是以整個部門的問題為考慮的重點，請回想你日常上班的情形，就心中所想，誠實回答。

> 事先設定好供其選的答案，並無何者為正確，何者為錯誤之分別。
>
> 請回想平日工作的部門，就你的感想填寫下來。
>
> 每個題目皆有五個選擇，請選擇一個最接近你的感受或意見的答案，而後在5-4-3-2-1的適當數字上打「○」。
>
> 請一邊進行合題，並隨時確認題目與答案欄的配合無誤。
>
> ◎此欄問卷中的工作單位乃指　　　　　　部門

題型1.

在你的工作崗位上：	完全符合－大部分符合－部分符合－大部分不符合－完全不符合
1.部門的目標是否明確？	5-4-3-2-1
2.有否達成目標的具體方針？	5-4-3-2-1
3.全體成員是否徹底瞭解其目標？	5-4-3-2-1
4.設定目標時成員是否充分參與策劃？	5-4-3-2-1
5.責任與權限是否明確？	5-4-3-2-1

	完全符合	大部分符合	部分符合	大部分不符	完全不符合
6.全體成員是否瞭解上級的目標？	5-4-3-2-1				
7.個人目標與部門的目標是否一致而無礙？	5-4-3-2-1				
8.是否懷抱必達目標的工作熱誠？	5-4-3-2-1				
9.決定了的事是否定會付諸實行？	5-4-3-2-1				
10.是否會互相競賽成績？	5-4-3-2-1				
11.即使遇上困難的任務，也能抱持著不輕言放棄的活力？	5-4-3-2-1				
12.是否因強烈的連帶感而團結在一起？	5-4-3-2-1				
13.所有同仁是否能切身實踐，而非僅是陳述己見？	5-4-3-2-1				
14.是否會先思考下一步再進行工作？	5-4-3-2-1				
15.在工作上，同事間是否都能自由地發言？	5-4-3-2-1				
16.能否互相體諒對方的感受及立場？	5-4-3-2-1				
17.在工作的推進上，是否會踴躍地發表意見或提案？	5-4-3-2-1				
18.意見相左時，會互相研討，直到達成溝通？	5-4-3-2-1				
19.重要情報是否全體成員共有？	5-4-3-2-1				
20.指示命令及報告的系統是否明確？	5-4-3-2-1				
21.同事間是否能自然地交談工作以外的話題？	5-4-3-2-1				

題型2.

你的公司：

1.你是否對身為公司的成員感到驕傲？ 5-4-3-2-1

2.你對於公司的前途抱持某種程度的關心？ 5-4-3-2-1

	完全符合	大部分符合	部分符合	大部分不符合	完全不符合
3.你是否認為公司的前途是光明的？	5	4	3	2	1
4.是否認為公司對於社會及產業的發展有所貢獻？	5	4	3	2	1
5.你是否信賴公司的經營陣容？	5	4	3	2	1
6.是否認為在公司中，職員能適切地升遷？	5	4	3	2	1
7.你的家人是否對於你身為公司之一員，感到驕傲？					

題型3.

你的上司：

1.能否制定適當的計畫，以期有效達成目標？ 5-4-3-2-1

2.為達成目標所制定的具體策略，能否依部下的特點能力而改變？ 5-4-3-2-1

3.能否恰當地分配工作，以達最顯著的成效？ 5-4-3-2-1

4.能否把握，善用部屬的能力？ 5-4-3-2-1

5.關於工作計畫及推動方式，是否會予以明確的指示？ 5-4-3-2-1

6.是否會給予指示，以求喚個人對工作的熱忱？ 5-4-3-2-1

7.在達成目標的過程中，計畫如有延誤，是否會注意部屬自律的方式？ 5-4-3-2-1

8.是否經常要求提出有關計畫進度的報告？ 5-4-3-2-1

9.部屬間、部門間發生問題時，其協調方式是否圓滿順利？ 5-4-3-2-1

10.在工作或其他方面，是否具有鼓動上司力量？ 5-4-3-2-1

11.是否有心改善徒勞無功、勉強蠻幹、工作情緒不穩 5-4-3-2-1

	完全符合 大部分符合 部分符合 大部分不符合 完全不符合
定情形？	
12.對於提案活動，是否會積極地親身致力？	5-4-3-2-1
13.是否懂得改善的手法？	5-4-3-2-1
14.在改善方面，能否克服部屬的不安與反抗？	5-4-3-2-1
15.在改善方面，能否發揮出必要的創造力？	5-4-3-2-1
16.能否時常於工作進行時，先意識到效率問題？	5-4-3-2-1
17.是否時常於工作進行時，先核算成本？	5-4-3-2-1
18.面對改善的提案，是否會抱持期待的心理，且給予合理的評價？	5-4-3-2-1
19.能否不執拗於過去的工作方式，而採取彈性的思考方式？	5-4-3-2-1
20.是否具備向他人求教的態度？	5-4-3-2-1
21.是否注意部門內的團體默契？	5-4-3-2-1
22.能否瞭解部屬的煩惱或不滿？	5-4-3-2-1
23.工作進行上，是否不避諱有意見相左及發生糾紛的情形？	5-4-3-2-1
24.在工作的分配上，能否令你感到有努力的價值？	5-4-3-2-1
25.能否信任部屬，委任工作？	5-4-3-2-1
26.能否與部下的心靈相通？	5-4-3-2-1
27.無論對象爲誰，是否皆能給予公平的發言機會？	5-4-3-2-1
28.是否會留意全員共有必要的情報？	5-4-3-2-1
29.工作以外的交際，也能輕鬆愉快地應對？	5-4-3-2-1
30.職員若有婚喪喜慶時，會不惜辛勞，稍加關心？	5-4-3-2-1

	完全符合	大部分符合	部分符合	大部分不符合	完全不符合
31.是否會與本人商談有關部屬的培訓問題？	5-	4-	3-	2-	1
32.業績的評斷是否公正？	5-	4-	3-	2-	1
33.是否會派與你超出能力所及的工作？	5-	4-	3-	2-	1
34.是否給予你向新領域挑戰的機會？	5-	4-	3-	2-	1
35.當你出差錯或怠惰時，是否會明顯注意到或斥責？	5-	4-	3-	2-	1
36.是否具備有關O. J. T.的基本知識？	5-	4-	3-	2-	1
37.不僅是要求部屬用心學習，本人是否也會努力學習？	5-	4-	3-	2-	1
38.是否會採納呈報的提案或意見？	5-	4-	3-	2-	1
39.是否會給予適當的忠告和激勵？	5-	4-	3-	2-	1
40.除了業績之外，是否會長遠地考慮到部屬的成長？	5-	4-	3-	2-	1

〈附錄二〉　政策與文化之一致性診斷分析

融資信用文化可以定義爲：授信人員在形成貸放決策時的思考程序、分析方式及與公司內部其他單位互動行爲所造成的「共同的」價值觀與授信決策模式。一個銀行的授信文化是銀行成員經過長期不斷的累積、溝通與相互傳遞而形成。它不是組織明文制定的規範，它是一種深植於行員心中的價值觀，影響著行員的思考程序及行爲模式。它能夠保護銀行免於因管理上的缺陷、訓練的不足而產生不必要的風險。實施授信文化的診斷可以幫助瞭解授信文化，授信政策、策略上之一致性，及授信與徵信間授信決策模式之差異。調查結果所得到的訊息，除了可以作爲改善授信文化的依據，規劃授信、徵信人員職能訓練體系的參考外，可以提升授信、徵信人員的素質，達到安全、利益和成長的營運目標。

爲了瞭解金融機構的授信文化，從下列問題的探討將有助於評估授信文化的現況：

1.授信、徵信人員是否能說明銀行的授信哲學。
2.是否透過績效管理反映授信文化的要求。
3.行員是否從直接主管和審查部門在授信問題上得到相同的訊息。
4.行員間是否經常就授信文化進行溝通。
5.是否制定授信政策並定期給予維護。
6.行員在作授信決策時是否認同授信文化。
7.審查人員在作貸款決策時依據那些資訊。
8.主管是否重視並依照授信流程作決策。

要評估診斷既有的組織文化，最常見的方法是採用無記名的問卷調查，加上非正式系列的訪談。問卷本身是由一段文字敘述構成；應答者從「非常同意」到「非常不同意」的答項中選答一項最合乎自己看法的答案。如果每一選項給與配分，那麼全部應答者所得平均分數便可以用來分析該群體的組織文化特性。至於文化強弱的解讀標準如下：（最低0分，最高5分）

平均分數	組織文化特性
4.00以上	強而正向支持企業策略的文化
3.00-3.99	正向文化，會支持企業策略；但需要持續的強化，尤其對於較低階層員工
2.00-2.99	弱的正向文化；需要注意防患一些潛在問題的發生
1.00-1.99	弱的負向文化；無法支持企業策略，甚至會將組織績效往後拉，需要改正動作與監控
0.00-0.99	負向文化；嚴重阻礙策略實施，必須立即改正和持續監控

個案研究

亞伯公司員工三百五十人，年營業額八億，營利約四千萬，是屬於台灣某一財團下的製造公司。由於營業額的成長緩慢及利潤下降，集團老闆找了顧問公司要看下列五大領域：

1.工廠的研發。

2.品質水準與品質保證。

3.機器產能與設備使用。

4.資訊與控制系統。

5.製造部門的組織

調查結果發現「人際關係的問題」非常嚴重，經理人非常本位，彼此不瞭解，會刻意保護自己，溝通非常貧乏。經理人對待部屬非常獨裁，下命令、不允許討論，只關心營業額與生產效率。員工心情低落、生產效率不彰，造成機器使用率低，無法如期交貨，品質差高退貨率。於是行政部經理被任命來引導變革，他首先與製造部門檢討品質程序，加派檢查員以控制產品品質。

調查還發現整個公司員工士氣很低。中低階的主管授權相當有限，也沒參加過什麼管理訓練，主管多由內部晉升。中低階主管缺乏自信、不願負責，高階主管也批評基層主管的能力不足。這種現象從八年前開始惡性循環，由於營收短少，高階主管加強控制，僱用更多職員從事檢查的工作，但是績效卻一直未見改善。

總經理一向不聽別人的建議，當行政部經理建議他檢討品質的問題時，他卻說那是廠長的職責，於是當重要客戶抱怨時廠長就被罵得狗血淋頭。總經理不認爲書面的績效考核是重要的，久而久之大家都覺得他不可信、無法接近，甚至有人不願去參加這種討論。

行政部經理與總經理共事很久，他也瞭解總經理在企業界累積的盛名，以及爲公司多年來努力所創造的成果。但顧問們建議「變革」是必須的；特別是針對低生產力、高漲的成本及員工士氣低落等問題。整個管理出了問題需要從根本做起；換言之，第一線員工的參與、接受是變革成功的關鍵，也唯有管理型態的改變才是根本之道。

首先行政部經理開始發展高階主管的績效考核制度，開始重建這些主管的信心，讓這些主管能夠在公開的、系統的、坦誠的情況下討論績效的問題。接著在總經理及顧問的支持下，針對工廠員工的年終獎金進行再設計，將生產力的改善與年終獎金給付串連在一起。當行政部經理、廠長與工會代表討論時，工會代表起先是反對的，於是他們兩人保證在不減薪、不開除員工的情況下，員工一同參與解決生產力和品質問題，雙方同意依下列方式進行：

1. 調查製造部門員工的工作意願。
2. 提供一份獨立客觀的生產力和成本報告。
3. 設計一套可以被勞資雙方接受，且與其他製造部門一致的薪資制度。
4. 指出任何在工業關係體系下所要從事的具體改善方向。

這是亞伯公司首次在管理型態上所做重大改善，而員工態度調查的結果讓人有點意外，員工似乎比較喜歡較高的底薪而較不重視年終獎金的多寡。也反映出低生產力是來自於主管的控制不足所致。於是行政部經理和工廠廠長修正原來計畫，改依下列方式實施六個月：

1. 採用新的工作方式改善品質。
2. 年終獎金制度採用「附加價值」的方式，將績效與獎金結合。
3. 重新依照「方法研究」修正工作標準。
4. 採用新科技。

經過十八個月的努力，生產力增加38%，成本也下降了，新的設備及新的員工也加入行列。透過直接、間接的正向回饋，主管的自信心建立了。總經理也真正體會變革是需要的，他的管理型態也改變了。

請問你從這一個個案獲得多少啓示？

1. 有效的團隊工作。
2. 有效的組織結構與系統。
3. 組織變革。
4. 從變革中學習。

12 人力資源管理再造工程

□人力資源管理的功能轉換與角色移轉
□人力資源管理的再造工程
□文化變革
□結　論

未來的企業，必須透過人力資源管理去創造價值與績效，因此必須能將傳統的官僚型態改變成創新的、價值取向與結果導向的工作，並試圖建立組織能耐去提供差異化與優質化的服務。換言之，人力資源管理專業人員必須關注如何透過組織系統和人力資源管理流程去創造價值、提升競爭力，而非以前的只是想做好事情。

企業人力資源管理再造工程其實就是「效能」、「效率」提升的工作，從人力資源管理的功能轉換與角色移轉，到人力資源政策、策略與實務的一致性，再從客戶的需求觀點去改造整個人力資源管理的工作流程等，就是一直在強調：「做對的事，把事情做對。」

人力資源管理的功能轉換與角色移轉

在企業人力資源管理的功能轉換上，Dave Ulrich（1997）認爲策略性人力資源（SHR）在將事業策略轉化成組織能耐並落實在人力資源管理的運作上；而人力資源策略（HRS）則在營造策略、組織與行動方案去提升人力資源管理的效能與效率。他同時認爲SHR是直線主管的工作，HRS則爲人力資源部門的任務。

當惠普（HP）人力資源部門的人數與全公司員工人數的比例由1：53提升至1：80時，HP副總裁Pete Peterson重新定位人力資源部門的角色，再造人力資源流程，並將策略性人力資源管理（SHRM）與員工管理的責任交給直線主管。Colorox公司強調人力資源管理應扮演好事業策略的夥伴，有能力診斷組織再造流程，傾聽並回應員工的心聲，以及管理企業文化的變革。

策略的形成在對未來的發展方向、資源的分配產生共識；而組織能耐則代表實踐策略必須的流程與運作。柯達（Kodak）公司的人力資源策略在形成績效導向、多元的與學習的文化，並藉此產生一流水準的領導力與競爭力。各事業單位則針對達成事業策略目標所需組織能耐，以及如何透過人力資源管理去創造、強化及維持這些能耐等，完成策略規劃與執行的工作。Amoca公司在1993年決定精簡總公司時重新確定新的人事政策，從組織能耐評估及高階主管的期待中重新定位人力資源管理部門的角色。新的人力資源部門將提供人力規劃、諮詢顧問、員工發展、政策指導及組織設計與發展等服務。

嬌生（Johnson & Johnson）公司發現由於龐大的事業群使得人力資源管理的運作流於官僚控制、重複和無效率，因此決定改造人力資源管理的功能。他們將人力資源專業人員依專長編組，並計畫將專業人員的工作時間按照分支機構特定服務20％，服務中心40％，專家中心10％，以及合約服務30％來規劃（如**表12-1**）。打破過去集權組織以專家中心為主體，分權組織以分支機構為特定對象的作法。在新的組織系統中，人力資源管理的改造成功與否，可以由許多效率指標和客戶感受加以評量。蓮花（Lotus）公司在1991年開始讓直線經理人擔當人力資源管理的責任，簡化人力資源管理流

表12-1　嬌生公司人力資源管理功能改造

	分支機構特定服務	服務中心	專家中心	合約服務	總計
過去在集權的HR組織	20		70	10	100
過去在分權的HR組織	80		10	10	100
現在	40	30	10	20	100
未來	20	40	10	30	100

資料來源：Ulrich（1997:85）

程，並重新定位人力資源專業人員的角色。人力資源的新願景讓人力資源專業人員從「社會工作者」演變成「創造價值的知識工作者」，讓人力資源部門的功能由政策發展改成顧問諮詢。

在人力資源管理專業人員的角色轉移上，未來的人力資源管理專業人員必須先打破過去傳統的迷思。過去大多數認爲人力資源管理部門的人是好人，任何人都可以做，人力資源部門只是在控制成本、執行法令政策，人力資源的名詞只是時尚、不可靠，人力資源管理是人力資源部門的職責。事實上，人力資源管理部門在提升組織與員工競爭力，人力資源管理是一項專業工作，人力資源管理的績效是可以衡量的，人力資源管理的工作必須落實在直線經理與人力資源部門的合作夥伴關係上。

人力資源管理具有多樣性的角色，Ulrich（1997）將其角色依「人」與「工作流程」、「日常運作」與「未來／策略」區分爲四種類型的角色，分別是：策略夥伴、行政專家、員工管理者及變革推動者（如**圖12-1**）。

企業必須認清人力資源管理功能中各個擔當者的角色扮演，總公司人力資源專業人員、直線主管、事業部門主管、功能部門主管等在上述四項功能上皆扮演或多或少的角色。因此，從組織願景、企業使命、策略去檢討人力資源管理功能演進與品質，比較人力資源部門與直線部門將整體人力資源管理功能的看法是否一致，再考量人力資源專業人員的知能水準及團隊合作，最後澄清人力資源管理功能中各個擔當者的角色扮演。

Ulrich（1997）更進一步根據其調查研究，依照**圖12-2**四種類型，將其中不同功能的各個擔當者的任務比重給予標示。不管你是總公司或事業單位人力資源專業人員，可以使用調查表（如**表12-2**）來檢討一下目前人力資源管理活動的品質（總分160分以上者爲

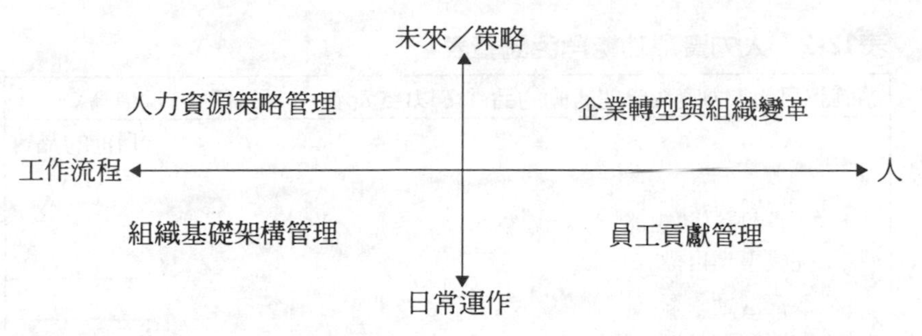

角色扮演	運作結果	身分比喻	管理活動
人力資源策略管理	執行策略	策略夥伴	人力資源與企業策略一致：組織診斷
公司基礎架構管理	建立一個有效的架構	行政專家	再造組織流程：共享服務
員工貢獻管理	增加員工的認同與能力	員工擁護者	傾聽和回應員工：提供資源
轉型與變革管理	創造一個嶄新的組織	變革推動者	轉型與變革管理：確保變革能力

圖12-1　人力資源管理的多樣化角色

資料來源：Ulich（1997:24-25）

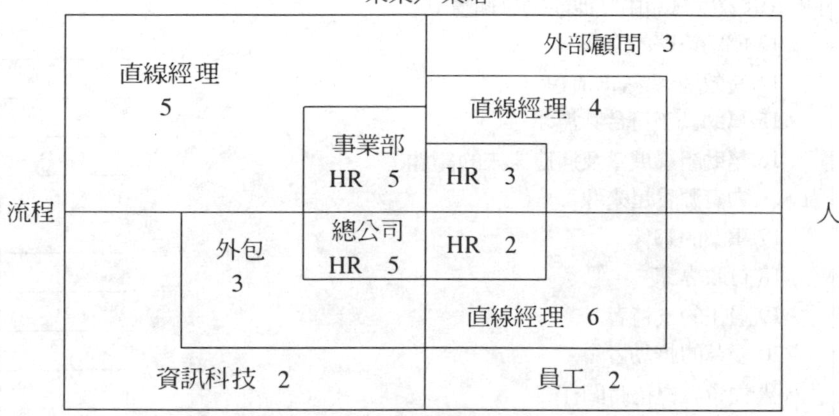

圖12-2　人力資源管理功能中不同擔當者的角色扮演

資料來源：Ulrich（1997:43）

表12-2　人力資源功能角色調查表

請確認目前人力資源管理活動的品質（以1-5表示，1爲最低，5爲最高）。	
	目前的品質（1-5）
一、人力資源幫助組織	
1.完成事業目標	______
2.改善營運效率	______
3.關懷個別勞工需要	______
4.適應變革	______
二、人力資源會參與	
5.制定事業策略之過程	______
6.傳遞人力資源之流程	______
7.改善員工之承諾	______
8.在再造和轉型的變革中形成文化變革	______
三、人力資源可以確定	
9.HR策略和事業策略具一致性	______
10.HR流程的有效執行	______
11.HR政策和計畫可以回應員工的需求	______
12.HR流程和計畫可以增加組織變革的能量	______
四、HR效度會藉由其他能力來衡量其	
13.協助策略的完成	______
14.有效地傳遞HR流程	______
15.幫助員工符合其需求	______
16.幫助組織展望及適應未來的議題	______
五、人力資源看起來像	
17.事業的夥伴	______
18.行政專家	______
19.員工的支持者	______
20.變革的推動者	______
六、人力資源會花時間在	
21.策略性課題	______
22.營運的課題	______
23.傾聽及回應員工	

（續）表12-2　人力資源功能角色調查表

請確認目前人力資源管理活動的品質（以1-5表示，1爲最低，5爲最高）。	目前的品質（1-5）
24. 支持新的行爲以保持企業競爭力	______
七、人力資源會參與行動在	
25. 企業規劃	______
26. 設計及傳遞HR流程	______
27. 聆聽及回應員工	______
28. 組織再生、變革或轉型	______
八、人力資源著手於	
29.HR策略及專業策略的一致性	______
30. 監控行政流程	______
31. 提供協助來幫助員工滿足家庭及個人需要	______
32. 重塑行爲以因應組織變革	______
九、人力資源發展流程和計畫來	
33. 連接HR策略以完成事業策略	______
34. 有效地處理文件及事務	______
35. 關心員工個人需求	______
36. 協助組織轉型	______
十、人力資源的可信度來自	
37. 協助達成組織目標	______
38. 增加生產力	______
39. 幫助員工滿足個人需求	______
40. 促使變革的產生	______

資料來源：Ulrich（1997:49-50）

高，90分以下者爲低）。

澄清目前人力資源管理功能在四個不同角色扮演中的任務比重（每一題項的第一選項爲策略管理，第二選項爲架構管理，第三選項爲員工管理，第四選項爲變革管理）。

一、人力資源管理如何成為事業策略夥伴

從不少的成功個案中發現，組織運作與事業策略的一致，員工的能力與認同能為客戶提供最佳的服務保證，是企業成功的主要關鍵。因此，從事業策略內涵中說明達成事業策略目標所需組織能耐及共有心態（文化），再從策略達成、能耐建立及文化形成去發展人力資源管理的最佳操作模式。

從問題的診斷中，去探討達成策略目標各項支柱（pillar）的現狀，包括：共有心態、員工知能、績效管理系統、組織結構、工作流程、變革能量與領導統御等。接著從員工知能部分去設定招募、訓練與發展策略模式；從績效標準中去建立組織設計、政策制定及溝通參與等方式；從達成策略所需工作流程與變革管理去再造流程與推動變革。組織診斷的架構如**表12-3**所示。

為了協助事業策略目標的達成，必須依據人力資源管理的最佳操作模式去檢討改善人力資源管理的運作方式。在改善的優先順序上可以參考影響程度的高低及可行性的難易程度等予以設定。

二、協助員工增強對組織的貢獻

人力資源專業人員常給一般員工的刻板印象是管理階層的公器而非員工的擁護者。其實人力資源專業人員應該時常傾聽員工的心聲與需求，尤其是一陣企業改造聲中不斷加諸於員工的壓力，使員工真正感受到的是：「工作生活改變了，但不是越來越好。」新新人類加入勞動力陣容後，情況更加惡劣，員工照常上班，但心已不在工作上了。因此，人力資源專業人員在發展良好勞資關係上，提

表12-3　組織診斷架構表

<table>
<tr><td colspan="4">策略性目的：我們要設法完成什麼
策略：目的、計畫、焦點、操作者等　　環境內涵：法規、經濟
顧客：區隔、附加價值　　核心能力：科技
財務：評量、回收、價值創造
組織能耐：我們需要什麼組織能耐</td></tr>
<tr><td colspan="4">共有心態：我們希望顧客瞭解我們什麼</td></tr>
<tr><td>能力之支持</td><td>結果之支持</td><td>管理的支持</td><td>工作流程／變革能量的支持</td></tr>
<tr><td>爲達到策略所需的能力</td><td>達成策略所需的標準和結果</td><td>需要何種組織達成策略</td><td>爲達成策略，要如何管理工作流程和變革</td></tr>
<tr><td>僱用：
・要僱用誰到組織裡
・在組織內要提拔誰
・要從組織中淘汰什麼人
發展：
・在既定的企業環境和策略下，要提供何種訓練
・在既定的企業環境和策略下，應提供那些發展項目</td><td>評估：
・個人、團隊、部門的績效標準是什麼
・員工績效回饋的機制是什麼
・要採用何種程序以確保有意義，有效的績效評估
獎勵：
・財務性，非財務性的報酬爲何
・獎勵制度要如何確保個人在績效導向下的激勵</td><td>組織設計：
・組織要形成何種形式（如多少層級、角色、報告關係、分工系統）
・要如何做出適當的決策
政策：
・我們有什麼政策（如勞工安全衛生）
溝通：
・組織中應分享那些資訊
・誰應該分享或接受資訊
・應使用何種機制做資訊分享</td><td>工作流程改善：
・要提供何種計畫策略以確保管理流程執行完善（如品質、再造工程）
改變流程：
・在改變發生時最重要的流程是什麼
學習變革：
・我們要如何分享概念，跨越組織界線相互學習</td></tr>
<tr><td colspan="4">領導者：我們的策略中，領導者的特質是什麼</td></tr>
</table>

資料來源：Ulrich（1997:70-71）

升員工對組織的認同與貢獻上扮演一個非常重要的角色。

員工通常會覺得公司當局要求他們的超過他們所能掌握的資源，在資源與需求的失衡情況下感到沮喪。如果我們能定期實施員工沮喪程度調查、工作士氣調查、工作滿意度調查，則可以幫助提早發現員工的沮喪徵兆。Ulrich（1997）提供一種員工沮喪調查表（如**表12-4**）可以幫助我們瞭解員工沮喪程度。

另一種資源調查（如**表12-5**）則可以幫助瞭解員工擁有資源的程度。

爲了解決需求與資源的失衡現象，協助員工增強對組織的貢獻，下列三種方法可以使人力資源專業人員搖身一變成爲員工的擁護者（Ulrich, 1997）：

1.降低需求：

- 設定優先順序
- 從多重需求中整合出重點所在
- 工作流程再造

2.增加資源：

- 讓員工控制完成工作的關鍵決策流程
- 讓員工認同願景方向努力工作
- 給予員工挑戰性工作使他有機會學習新技能
- 讓員工以團隊方式完成工作目標
- 提供員工歡樂、刺激和公開的工作環境
- 讓員工分享工作成果
- 使員工能與主管公開經常地交換資訊
- 讓員工擁有尊嚴，且其個別差異受到尊重
- 讓員工可以接近使用科技去改善他們的工作

表12-4　員工沮喪程度調查表

員工沮喪之徵兆	普通程度 最低1～最高4
1.員工對其所做之工作沒有認同感或不重視	
2.員工覺得生活失去平衡，花了太多精力在工作上，而在個人和家庭方面顯得不足	
3.員工對於要如何做好工作感到擔憂	
4.員工體認到不論他們做了多少工作，永遠是不夠的	
5.員工無法控制他們所要完成的工作之質和量	
6.有才能有價值之員工不僅在尋找他們所要的企業，也會選擇離開	
7.員工在壓力方面所花費的健康費用比其他方面高	
8.員工覺得老闆未接觸或不在意他們眞正碰到的問題點	
9.員工不願意或對於提及個人私事時感到困窘	
10.員工常會因小事而生氣或爭論	
11.員工士氣低落	
12.員工常花時間思考要如何保護自己的工作而不是如何服務客戶	
13.員工反抗，或僅僅服從規定，而只願做被告知要做的事情	
14.員工的不贊成或關切只在私下場合交談，而非透過正式的溝通管道	
15.員工在工作上缺乏興趣，並總是提及工作有多困難	
16.員工覺得很難對所做的工作有所承諾	
17.員工覺得工作少有進展機會或者生涯發展是在他們的控制之外	
18.員工被要求做很多事，但他們不認爲他們可以控制所要的資源	
19.員工被日常的例行工作牽絆	
20.員工對於他們所被要求保持一定步調的工作感到挫折	
21.員工總是提及被壓力逼得透不過氣來	
22.員工對於企業中的計畫調整新的作爲，致使他們工作更辛苦而感到憤怒	
23.員工看不到因爲努力工作而能從中獲得什麼	
24.員工不知要如何慶賀自己的成功	
25.員工在每天工作結束時知道他們可以做更多，但是他們卻沒有決心如此做	
總分	

資料來源：Ulrich（1997:129-130）

表12-5　員工擁有資源程度調查表

自我單位內所擁有之資源的程度	程度：1-10分
控制度：員工在主要決策過程中，對於如何完成工作上的控制程度	
認同：員工對其受委任之工作具有意願和方向，能認真投入工作	
挑戰性工作：員工被賦予挑戰性之工作，並得以學到新的技術	
合作／團隊工作：員工在團體中一同工作並完成目標	
文化：工作環境提供慶祝、歡樂、刺激與開放的機會	
薪資：員工分享完成工作後之結果	
溝通：員工與管理階層分享公開、公正及頻繁的資訊交流	
對於員工應得到的：每個人的尊嚴和特質都受到公開的尊重	
電腦和科技：員工得以進入並使用科技，以使工作更容易	
能力：員工擁有將工作做好的技能	
分數	

資料來源：Ulrich（1997:135）

- 讓員工持有足夠的技能去做好他們的工作

3.將需求轉化成資源：

- 實施離職面談找出員工真正需求
- 主管與部屬經常就雙方的需求或期待進行溝通
- 將公司政策延伸影響到員工家庭，與員工家屬的溝通會將「需求」轉化成「助力」
- 讓員工參與重要決策
- 透過人力資源再運用（redeployment），讓員工擁有「隨時可被僱用的能力」，配合公司現在與未來的發展需求

人力資源管理的再造工程

蓮花公司過去成功的原因在於開放溝通的組織文化，以及員工堅信他們是具有高度知能的金領（gold collar）工作者。直到1991年該公司也體認到下列的需求：

1. 在重視生產力和附加價值下，必須倡導彈性工作，改造人力資源的政策與流程。
2. 強調主管和部屬的關係。
3. 提供人力資源的資訊給經理人，讓經理人開始承擔人力資源管理的責任。
4. 必須簡化行政流程，三個簽章就直達高階經營層。
5. 重新檢討人力資源專業人員的人數與配置。
6. 重新定位人力資源專業人員的角色。

蓮花公司同時也發展出人力資源的新願景：「我們願意爲我們自己的事業奉獻，透過我們的產品與服務去協助所有的客戶，創造最高的價值。」因此，蓮花公司總公司的人力資源部門功能較少放在政策發展上，較重視顧問諮詢的工作。將人力資源資訊透過網路或電話中心讓主管或員工能直接找到答案，使人力資源專業人員能眞正扮演好事業策略夥伴的角色。

爲了避免產生人力資源管理集權與分權進退兩難的窘境，人力資源部門應該從人力資源功能的整合與分化程度，重新定義其價值的創造與傳遞機制。可以將人力資源的價值創造單位區分爲總公司、事業部、仲介服務、服務中心、專家中心及整合團隊等六類（如**圖12-3**）。而各個不同類型組織的特性、優缺點等如**表12-6**說明。從客戶的需求中尋求服務的介面與工作流程，並發展出那些是人力資源管理部門可以創造出的共同服務（shared service）。這些共同服務組織的成功關鍵在於：

1. 讓客戶瞭解SHR與HRS的角色互補功能，邀請客戶決定服務項目。
2. 人力資源專業人員必須是專精於組織診斷與效率改善。
3. 建立人力資源服務的多重管道。
4. 與客戶共享資訊與服務。
5. 人力資源專業人員同時隸屬人力資源管理部門與事業單位。
6. 建立適當的績效衡量指標。

要改善人力資源管理的功能必先實施組織診斷，從員工、客戶的觀點去評估組織的優缺點，從組織運作與事業策略的一致性檢討

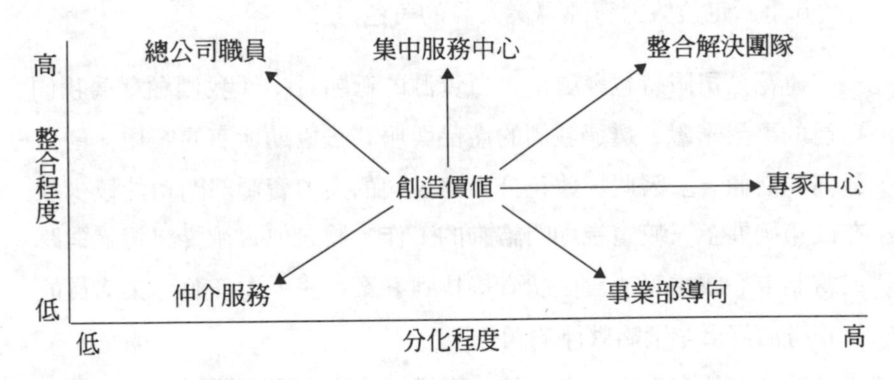

圖12-3　人力資源價值創造的傳遞機制

資料來源：Ulrich（1997:96）

表12-6　人力資源價值創造單位不同特性之說明

	總公司職員	事業單位員工	服務之經理人	服務中心	專門技術中心	整合性之解決
形象	強固的公司員工團隊	明確的事業單位員工團隊	簽約之服務	後線操作	世界級之科技專家在企業工作	整合員工服務一起工作
主要的成功因素	·標準化的政策措施 ·有效的營運	·直線運作 ·所有權掌握	·明確的長短期契約 ·跨越界線的關係	·科技 ·資訊 ·標準化之工作	·技術之穩定 ·和企業之契約協定 ·企業對科技解決之需要	·跨越員工團體的整合型計畫 ·和企業內客戶簽訂計畫
主要的焦點	·全公司策略 ·長期導向	·依企業之需求來建立員工制度	·簽約服務之契約	·有效地傳遞員工之服務	·提供專門知識給每個領域的員工	·提供整合性和諮商服務給企業
優點	·具一致性 ·具有效性	·提供資源 ·提供可行計畫	·服務之索價明確	·具有效性	·不同領域皆具良好技術	·提供整合性之諮商服務
缺點	·缺乏彈性 ·所有權歸屬	·具重複性 ·專家之素質較低 ·隔離	·由少數成員決議 ·不完整的簽約資訊	·非獨立作業 ·並非所有的工作都會執行	·員工群體間保持界線 ·需要較高度合作	·須員工群體相互合作
營運規模（標準）	較強的資深公司專家群	局部提供員工服務	外部資源服務	運用科技定義行政上和交易性工作	各員工群體中的技術人員和事業體簽訂契約以符合需求	整合不同員工群體，服務企業內各個企業體
衡量方式	·效率 ·企業邏輯	·地方的所有權	·成本	·回應時間	·技術支持	·整合性支持

資料來源：Ulrich（1997:98-99）

中去改善人力資源管理的功能。首先，以組織能耐爲主題的診斷，檢討共有心態（文化）、員工知能、績效管理、組織結構、變革能力及領導能力等六項。其次從上述診斷結果發展出包括任用、發展、績效考核、獎酬、組織設計、政策、溝通、流程改善、變革、組織學習等人力資源管理的最佳操作模式。最後再依據影響程度及可行性設定改造的優先順序。

人力資源管理的流程再造（process reengineering）可按照下列六個步驟實施：（改造流程如**表12-7**）（Ulrich, 1997）

1. 找出所要改造的流程。
2. 分析檢討現有流程。
3. 挑戰現況並實施差距分析。
4. 挑戰理想中新的流程模式。
5. 轉換原有功能並實施測試。
6. 衡量實施影響結果。

國外有些企業經過人力資源管理流程再造後，通常在人力資源管理部的人數降低、流程縮短及費用節省有顯著效果，人力資源流程再造的成功個案請看**表12-8**。但是僅就效率的改善是不夠的，從效能面的改善必須從願景的展開著手。以Trinova公司爲例，他們描繪人力資源的願景爲：「爲了吸引、激勵、發展和留住完成組織任務所需最好的人才，我們是事業的最佳夥伴。」爲了達到此一境界，他們再具體說明達到此一境界時的管理知能、員工認同、組織效益及行政效率。接著發展達到此一境界的策略方向，並對組織現況進行檢討。其中針對政策、策略與管理實務的一致性考驗是現況檢討的重點所在。最後再依據改善目標的優先順序擬定行動方案。

表12-7　人力資源流程再造步驟

步驟	活動	工具	責任	產出
1.定義目標流程	·解釋在流程中主要的人力資源活動 ·排定主要流程順序 ·將流程劃分成可管理的區塊 ·界定並整理主要的流程變化 ·邀請流程專家加入	·腦力激盪 ·顧客焦點團體	人力資源再造的擁護，加上指導委員會	實施再造的優先順序
2.發展「當前模式」(AS IS)	·引導工作流程分析（誰做了什麼、何時、何地、如何）及確認自動化 ·查核系統中所存在的限制（如資料的相容性、整合性、一致性） ·從消費者與行政者的觀點來決定現階段流程中的問題 ·核定相關流程中的主要評量（例如成本、品質、時間等）	·工作流程分析 ·活動分析 ·系統稽核 ·焦點團體面談	評估團隊（人力資源和直線經理）	現存程序的流程圖，以及在成本及時間條件下的績效
3.挑戰既有假設	·在現階段的流程中挑戰每一項活動（為什麼要做、為什麼在此部分做、為什麼要接續做這個、為什麼是由某人所做、為什麼用此方式做等） ·挑戰現有的政策、實務及理念 ·開創其他傳遞的方法 ·免去跨功能的儲存空間 ·合併且運用資訊技術	·願景規劃 ·劇本建立 ·腦力激盪 ·要徑思考	流程團隊加評估團隊加科技團隊	尋求根本改善的機會
4.發展「應該做」模式	·從其他較廣的基礎中找尋可行方案 ·標竿學習其他公司 ·將分離的流程加以整合 ·總結新資訊系統的規格 ·繪製新的流程圖 ·評估新流程中潛在的影響（例如成本／利潤、風險等）	·標竿 ·衝突的解決 ·議題的解決 ·模擬 ·建立共識	流程團隊加科技團隊	設計新流程並選擇最佳的資訊技術來支持新流程，解決新流程中的衝突

（續）表12-7　人力資源流程再造步驟

步驟	人力資源流程再造	工具	責任	產出
5. 實施試作並行銷	・漸進式的實施方式 ・實施初測 ・實施系統整合 ・推銷計畫，創造奇異性，試用 ・處理員工抗拒問題 ・處理員工士氣的問題	・行銷 ・溝通 ・訓練 ・教導 ・突破	轉移團隊加科技團隊	協助新系統可以順暢地推動並能讓使用者能接受新流程
6. 評量企業的衝擊	・蒐集人力資源再造的過程前後企業產生的影響 ・在評量影響時，不要局限於計畫的里程碑及活動的預算方面 ・區隔長短期的衝突	・活動分析 ・成本分析 ・顧客服務 ・調查焦點團體	全職的工作人員	監控其推展與衝擊

資料來源：Ulrich（1997:90-91）

表12-8　人力資源流程再造個案

公司名稱	人力資源流程再造	結果
Sears	·隨時更新人事電腦資料庫的資料 ·利用免付費電話來變更個人資料 ·由任用經理直接在線上鍵入或更新員工記錄 ·建立二十四個人力資源中心共同的作業標準	·在三年內人力資源員工從五百七十三人減低至一百二十五人 ·將人力資源中心從二十四個合併成二個 ·削減了近75%的人力資源成本
CalFed Inc.（L.A）	·自動化工作流程的五十五個程序刪減了十二個 ·花了七個月的時間設計HR流程再造 ·以前所有的文書作業在獲得批准前都要經過幾天的程序，透過電子化的形式後，可以直接送到員工服務，循環的時間少了十至十五分鐘 ·透過打卡系統來直接計算工時，即電腦閱讀打卡片後計算四千名員工的薪水、扣除額等	·裁減了50%的人力資源人員 ·省去了90%在某些活動上循環的時間 ·在一年內重新更新技術投資
國家半導體	·系統上使用紙上作業系統來追蹤每年五千份以上的履歷表，現在則透過掃瞄及資料庫軟體，利用關鍵字查詢即可。除此之外，還包括電子郵件及傳真，只要文件在螢幕上，人力資源就可以傳真給經理來審查 ·E-mail的使用，就如同通往COPS（工作機會表單系統）的門徑，可以提供立即的職務空缺。在表單系統中，將工作區分爲二十類，提供了詳細的工作描述，和相關訓練或教育方面的要求 ·藉由人力資源資訊系統（HRIS）每天的批次作業，自動更新資料，擷取必備之要件，使其保持連線狀態	·將原僱用時所需花費的一百一十天，縮減成六十二天 ·可以找到較佳的員工 ·免去數百頁的文書名單
佛羅里達電力公司	·將審視履歷及申請書後所獲得的資料移轉至員工的紀錄系統內，把員工的文件資料都放在一起，並儲存在光碟片中 ·人力資源部或經理可以從電腦中抓取資料	·人力資源部從1991至1995年間縮減65%的文件資料及50%的人力

（續）表12-8　人力資源流程再造個案

公司名稱	人力資源流程再造	結果
J. M Huber公司	·人力資源開始時是將現階段的工作流程整理成文件，詳細地研讀並發展一系列改善效率的對策。包括最高階層的管理者、直線經理和其他參與討論者，其中最重要的課題，便是從一個舊有的主架構轉變成客戶服務系統，讓資料進入更容易 ·自動化的系統讓員工可以透過互動的語音回應系統來處理變更福利事宜 ·現場經理將可以瞭解員工的薪資調整紀錄、工作的現況及其他資料，來決定員工的升遷和調薪。而若此需要被提出並核准，系統便會處理並將異動反應在薪資單上	·程序重新設計減少了人力資源部門42％的人工運作，縮短了26％的工作步驟，以及降低了約20％的初級工作
Hewlett-Packard	·公司設定自動化檢驗系統，把軟體灌進人事系統並定期列出員工名單，供每個銷售經理人考核旗下的員工 ·使用E-mail讓經理人可以檢送名單以茲核定，並予以更新資訊 ·最後，公司重複此流程，亦可用來傳送薪資調整計畫，藉由所謂的互動式語音系統作調薪或修改建議，以更動記錄	·人力資源可藉由電腦來處理原先需二十個行政人員來做的工作
IBM	·重新修正福利行政單位，並削減全國三十六個電話中心集中至此卡的單一機構。電話中心區分爲二個工作團隊；第一層是最大的一組，由一般員工組成，負責接觸最基本的問題。較困難的問題，則交由少數專門人員所組成的第二層來負責 ·新的薪資系統將加薪請求單提交特定人員審核。簽准後確定單會轉回到原先的經理人，並在流程中自動輸送到薪資調整單裡 ·二十四小時的互動式語音系統，每年處理超過一萬七千個的福利請求事項。在二十四小時內，就可以提供員工退休計畫的相關資料	·裁減了福利行政單位40％的人事，並處理了更多的電話記錄 ·從1987到1994年間IBM將HR工作人力從三千三百人削減成九百人

資料來源：Ulrich（1997:92-94）

四、如何能成為變革推動者

人力資源專業人員在推動組織變革中扮演相當重要的角色；尤其當企業在導入文化變革時，透過組織改造、流程再造可以改變員工的行爲與工作方式，員工的貢獻管理（如薪酬制度）可以去引導員工行爲的改變，教育訓練也可以試著改變員工的心態。

GE公司在80年代導入「速度、簡化與自信」的組織文化，在營業收入、客戶服務及員工士氣上產生相當大的改善。1994年該公司發展人力資源管理新的願景爲：成爲一個可信賴、看得到、提升附加價值的策略夥伴。他們認爲下列七個因素是變革成功的關鍵，將這七個關鍵成功因素列表追蹤管理，確認每一個關鍵成功因素的改善活動。

1.引導、領導變革的力量。

2.創造變革的共同需求。

3.累積形成共同願景。

4.激發對變革的認同。

5.運用人力資源管理的工具將變革融入組織基礎架構中。

6.訂定標準、里程碑等監測進度。

7.維持持續變革。

上述這七個關鍵因素的運轉應被視爲重複的過程，而非單一事件。開始推動時可由負責的主管或部門來引導變革，視爲一種暖身或轉身（turn around）動作。如果要達到轉型（transformation）的境界就必須有全員的參與及認同。

文化變革

文化變革是一種改造員工共有心態（shared mindset）的歷程。累積「一致的」、「正確的」組織文化是企業成功的關鍵。在面對日益複雜、不斷改變的競爭環境下，組織必須經常衍生出客戶、員工、股東和供應商所能認同的新的文化。因此，評估現有文化、找出客戶最重視的、我們希望讓客戶認識的最重要文化，並找出兩者之間的差距進行改造。文化變革中當員工擁有越多可靠的、一致的資訊就表示他們愈有可能擁有共同的心態。可以從人力資源管理的策略或內部教育訓練、會議儀式等場合去影響並形成所期待的員工行為。也可以從組織工作流程、資訊溝通流程、權力決策流程及人力資源流程等核心組織流程的設計去營造組織文化。

文化變革的不同方式可以歸納為下列三種：

1. 由上到下指導型（top-down directive）：美國全錄的Leadership through Quality及摩托羅拉為Six Sigma即運用訓練與績效管理去推動品質文化。
2. 邊對邊的流程再造（side-to-side process reengineering）：百事可樂及北方電訊成功改造核心作業流程，清楚表達組織所要提供的產品或服務，員工所需資訊及組織希望員工所表現行為。
3. 由下到上授權賦能型（bottom-up empowerment）：GE所期待

的文化是速度、簡單和自信，員工被授權賦能，心態上沒有責怪、抱怨或卸責，只有積極主動去改善工作。

個案介紹1 ——組織變革中人力資源流程再造

◎目　的

1.維持長期人力資源的競爭優勢。

2.better-skilled。

3.better-paid。

4.better-motivated

◎六大系統

1.選用。

2.考核。

3.薪酬。

4.管理發展（management development）。

5.訓練。

6.生涯發展（career development）。

◎流程改造架構（如圖12-4）

◎利益點

1.選用、晉升系統與公司策略、目標之結合。

2.績效評估系統與公司策略結合，個人績效與團體績效結合。

3.薪資系統與績效考核結合，並兼顧企業長、短期策略目標。

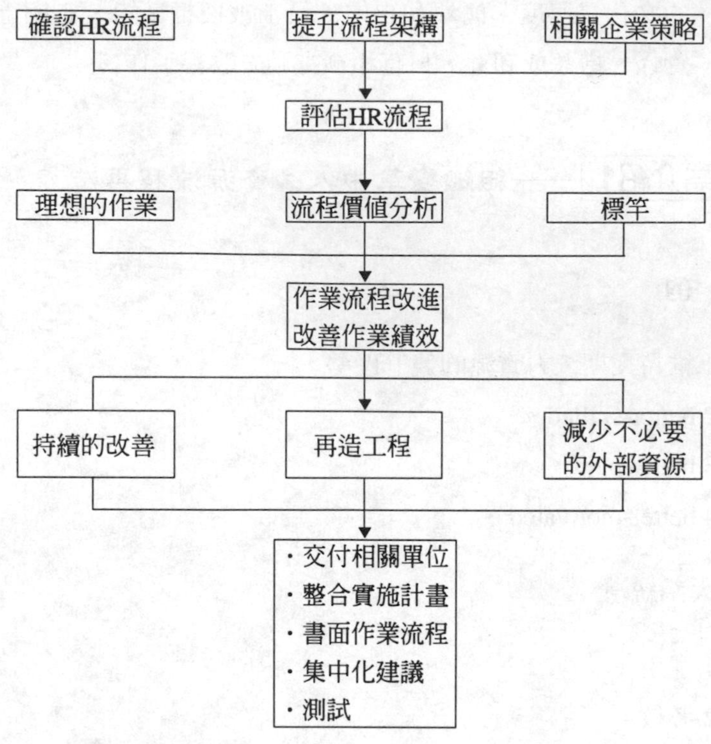

圖12-4　流程改造架構圖

資料來源：李漢維（民85：11）

4.結合訓練需求分析、員工生涯發展與企業發展策略。

5.結合人力資源規劃，培養通才與專才。

6.提供改善績效的人力資源發展活動。

◎進行方式

1.步驟一：準備動作

・成立專案小組

・研擬HR功能及作業流程模式

．專案小組成員訓練

．現況資料蒐集

2.步驟二：差距分析（gap analysis）

．將功能及作業模式與現況做對比

．將六大系統功能向下展開

．實施差距分析

．確認差距及實施困難點

．舉辦研討後提出報告

3.步驟三：提出新的HR政策與流程

．從步驟二的發現修正原研擬的模式

．完成六大系統新的流程

．專案小組確認新流程之可行性

．向高階主管提出報告，並做部分修正

4.步驟四：轉換原HR的功能

．HR新功能覆請核准

．做成書面資料，打字裝訂成冊

．實施轉換訓練

5.步驟五：測試

．HR部門的測試與訓練

．相關部門的測試與訓練

．專案小組的稽核分析

．專案小組的修正

．覆請最高主管核准後實施

◎人力資源控管系統

人力資源控管系統請參考**圖12-5**。

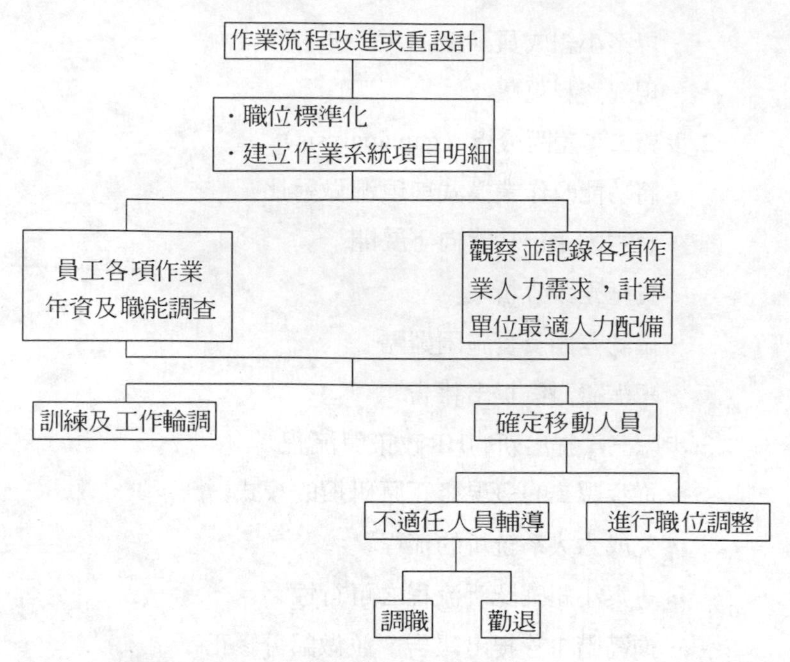

圖12-5　人力資源控管系統架構圖

個案介紹2——國家半導體人力資源管理再造工程

國家半導體在1993年開始實施組織轉型，嘗試將人力資源與新的公司願景結合，成爲組織變革的領導者。整合全球策略將人力資源組織重設計的未來方向規劃爲：

1.改造人力資源與管理階層及員工之間的關係。

2.創造全球性人力資源功能。

3.將人力資源任務與企業策略一致。

4.提供一流水準的人力資源服務。

5.簡化、推動人力資源效率與授權賦能。

6.全球性學習團隊。

人力資源流程重新設計的策略爲：

1.從不同階層的員工調查中對現行人力資源功能進行掃描，並試圖找出其最佳運作模式。
2.實施科技與社會分析，確認人力資源主要流程及人力資源部門人員的社會需求。
3.規劃新的人力資源模式可以被操作運用。
4.爲了配合企業核心流程運作，人力資源發展與員工、組織績效成爲人力資源兩大基本流程（Fiorelli, Longpre, & Zimmer, 1996: 48-59）。

個案介紹3——柯達公司人力資源改造策略

柯達公司的策略性人力資源架構包含三大主體：事業策略、組織能耐與人力資源運作；透過人力資源運作去建立組織能耐，提升員工滿意，形成客戶滿意，造成股東滿意。

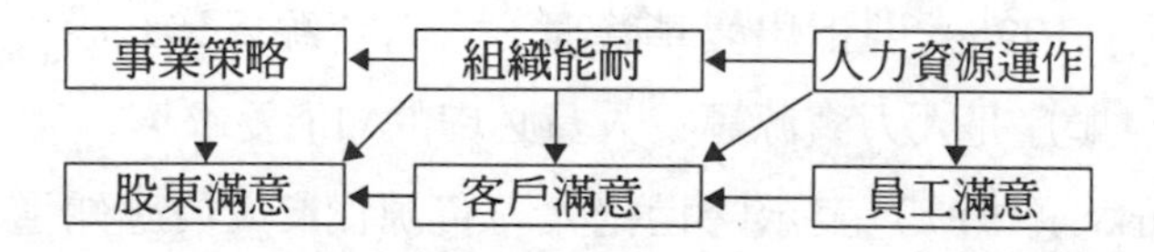

在人力資源內部運作上講究效率、品質與速度，在內部策略性重視組織能耐與員工滿意；在外部策略性上則強調客戶滿意與股東滿意。整體人力資源策略的管理意涵在：

1.決定何者爲企業成功的關鍵。
2.瞭解人力資源如何爲關鍵成功因素產生價值。

3.依照上述理念架構設計人力資源運作。

結　論

從效能、效率的觀點來看，改造人力資源管理功能，其實就是從客戶價值取向重新規劃人力資源管理的分工體系。依照Ulrich（1997）的說法，將策略性人力資源與人力資源重新定位，透過組織授權將總公司與直線部門或事業單位形成一種合作夥伴的關係。**表12-9**說明改造後策略性人力資源、人力資源策略與人力資源組織在不同構面上的特性。

如果您有心成為策略性人力資源管理的高級主管，Lawson和Limbrick（1996）認為人力資源專業知能、企業知識，影響管理（influnce management）、功能和組織的領導及目標和行為管理是五項必備知能。

Ulrich等人（1995）則指出變革管理、人力資源專業知能、企業知識依重要性順序是人力資源專業人員必備的知能要求。

最後，Burke（1997）表示跨世紀人力資源從業人員應知道下列九項相關專業知識：

1.績效改善。

2.組織再造。

3.組織變革。

4.全球化。

5.團隊型組織。

6.集體學習。

7.衝突點協商。

8.彈性工作。

9.授權賦能。

從以上的結論與說明，與本書各章節的內容安排相互比對，也許您已眞正瞭解本書之寫作動機其實是在協助讀者成爲跨世紀人力資源專業人員。

表12-9 策略性人力資源——人力資源策略與人力資源組織

層級	策略性人力資源管理	人力資源策略	人力資源組織
目的	將事業策略轉化成組織能耐，進而落實在人力資源的實務運作中	建立一策略、組織及行動計畫，以促使人力資源功能或部門更有效率	設計及改善HR功能，以傳遞人力資源之相關服務
管理者	直線經理	人事主管	人事主管
測量標準	透過人力資源實務運作下的事業結果	人力資源實務運作的效率和效能	人力資源功能的效率和效能
對象	・使用HR實務的管理者 ・受HR影響的員工 ・因有效率組織而獲得利益的消費者 ・因組織能耐而獲益的投資者	・設計並執行人力資源實務的人力資源專員 ・運用人力資源實務的直線經理	・在人力資源部門中工作的人力資源專員
扮演的角色	・直線經理是管理者 ・人力資源管理者是協助者	・直線經理是投資者 ・人力資源專員是創造者	・直線經理是投資者 ・人事主管是領導者

資料來源：Ulrich（1997:191）

參考文獻

中文部分

丁虹（1987），《企業文化與組織承諾之關係研究》，政治大學企業管理研究所博士論文。

小野紘昭（1996），〈理解、適應異文化〉，《再創企業活力——如何進行員工培育》，中華民國職業訓練研究發展中心，頁152-161。

毛治國（1985），〈高科技企業之戰略特性〉，《現代管理月刊》，頁64-66。

王保進（1996），〈統計套裝程式SPSS與行爲科學研究〉，台北：松崗。

王國明、蔡致和、王遐昌、胡家龍、盧超群（1992），〈高科技人力資源管理〉，《戰略生產力雜誌》，第439期，頁105-112。

內政部編譯（1987），《國際勞工公約及建議書》。

石銳譯（1990），《人力資源管理》，H. T. Graham原著*Human Resources Management*，台北：台華。

台灣省政府勞工處（1998），《勞資合作實用手冊》，台中：台灣省政府勞工處。

朱承平（1997），〈論美國企業界的無工會政策——兼談當今美國工會所遭遇的挑戰〉，《人力發展》，第41期，頁17-21。

行政院勞委會（1997），《勞動統計月報》。

行政院勞委會（1997），《勞工意向與需求調查報告（第三梯次：勞資關係）》，頁8。

司徒達賢（1995），《策略管理》，台北 ：遠流。

司徒達賢（1997），《策略管理（二版）》，台北：遠流出版。

何明城（1994），〈以關鍵成功因素探討服務傳送系統之內涵〉，國立政治大學企研所碩士論文。

何永福、楊國安（1993），《人力資源策略管理》，台北：三民書局。

李仁芳（1992），〈厚基組織支持策略野心〉，《天下》雜誌，第134期，頁86。

李章順（1991），〈企業轉型人力資源面臨的挑戰〉，《勞工行政》，第43期，頁20-26。

李嵩賢（1996），〈變遷世界人力資源管理應有的因應之道〉，《考詮月刊》，第6期，頁 9-15。

李漢雄（1996 a），〈變革下的教育訓練體系規劃〉，《工業雜誌》，頁50-52。

李漢雄（1996 b），〈從政府就業與訓練政策及企業人力資源發展策略談勞動力品質提升〉，邁向廿一世紀勞動力品質提升策略研討會，行政院勞委會主辦。

李漢雄（1996），〈人力資源專才的專業再造〉，《管理雜誌》，263，頁112-114。

李漢雄、郭書齊（1997），〈提升競爭優勢的人力資源策略：談創新力發展與創新活動導入〉，《1997中華民國科技管理研討會》，頁367-378。

李漢雄（1997），〈發展核心知能與建立企業競爭優勢的組織學習策略模式〉，《台灣永續發展研討會》。

李漢雄（1998），〈由人力資源管理的新典範談人力資源管理的因應對策〉，第四屆人力資源管理教育的現況與展望研討會，中興大學主辦。
李漢雄（1998），〈企業內訓策略性出招〉，《工業雜誌人力培訓專刊》，12月號，頁2-7。
李漢雄（1999），《台灣資訊科技產業組織學習策略與核心知能發展之實證研究》，中正大學新任教師學術研究計畫。
李聲吼（1997），〈人力資源發展的能力內涵〉，《就業與訓練》，15：2，頁51-58。
余朝權（1985），《競爭優勢——突破生產力的奧秘》，台北：天下。
周建次（1998），〈勞資合作對工業關係績效影響之研究〉，中正大學勞工研究所未出版碩士論文。
周旭華譯（1998），〈競爭策略——產業環境與競爭者分析〉，波特著（Michael E.Porter），台北：天下。
吳思華（1997），《策略九說——策略思考的本質》，台北：麥田。
吳祉龍（1998），〈企業派外人員之人力管理與運用策略初探——以台灣地區銀行產業爲例〉，中興大學企管系專案報告。
吳惠玲（1990），〈高科技公司人力資源管理型態之實證研究〉，台灣大學商學研究所碩士論文。
吳秉恩（1991），〈策略性人力資源管理：理念、運作與實務〉，《中國經濟企業研究所叢書》。
吳怡靜（1997），〈策略是什麼？〉，波特著（Michael E. Porter）著，《天下》雜誌，頁148-158。
吳藹書（1988），企業人事管理，台北：大中國。
林尹、高民（1976），《中文大辭典（七）》，台北：華崗。
林江風（1992），〈產業升級與人力資源發展之探討〉，《研考報導季刊》，第20期。

林欽榮（1995），〈人力資源管理策略宜考量的環境因素〉，《人事管理》，32：6，頁4-10。

林彩梅（1990），《多國籍企業論》，台北：五南。

林素惠（1997），〈建構團隊型組織之訓練教材發展實施及效用之研究——以個案公司爲例〉，台灣師大工業科技教育研究所碩士論文。

林詩芳（1993），〈資訊人員生涯導向與職位配合類型對個人工作態度與壓力影響之實證研究〉，中原大學企研所碩士論文。

洪新民（1997），〈從資源依賴理論探討資源與加速創新策略之關係〉，國立中正大學企業管理研究所碩士論文。

孫小羚（1996），〈全面品質管理與企業績效關係之研究——以臺灣電子業爲例〉，東吳大學會計學研究未出版碩士論文。

唐郁靖（1996），〈台灣地區中、美、日企業人力資源管理策略之研究〉，中央大學人力資源管理研究所碩士論文。

徐木蘭（1988），《行爲科學與管理》，台北：三民。

許士軍（1987），《管理學》，台北：東華。

許宏明（1995），〈高科技產業的教育訓練制度與組織績效之相關性研究〉，國立中央大學企研所碩士論文。

許梅芳譯（1998），《超優勢競爭——新時代的動態競爭理論與應用》達凡尼著（Richard D'Aveni），台北：遠流。

曹國雄（1991），〈員工流動原因之探討——以女性作業員爲例〉，《人力資源學報》，創刊號，頁45。

曹國雄、吳雅芳（1996），〈我國企業績效評估制度的差異比較——以美國、日商和台商爲例〉，《中原學報》，24（2），頁23-34。

曹銳勤（1994），〈品管圈營運績效綜合評價模式之研究——以臺灣地區中衛體系之廠商爲例〉，國立清華大學工業工程研究所爲出版碩士論文。
郭進隆譯（1994），《第五項修練——學習型組織的藝術與實務》，譯自Senge, P. M.，台北：天下。
郭榮哲（1992），〈策略性薪資設計在管理上的應用〉，國立政治大學公共行政研究所碩士論文。
陳明漢等（1989），《人力資源管理》，台北：管科會。
陳怡如譯（1996），《「心」管理：個人與組織從變相中成長》，台北：麥格羅希爾。
陳偉（1996），《創新管理》，北京：科學出版社。
陳雲紋（1988），〈高科技公司管理秘訣〉，《卓越》雜誌，頁109-117。
張耀仁（1996），〈卓越人力資源管理制度之建構——資源基礎論觀點〉，中正大學企管所碩士論文。
張耀宗（1994），〈追求創新力的組織〉，《萬能學報》，第16期，頁319-323。
張火燦（1996），《策略性人力資源管理》，揚智文化。
張旭利（1989），〈企業策略、企業文化及企業績效關係之研究〉，淡江大學管理科學研究所未出版碩士論文。
葉宜玟（1996），〈做好企業內部國際化〉，《再創企業活力——如何進行員工培育》，中華民國職業訓練研究發展中心，頁113-122。
黃同圳（1993），〈企業內部勞資合作方案評析〉，《勞資關係月刊》，第12卷，第4期，頁29-45。
黃昌宏（1997），〈從無縫組織觀點論人力資源改造工程〉，《公共行政學報》，第1期，頁215-237。
黃英忠（1995），《現代人力資源管理》，台北：華泰。

黃癸楠（1998），《勞資合作制度實用手冊》，台灣省勞工處，頁1。
楊幼蘭譯（1994），〈改造企業——再生策略的藍本〉，譯自Hammer M. & Champy J.，台北：牛頓。
楊雅媛（1997），〈產業環境、事業策略與企業文化對人力資源管理策略及組織績效之影響〉，中央大學企業管理研究所碩士論文。
雷斯里・韋伯（1996），國際化人才培育要訣，《再創企業活力——如何進行員工培育》，中華民國職業訓練研究發展中心，頁140-151。
董翔飛（1991），〈從理論與實作面探討集權與授權的互動關係〉，《研考報導季刊》，頁15。
詹昭雄（1996），〈體驗企業核心競爭力〉，《管理雜誌》，第267期，頁82-83。
詹靜芬（1995），〈專業職位——行政職位之關係與組織結構設計〉，《行政學報》，頁108-131。
管康彥（1997，12），〈跨世紀企業管理新趨勢〉，《能力雜誌》，頁118-121。
榮泰生（1996），〈組織設計〉，《自動化科技》，第147期，頁49-60
蔡金城（1993），〈組織內參與管理程度與勞資關係之研究——以第一類上市股電機業爲例〉，東吳大學企業管理學研究所未出版碩士論文。
蔡玥珍（1991），〈資深員工生涯問題之探討〉，中原大學企研所碩士論文。
蔡敦浩、周德光（1994），〈技術能力的形成與發展〉，1994年產業科技研究發展管理實務案例暨論文研討會。

衛民（1995），《工會組織與勞工運動》，台北：空中大學。
劉平文（1991），《經營分析與企業診斷——企業經營系統觀》，台北：華泰。
劉怡媛（1988），〈科技研究人員之事業前程策略〉，國立政治大學企研所碩士論文。
劉念琪（1991），〈高科技公司研究發展人員之生涯導向與個人績效之關聯〉，國立台灣大學商研所碩士論文。
劉創楚（1988），《工業社會學》，台北：巨流。
鄧學良（1997），《勞資事務研究》，台北：五南圖書。
蕭琨哲（1992），〈研發人員就業穩定相關性之研究〉，中原大學企研所碩士論文。
簡安泰（1989），《銀行融資管理》，台北：嘉德。
謝安田（1988），《人事管理》，台北：作者自印。
謝長宏（1990），〈激勵性薪資制度之設計〉，收錄於陳明漢等著《人力資源管理》，台北：管拓文化事業。
聯合報，（1999），〈速度——下一世紀企業經營關鍵〉，1999年3月19日，第5版。
戴久永（1996），〈情理兼顧的PDCA循環〉，《管理雜誌》，第264期，頁90-92。
戴國良（1996），〈資源基礎、核心專長、組織能力與持續競爭優勢之整合研究〉，《台北商專學報》，第47期，頁36-99。
譚家瑜譯（1995），《卓越領導》，台北：遠流。
羅業勤（1992），《薪資管理》，基隆：自印。
蘇拾忠（1991），《如何策略規劃》，台北：遠流。

英文部分

Aaker, D. A. (1984), "How to Select a Business Strategy", *California Management Review, 26(3)*, pp.167-175.

Adis, F. G. (1991), *Cooperative Lifecycle : How and Why Corporations Grow and Die and What to Do About It*, Commonwealth.

Agho, A. O., Mueller, C. W. & Price, J. L. (1993), "Determinants of Employee Satisfaction : An Empirical Test a Causal Model", *Human Relation, 46(8)*, pp.1018-1023.

Albrecht, K. (1987), *The Creative Corporation*, Prentice—Hall, pp.27-30.

Amit, R. & Schoemaker, P. J. (1993), "Strategic Asset and Organization Rent", *Strategic Management Journal, 14*, pp.33-46.

Anderson, C. R. & Zeithmal, C. P. (1984), "Stage of the product life cycle, business strategic, and business performance". *Academy of Management Journal, 27*, pp.5-14.

Anderson, G. & Evenden, R. (1993), "Performance management: its role and methods in human resource strategy". In R. Harrison(ed.). *Human Resource Management : Issues and Strategies*. Cambridge, UK: Addison-Wesley Publishing Company.

Anderson, M. A. (1996), "Managing human resource side of reengineering". *Organization Development Journal* ,14(2), pp.30-38.

Anthony, W. P. , Perrewé, P. L. , & Kacmar, K. M. (1996), *Strategic Human Resource Management*. Orlando, FL: The Dryden Press.

Bailey , R. (1995), Governing the Workplace. *British Journal of*

Industrial Relations, 33(4), 557-562.

Balkin, D. B. & Gomez-Mejia, L. D. (1987), "Towar a contingent theory of compensation strategy". *Strategic Management Journal*, 8, pp.169-182.

Balkin, D. B.& Gomez-Mejia, L. D. (1990), "Matching compensation and organization strategies". *Strategic Management Journal*, 11(2), pp. 153-169.

Bandura, A, (1977), *Social Learning Theory*. Englewood Cliffs, NJ: Prentice-Hall.

Barney, J. B. (1986), "Organizational Culture: Can It Be a Source of Sustained Competitive Advantage?", *Academy of Management Review*, 11, pp.656-665.

Barney, J. B. (1991), "Firm Resources and Sustained Competitive Advantage", *Journal of Management*, 17(1), pp.99-120.

Barney, J. B. & Wright, P. M. "On Becoming a Strategic Partner : the Role of Human Resources in Gaining Competitive Advantage", *Human Resource Management*, 37:1, 1998, pp.31-46.

Bateman, T. S. & Zeithaml, C. P. (1990), *Management: Function and Strategy*. Boston: Richard D. IRWIN Inc.

Beaumont, P. B. (1995), *The Future of Employment Relations*. London: Sage Publications Ltd.

Beer , M. & Spector, B. (Ed.) (1984), *Reading in Human Resource Management*, NY:Wiley and Sons.

Begin, J. P. (1997), *Dynamic Human Resource Systems: Cross-National Comparisons*, New York: de Gruyter.

Bennett, N., Ketchen, D. J. & Schultz, N. B. (1998), "An Examination of Factors Associated with the Integration of Human Resource Management", *Human Resource Management*, 37(1), pp.3-16.

Berhardt, D., & Backus, D. (1990), "Borrowing constraints, occupational choice, and labor supply", *Journal of Labor Economics*, 8(1), pp.145-173.

Bettinger, C. (1991), *High performance in the 90s - leading the strategic and cultural revolution in banking*. Homewood, IL: Business One Irwin.

Betz, F. (1987), *Managing Technology — Competing through New Ventures, Innovation, and Corporate Research*, Prentice - Hall.

Biddle, D. & Evenden, R. (1989), *Human Aspects of Management*. London: Institute of Personnel Management.

Bird, A., & Beechler, S. (1995, 3rd Quarter) "Links Between Business Strategy and Human Resource Management Strategy in U.S. - Based Japanese Subsidiaries: an Empirical Investigation", *Journal of International Business Studies*, pp. 23-46.

Black, J. S. E. & Mendenhall, M. (1989), "A practical but theory-based framework for selecting cross-cultural traning methods". *Human Resource Management*, 28(4), pp.511-539.

Black, J. S. E. & Mendenhall, M. (1990), "Cross-cultural traning effectiveness: a review and a theoretical framework for future research". *Academy of Management Review*, 15(1), pp.113-136.

Blanchard, K. H. (1996)，〈高效率團隊〉，《管理雜誌》，第261期，頁102-104。

Bluedorn, A. C. (1982), "The theories of turnover: Causes, effects and meaning". In S. Bacharach(ed.), *Research in the sociology of organization*, pp.75-128, Greenwich, Conn.: JAI Press.

Bogaert, I., Martens, R, & Cauwenbergh, A.V. (1994), "Strategy as a Situational Puzzle: The Fit of Components", In G. Hamel & A. Heene (eds.), *Competence-Based Competition*, N.Y.: John Willey & Sons, pp.57-74.

Bogner, W. C. & Thomas, H. (1994), "Core Competence and Competitive Advantage: A Model and Illustrative Evidence from the Pharmaceutical Industry", *Competence- Based Competition*, pp.111-144.

Briscoe, D. R. (1995), *International Human Resource Management*, N.Y.: Prentice-Hall, Inc.

Brislin, R. W, (1981), *Cross-cultural encounters*. New York : Pergamon Press.

Bronfenbrenner, M. (1956), "Potential monopoly in labor market". *Industrial and Labor Relations Review*, 9, pp. 577-588.

Brown, C. M. (1993), "What's New in High-Tech Careers", *Journal of Black Enterprise, 23(*7), pp.159-166.

Burgess, L. R. (1989), *Compensation Administration,(2nd ed).*, Columbus, Ohio: Merrill Publishing Company.

Burke, W. W. (1997), "What human resource practitioners need to know for the twenty-first century". *Human Resource Management*, 36(1). pp. 71-79.

Cameron M. F. & Dennis, A. G. (1995), *Creative Action in Organization : Ivory Tower Visions and Real World Voices*, Newbury Park, CA: Sage Publications Inc.

Cappelli, P., & Singh, H. (1992), Integrating Strategic Human Resources and Strategic Management, In D. Lewin, O. S. Mitchell & P. D. Sherer (Eds.), *Research Frontiers in Industrial Relations and Human Resources* (pp.165-92). Madison, WI: IRRA.

Carnell, M. R. & Kuznits F. E. (1982), *Personnel: Management of Human Resource*. Bell & Howell Co.

Carroll, S (1987), "Business strategies and compensation systems". In D. B. Balkin & L. R. Gomez-Mejia, (eds.), *New Perspectives in Compensation.* pp.343-355.

Carroll, S. J., (1991), "New HRM Roles, Responsibilities, and Structures", in R. S. Schuler, (Ed.), *Managing HR in the Information Age*.

Cascio, A. D. (1998) , *Human Resource Management*, Englewood Cliffs, NJ: Prentice- Hall.

Cascio, W. E. (1992), *Managing Human Resource (3rd ed.)*. Singapore: McGraw-Hill, Inc.

Cascio, W. F. (1988), "Strategic Human Resource Management in High Technology Industry", In L. R. Gomei-Mejia, and M. W. Lawless(eds.), *Managing the High Technology Firm Conference Proceedings*, Boulder, CO : University of Colorado.

Cascio, W. F (1992), *Managing human resources : productivity, Quality of work life, profits (3rd ed.)*, New York: McGraw-Hill, Inc.

Cascio, W. F. (1998), *Managing human resources (5th ed.)*, New York: McGraw - Hill.

Castania, R. P. & Helfat, C. E. (1991), "Managerial Resources and Rents", *Journal of Management*, 17 (1), pp.155-171.

Chacke, G. K. (1988), *Technology Management —Applications to*

Corporate Markets and Military Mission, Praeger.

Champagne, P. J. & McAfee, R. B. (1989), *Motivating Strategies for Performance and Productivity: A Guide to Human Resource Development*. Westport, Connecticut: Greenwood Press, Inc.

Chandler, A. D. J. (1962), *Strategy and Structure : Chapters in the History of the American Industrial Enterprise*, Boston, MA: MIT Press.

Charles, B. F. & Martyn. (1996) , *Strategic Innovation,* Padstow Cornwall: T J Press Ltd.

Chiesa, V. & Barbeschi, M. (1994), "Technology Strategy in Competence-Based Competition" , In G. Hamel & A. Heene(eds.), *Competence-Based Competition*, New York : John Wiley & Son, pp.293-315.

Clarke, C. (1990), "East meets west." *Training & Development, October*, pp.43-47.

Cohen, W. M. & Levinthal, D. A. (1990), "Absorptive Capacity : A New Perspective on Learning and Innovation" , *Administrative Science Quarterly, 35(1)*, pp.128-152.

Collis, D. J. (1994), "Research Note: How Valuable Are Organizational Capabilities?" , *Strategic Management Journal*, 15, pp.143-152.

Collis, D. J. & Montgomery, C. A. (1995), "Competing on Resources: Strategy in The 1990s" , *Harvard Business Review*, pp.118-128.

Cooke, W. N. (1990), *Labor-Management Cooperation: New Partnerships or Going in Circles?*. Kalamazoo, MI: Upjohn Institute for Employment Research.

Cooper, R. G. & Kleinschmidt, E. J. (1994), "Determinants of

Timeliness In Product Development", *Journal of Product Innovation Management*, 11(5), pp.381-396.

Cotton, J. L. & Tuttle, J. M.(1986), "Employee turnover: A meta-analysis and review with implications for research". *Academy of Management Review*, 11(1), pp.55-70.

Coyne, K. P .(1986), "Sustainable Competitive Advantage: What It Is and What It Isn't", *Business Horizons,* pp.54-61.

Cyert, R. M. (1988), "*Designing a Creative Organization*", In R. I. Kuhn(ed.), *Handbook for Creative and Innovative Management,* New York : McGraw - Hill.

Daft, R. L. (1998), *Essentials of organization theory and design*, Cincinnati, Ohio: South-Western College Publishing.

Daft, R. & Macintosh, N. (1978), " A new approach to design and use of management information," *California Management Review*, 21, pp.82-89.

David, F. R. (1991), *Strategic Management (3rd* ed.), New York: Macmillan Publishing Co.

Day, G. S. & Wensley, R. (1988), "Assessing Advantage: A Framework for Diagnosing Competitive Superiority", *Journal of Marketing*, 52, pp.1-20.

Day, G. S. (1994), "The Capability of Market-Driven Organization", *Journal of Marketing*, 58, pp.37-51.

Dessler, G. (1997), *Human Resource Management*. Upper Saddle River, N. J.: Prentice-Hall.

Diericks, I. & Cool, K. (1989), "Asset Stock Accumulation and Sustainability of Competitive Advantage", *Management Science*,

35(12), pp.1504-1511.

Dinnocenzo, D. A. (1989), Labor/Management Cooperation. *Training & Development Journal*, 43(5), 35-40.

Dodgson, M. (1993), "Organizational Learning : A Review of Some Literature" , *Organization Studies, 14 (3)*, pp.375-394.

Dollar, D. (1993), "What Do We Know About the Long-term Sources of Comparative Advantage?" , *AEA Papers And Proceedings*, May, pp.431-435.

Donald W. J. (1993), *Human Resource Planning —A Business Planning Approach*. N. J.: Prentice-Hall Inc.

Donaldson, G. (1991), "Financial goals and strategic consequences" . In C. A. Montgomery and M. E. Poter (eds.), *Strategy: Seeking and Securing Competitive Advantage*. Boston: Harvard Business School Publishing Division, pp.113-134.

Dortch, C. T. (1989, June), "Job-person-match" . *Personnel Journal*, pp.49-57.

Drexler, A. B., Sibbet, D. & Forrester, R. H. (1988). "The team performance model." In W. B. Reddy (Ed.). *Team Building: Blueprints for Productivity and Satisfaction*. Alexandria, VA: National Institute for Applied Behavioral Science.

Drucker, P. F. (1984), *Innovation and Entrepreneurship*, pp.35-40.

Drucker, P. F. (1993), *Post-Capitalist Society*, Harper Business.

Duncan, R. B. (1972), "Characteristics of perceived environments and perceived environmental uncertainty" . *Administrative Science Quantaly*, 17, pp.313-327.

Dunlop, J. T. (1958), Industrial relations systems, Southern Illinois

University Press, pp.4-6.

Dunn, J. D. & Rachel, F. M. (1971), *Wage and Salary Administration: Compensation System*. McGraw-Hill Book Company.

Dyer, L. (1985), "Strategic human resource management and planning". in K. M. Rowland & G. R. Ferris (eds.), *Research in Personnel and Human Resource Management*, pp.1-30. Greenwich, CT: JAI Press Inc.

Dyer, L., & Holder, G. W. (1989), "A strategic perspective of human resource management", In L. Dyer (Ed.), *Human Resource Management: Evolving Roles and Responsibilities*. Washington D. C.: BNA/ASPA.

Edosomwan, J. A. (1987), *Integrating Innovation and Technology Management*, NY: John Wiley & Sons.

Elling, B. R. (1981), "Compensation elements: market phase determines the mix". *Compensation Review*, 13, 3rd Quarter, pp.30-38.

Elling, B. R. (1984), "Compensation issues of the 80's". in C. H. Fay & R. W. Beatty (eds.), *The Compensation Sourcebook,* Amherst, MA: Human Resources Development Press, pp.4-10.

Faulkner, D. O. (1995, April), *The management of international strategic alliances*, Paper presented to the Annual Conference of AIB (UK), Bradford.

Fernie, S. & Metcalf, D. (1995), Participation, Contingent Pay, Represention and Workplace Performance: Evidence from Great Britain. *British Journal of Industrial Relations*. 33(4), pp.379-415.

Fielder, F. E., Mitchell, T., & Triandis, H. C. (1971), "The culture assimilatorian approach for Cross-cultural training", *Journal of*

Applied Psychology, 55, pp.95-102.

Fiorelli, J., Longpre, E. & Zimmer, D. (1996), "Radically reengineering the human resource function : the national semiconductor model". *Organization Development Journal*, 14(1), pp.48-59.

Flood, P. & Turner T. (1993), Human Resource Strategy and the Non-union Phenomenon. *Employee Relations*. 15(6), pp.54-66.

Florkowski, G.W. & Schuler, R. S. (1994), "Anditiny HRM in the global environment", *International Journal of Human Resource Management*, 5, pp.827-852.

Foulkes, K. F. (1980), *Personnel Policies in Large Nonunion Companies*. Englewood Cliffs, N. J.: Prentice-Hall.

Foulkes, K. F. (1986), How Top Nonunion Companies Manage Employees, In Foulkes, K. F. (Ed.), *Strategic Human Resources Management: A Guide for Effective Practice* (pp.204-16), Englewood Cliffs, NJ : Prentice-Hall.

Frankle, E. G. (1990), *Management of Technological Change*, Kluwer Academic.

Frohman, A. L. (1982), "Technology as a Competitive Weapon", *Harvard Business Review*, Jan. - Feb., pp.97-104.

Galbraith. C. & Schendel, D. (1983), "An empirical analysis of strategic types". *Strategic Management Journal*, 4, pp.153-173.

Gardner, J. E. (1986), *Stabilizing the workforce*. New York: Quorum Books.

Garden, A. (1989), "Correlations of Turnover Propensity of Software Profssionals in Small High Tech Companies", *R & D Management*.

Gattiker, U. E. (1990), *Technology Management in Organization*, Newbury Park, CA : Sage.

Gephart, M. A., Marsick, V. J., Van-Buren, M. E. & Spiro, M. S. (1996, Dec.), "Learning Organization Come Alive" , *Training & Development*, pp.35-45

Gerhart, B. & Milkovich, G. T. (1990), "Organizational differences in managerial compensation and financial performances" . *Academy of Management Journal*, 3(4), pp.663-691.

Ghemawat, P. (1999), *Strategy and the business landscape.* Reading, MA: Addison-Wesley.

Gilley, J.W. & Maycunich, A. (1998), Strategically integrated HRD. Reading, MA: Addison-Wesley.

Gilley, J.W. & Coffern, A. J. (1994), Internal consulting for HRD professionals. New York: McGraw-Hill.

Glinow, M. A. V (1985), "Reward strategies for attracting, evaluating and retaining professionals" . *Human Resource Management*, 24(2), pp.191-206.

Glueck,W. F. (1979), *Business Policy: Strategy Formation and Management Action* (2nd ed.), 台北：東華。

Gomez-Mejia, L. R. & Balkin, D. B. (1992), *Compensation, organizational Strategy, and Firm Performance.* Cincinnati Ohio: South-Western.

Gomez-Mejia, L. R. (1995), *Managing Human Resources*, Prentice Hall Inc.,

Gomez-Mejia, J. R. & Welbourne, T. M.(1988), " Compensation strategy: An overview and future steps" *Human Resource*

Planning, 11, pp.173-189.

Goold, M. & Campbell, A. (1991), *Strategies and Styles: The Role of The Center in Managing Diversified Corporations*. Oxford: Blackwell.

Gore, A. (1993), *Report of National Performance Review*.

Gouillart, F. J. & Kelly, J. N. (1995), Transforming the organization. New York. McGraw-Hill, Inc.

Grant, R. M. (1991), "The Resource-Based Theory of Competitive Advantage : Implications for Strategy Formulation", *California Management Review, 3*, pp.114-135.

Grant, R. M. (1991), "The Resource-Based Theory of Competitive Advantage: Implication for Strategy Formulation", *California Management Review*, Vol. 3, pp.114-135.

Gratton, L., Hope-Hailey, V. Stiles, P. & Truss, E. (1999), "Linking Individual Performance to Business Strategy: the People Process Model", *Human Resource Management*, 38(1), pp. 17-31.

Grove, A. S. (1996), *Only the Paranoid Survive*.

Gudykunst, W. B., & Hammer, M. R. (1983), "Basic training design: approach to intercultural training". In D. Landis & R. W. Brislin (eds.) *Handbook of Intercultural Training* (II), New York: Pergamon Press, pp.118-154.

Gudykunst, W. B., & Hammer, M. R. (1987), "Strangers and hosts: uncertainty reduction based theory of intercultural adaptation". In Y. Y. Kim & W. B. Gudykunst (eds.), *Cross-cultural adaptation : current approaches*. pp.106-139. Newbury Park, CA: Sage.

Guest, D. (1987), Human Resource and Management and Industrial

Relations. *Journal of Management Studies*, 24(5), 503-21.
Gupta, A. K. & Wilemon, D. L. (1990), "Accelerating the Development of Technology — Based New Products", *California Management Review*, pp.24-44.
Hackman, J. R. & Oldham, G. R. (1980), Work Design Reading, MA: Addison-Wesley.
Hall, K. (1995), "Why time is running out for HR, unless……", *Personnel Management*, pp.19-25.
Hall, R. (1992), "The Strategic Analysis of Intangible Resources", *Strategic Management Journal*, 13, pp.135-144.
Hambrick, D. (1984), " Taxonomic approaches to studying strategy: some conceptual and methodological issues". *Journal of Management*, 10, pp.27-41.
Hamel, G. & Prahalad, C. K. (1990), "The Core Competence of the Corporation", *Harvard Business Review*, 68(3), pp.79-91.
Hampton, (1977), *Contemporary Management*. N. Y.: McGraw - Hill Book Co.
Handerson, B. D. (1991), " The origin of strategy". In C. A. Montgomery & M. E. Porter(eds.), *Strategies: Seeking and Securing Competitive Advantage*. Boston: Harvard Business School Publishing Division, pp.3-9.
Hay Management Consultants (1986), *Scanning of Compensation Issues for the 1990s*, Philadelphia, PA: Hay Management Consultants.
Hemmer, M. R. & Martin, J. N. (1992), "The effects of cross-cultural training on American managers in a Japanese-American Joint venture". *Journal of Applied Communication Research*, May,

pp.161-182 .

Hansen, C. D. & Brooks, A. K. (1994), "A review of cross-cultural research on human resource development" . *Human Resource Development Quarterly*. 5 (1), pp.55-74 .

Harris, P. R. & Moran, R. T. (1991), *Managing cultural differences (3rd ed.)*. Houston, TX: Gulf Publishing Co.

Harrison, J. K. (1992), "Individual and combined effects of behavior modeling and the cultural assimilator in cross-cultural management training" . *Journal of Applied Psychology*, 77 (6), pp.952-961.

Harrison, R. (1993), Human resource management: issues and strategies, Workingham, England: Addison-Wesley.

Hatcher, T. G. (1997, Feb.), "The Ins and Outs of Self-Directed Learning", *Training & Development*, pp.35-39.

Henderson, R. I. (1989), *Compensation Management Rewarding Perfermance* (5th ed.), Englewood cliffs, New York: Prentice Hall.

Henderson, R. & Cockburn, I. (1994), "Measuring Competence ? Exploring Firm Effects in Pharmaceutical Research" , *Strategic Management Journal*, 15, pp.63-84.

Hendry, C. (1991). "Corporate strategy and Training" , in J. Stevens & R. Mackay (Eds.), *Training and Competitiveness*, pp.79-110, UK: Kogan Page Ltd.

Hofer, C. W. & Schendel, D. (1978), *Strategy Formulation: Analytical Concepts*. St. Paul, MN: West.

Hofstede, G. (1980), *Culture's consequences*. Newbury Park, CA: Sage Pubulications.

Hofstede, G. (1983), National culture in four dimensions. Intenational studies of Management and Organizations, 13, pp. 97-118.

Hafer, C. W. & Schendel, D. (1991), *Developing Industry,* New York : Oxford University.

Holt, K. (1983), *Product Innovation Management* (2nd ed.), Butter Worths.

Hom, P. W., Katerberg, R., & Hulin, C. L. (1979), "Comparative examination of three approaches to the prediction of turnover", *Journal of Applied Psychology*, 64(3), pp.280-290.

Hoskisson, R. E. & Hitt, M. A. (1988), "Strategic Contral System and Evaluations R & D Investment in Large Multiproduct Firms". *Strategic Management Journal*, 9, pp.605-621.

Hoskisson, R. E., Hitt, M. A. Turk, T. A. & Tyler B. (1989), " Balancing coporate strategy and executive compensation : agency theory and corporate governance" . In G. R. Ferris & K. M. Rowland (eds.), *Research in Personnel and Human Resources Management*, Greenwich, CT: JAI Press, pp.25-57.

Hull, F. & Hage, J. (1982), "Organizing for Innovation : Beyond Burns and Stalker's Organic Type" , *Sociology*, 16, pp.563-577.

Hyman, J. & Mason, B. (1995), *Managing Employee Involvement And Participation*. London: Sage Publications Ltd.

Ichnionwski, C. (1992), "Human Resource Practices and Productive Labor-Management Relations" . In D. Lewin, O. S. Mitchell & P. D. Sherer (Eds.), *Research Frontiers in Industrial Relations and Human Resources* (pp.239-70). Madison, WI: IRRA.

Igbarria, M. & Siegel, S. R. (1992), "The reasons for turnover of information systems personnel" . *Information & Management*, 23, pp.261-277.

ILO. (1981), *Workers' Participation in Decisions within Undertakings.* Geneva: ILO.

Johansen, R. & Swigart, R. (1996), *Upsizing the individual in the downsized organization.* Reading , MA: Addison-Wesley.

Johnson, W. R. (1978, May), "A theory of job shopping" . *Quarterly Journal of Economics*, pp.261-277.

Kao, J. J. (1989), *Entrepreneurship, Creativity, & Organization*, NJ : Prentice-Hall.

Kao, J. J. (1991), *Managing Creativity*, NJ : Prentice - Hall.

Karagozoglu, N. & Brown, W. B. (1993), "Time-Based Management of the New Product Development Process" , *Journal of Product Innovation Management*, Vol. 10, pp.204-215.

Katz, D. & Kahn, R. L. (1978), *The Social Psychology of Organization.* 台北：東華。

Kerr, J. L. (1983), *Academic Strategy: The Management Revolution in American Higher Education.* Baltimore, MD.: Johns Hopkins University Press.

Kerr, J. L. (1985), "Diversification strategies and managerial rewards: an empirical study" . *Academy of Management Journal*, 28, pp.155-179.

Kessler, I. & Purcell, J. (1995), Individualism and Collectivism in Theory and Practice: Management Style and the Design of Pay System. In P. Edwards (Ed.), *Industrial Relations* (pp.338-367). London: Blackwell Business.

Kiefer, N. M. & Neumann. G. R. (1989), *Search models and applied labor economics*. New York : Cambridge University Press.

Kirchmer, M. (1999), Business process oriented implementation of standard software (2nd ed.), Berlin: Springer.

Kirkbirde, P. S. & Tang ,S. F. T (1992), *From Kyoto to Kowloon: cultural Barriers to the transference of Quality Circles from Japan to Hong Kong*. Paper presented to the Third Conference on International Personnel and HRM.

Kleiman, L. S, (1997), *Human resource management : a food for competitive advantage*. New York : South-Western.

Knowles, M. S. (1980), *The Modern Practice of Adult Education : From Pedagogy to Andagogy*, New York : Cambridge Book Company.

Knowles, M. S. & Associates (1984), *Andragogy in Action : Applying Modern Principles of Adult Learning*.

Kochan, T. A., & Barocci, T. A. (1985), *Human Resource Management and Industrial Relations : Text, Readings and Cases*. Boston, MA: Little Brown.

Kochan, T. A., Dayer, L., & Lipsky, D. B. (1977), *The Effectiveness of Union-Management Safety and Health Committees*. Kalamazoo, MI: The Upjohn Institute.

Kochan, T. A., Katz, H. C., & McKersie, R. B. (1986), *The transformation of American Industrial Relations*. New York : Basic Books.

Kochan, T. A., Katz, H. C., & Keefe, J. H. (1987), Industrial Relations and Productivity in the U. S. Automobile Industry. *Brookings Papers on Economic Activity*, 3(4), 685-715.

Kochan, T. A., McKersie, R. B., & Capelli, P. (1984), Strategic Choice and Industrial Relations Theory. *Industrial Relations*, 23(4), 16-39.

Kohn, A., (1993), Why Incentive Plans Cannot Work. *Harvard Business Review,* September-October, pp.54-64.

LaFromboise, T. D. & Foster, S. L. (1992), "Cross-cultural training : scientist-practioner models and methods" . *The Counseling Psychologist*, 20(3), pp.472-489.

Landis, D. & Brislin, R. W. (1983), Handbook of intercultural training. Elmsford, N.Y.: Pergamon Press.

Larr, P. (1994), "How to change a credit culture by breaking the Columbus Paradigm," *The Journal of Commercial Lending*, 76(7), pp.6-13.

Lawder, K. E., & Morison, T. C. Jr. (1993), "Redefining or revamping credit culture," *The Journal of Commercial Lending, 75 (11)*, pp.43-52.

Lawler, E. E. (1981), *Pay and Organizational Development*. Reading, Mass.: Addison-wesley Pubishing Co.

Lawler, E. E. (1984), " The strategic design of reward systems" . In C. J. Formbbrum, N. M. Tichy, & M. A. Devanna, (eds.), *Strategies Human Resource Management*, pp.127-148, New York: Wiley.

Lawler, E. E. (1990), *Strategic Pay; Aligning Organizational Strategies and Pay Systems*. San Francisco, California: Jossey-Bass Inc.

Lawler, E. E. (1981), *Pay and Organizational Development*. Reading, Mass.: Addison-Wesley Publishing Co.

Lawler, E. E. & Ledford, G. E. (1981), Productivity and the Quality of Worklife. *National Productivity Review*, 1, 23-36.

Lawler, E. E. (1986), *High-Involvement Management: Participative*

Strategies for Improving Organizational Performance, San Francisco, CA: Jossey-Bass Limited Press.

Lawrence P. & Lorsch, J. (1967), *Organizational and Environment*. Boston: Harvard University Press.

Lawson & Limbrick (1996), "Critical competencies" , *Human Resource Management,* p.78.

Lea, D. & Brostrom, R. (1988), " Managing the High-tech Professional" , *Personnel*.

Leavitt, H. J. (1964), Applied organization change in industry: structural, technical, and human approaches. In W. W. Cooper, H. J. Leavitt & M. W. Shelly II (Eds.), New perspectives in organization research, New York: John Wiley.

Lehr, L. W. (1988), "Encouraging Innovation and Entrepreneurship in Diversified Corporations" , In R. I. Kuhn (ed.), *Handbook for Creative and Innovative Management*, New York : McGraw - Hill.

Lei, D. T. (1986), *Diversification Strategy and Planning System Design*. Michigan: UMI.

Lengnick-Hall, C. A. & Lengnick-Hall, M. L. (1988), "Strategic Human Resource Management" , *Academy of Management Review*, 13(3), pp.454-470.

Leonard-Barton, D. (1992), "Core Capabilities and Core Ridegities: A Paradox in Managing New Product Development" , *Strategic Management Journal*, 13, pp.111-125.

Leonard-Barton, D. (1995), *Wellsprings of Knowledge: Building and Sustaining the Sources of Innovation*, Boston, MA: Harvard Business School Press.

Levitan, S. A., Mangum, G. L., & Marshall, R. (1972), *Human resources on labor market : Labor and manpower in the American economy.* New York: Harper & Row Publishers.

Lewis, T. G. (1998), *The Friction-Free Economy Marketing Strategies for a Wired World*, 陳子豪、張駿瑩譯，台北：天下《遠見》。

Llppitt, W. P., Hand, J. H. & Modani, N. K. (1987), " The effect of the degree of ownership control; on firm diversification, market value, and merger activity" . *Journal of Business Research*, 15, pp.303-312.

Locke, E. A. (1976), "The nature and causes of job satisfaction" . In M. D. Dunnette(ed.), *Handbook of industrial and organizational psychology*. Chicago: Rand-McNally.

Long, C. & Vickers-Koch, M. (1995), "Using Core Capabilities to Create Competitive Advantage" , *Organizational Dynamics*, pp.7-20.

Lorsch, J. W. & Allen, S. A. (1973), *Managing Diversity and Independence*. Boston, MA: Division of Research, Harvard Business School.

Lotito, M. J. (1992/1993), "A Call to Action for U. S. Business and Education" , *Employment Relations Today*, Winter, pp.379-387.

Luthans, F. (1992), *Organizational Behavior (6th ed.),* New York: McGraw-Hill, Inc.

Lyles, M. A. & Schwenk, C. R. (1992), "Top Management, Strategy and Organizational Knowledge Structures" , *Journal of Management Studies*, 29(2), March, pp.155-174.

Mabert, V. A., Muth, J. F. & Schmenner, R. W. (1992, Sep.),

"Collapsing New Product Development Times : Six Case Studies", *Journal of Product Innovation Management*, pp.200-212.

Mahoney, T., & Waston, M. (1993), Evolving Modes of Work Force Governance an evaluation. In B. Kaufam & M. Kleiner (Eds.), *Employee Representation Alternatives and Future Directions* (pp.43-68). Ithaca, NY: ILR Press.

Maidique, M. A., & Zirger, B. J. (1984), "A Study of Success and Failure in Product Innovation: The Case of the U.S. Electronics Industry", *IEEE Transactions on Engineering Management*, 31(4). pp.192-202.

March, J. G. & Olsen, J. P. (1976), "Ambiguity and Choice in Organization", *European Journal of Political Research*, 3, pp.147-171.

Martocchio, J. J. (1998), *Strategic Compensation: a human resource management approach*, Upper Saddle Rover, N. J.: Prentice-Hall.

McCall, B. P. & McCall, J. J. (1987), "A sequential study of migration and job search". *Journal of Labor Economics*, 5, pp.452-476.

McCall, B. P (1991), A dynamic model of occupational choice. *Journal of Economic Dynamics and Control,* 15, pp.387-408.

McDonough, E. F. III & Barczak, G. (1992), "The Effects of Cognitive Problem-Solving Orientation and Technology Familiarity on Faster New Product Development", *Journal of Product Innovation Management*, 8, pp.44-52.

McDonough, E. F. III (1993), "Faster New Product Development : Investigating the Effects of Technology and Characteristics of the

Project Leader and Team”, *Journal of Product Innovation Management*, 10, pp.241-250.

McGill, M. E., Slocum, J. W. and Lei, D. (1992), “Management Practice in Learning Organizations”, *Organizational Dynamics*, pp.5-16.

McGill, M. E., Slocum, J. W. and Lei, D. (1994), “Management Practice in Learning Organizations”, In D. L. Bohl(ed.), *The Learning Organization in Action*, New York : American Management Association, pp.83-95.

McGrath, R. G. (1993), “The Emergence and Evolution of Organizational Competence”, Working Paper, The Warton School, University of Pennsylvania.

McLoughlin, I., & Gourlay, S. (1994), *Enterprise Without Unions: Industrial Relations in the Non-union Firm.* Buckingham, UK: Open University Press.

Mendenhall, M. & Oddou, G. (1985), “The dimensions of expatriate acculturation: a review”. *Academy of Management Review.* 10(1), pp.39-47.

Meshoulam, I. & Baird, L. (1987), “Proactive Human Resource Management”. *Human Resource Management*, 26(4), pp.483-502.

Meyer, C. & Ronald, E. P. (1993, Sept.), “Six Steps to Becoming A Fast-Cycle-Time Competitor”, *Research Technology Management*, pp.41-48.

Meyers, P. W. (1990), “Non-Linear Learning inTechnological Firms”, *Research Policy*, Vol.19, pp.97-115.

Miles, R. E. & Snow, C. C. (1984), “Designing Strategic Human Resource Systems”, *Organizational Dynamics*, 13(1), pp.36-52.

Milkovich, G. T. (1988), " A strategic perspective on compensation management" . In G. R.Ferris & K. M. Rowland, (eds.), *Research in Personnel and Human Resource Management*, 6, Greenwich, CT: JAI Press., pp. 263-288.

Milkovich, G. T. & Newman, J. M. (1987), Compensation (2nd ed.), Plano, TX: Business Publications, Inc.

Milkovich, G. T. & Newman, J. M. (1990), *Compensation*. Boston: Richard D. Irwin, Inc.

Milkovich, G. T. & Newman, J. M. (1999), *Compensation (6th ed.)*. New York: Irwin McGraw-Hill.

Miller, L. M. (1979), *Behavior Management：The New Science of Managing People at Work*. 台北：華泰。

Miller, R. A. (1984), *Job matching and occupational choice. Journal of Political Economy*, 92(6), pp.1086-1120.

Mintzberg, H. (1987), "Grafting strategy" . *Harvard Business Review*, July-August, pp.66-75.

Mitchell, D., Lewin, D., & Lawler, E. (1990), Alternative pay systems, from performance and productivity. In A. Blinder (Ed.), *Paying for Productivity: A Look at the Evidence* (pp.103-121). Washington DC: Brookings Institution.

Mobley, W. H. (1982), *Employee turnover: Causes, Consequences, and control. Reading, MA*: Addison-Wesley Publishing Company.

Mobley, W. H., Horner, S. O., & Hollingsworth, A. T. (1978). "An evaluation of precursors of hospital employee turnover" . *Journal of Applied Psychology*, 63(4), pp.408-414.

Mohrman, S. A., Mohrman, A. M. & Worley, C. (1988), "Performance

Management in the Highly Interdependent World of High Technology", In L. R. Gomei-Mejia, and M. W. Lawless(eds.), *Managing High Technology Firm Conference Proceedings*, Boulder, Co: University of Colorado.

Montebello, A. R., & Buzzotta, V. R. (1993, March), "Work teams that work". *Training & Development Journal*, p.63.

Moor, B. E. & Ross, T. L. (1978), *The Scanlon Way to Improved Productivity*, New York: Wiley.

Morical, K. & Tsai, B. (1992, April), "Adapting training for other cultural". *Training & Development*, pp.65-68.

Morrow, P. C. (1993), *The theory and measurement of work commitment.* Greenwich, Connecticut : JAI Press Inc.

Moss, A. K., & Frieze, I. H. (1993), "Job preferences in the anticipatory socialization phase: A comparison of two matching models". *Journal of Vocational Behavior*, 42, pp.282-297.

Mowday, R. T., Porter, L. W., & Steers, R. M. (1982), *Organization linkages*. New York: Academic Press.

Mueller, P. H. (1994), "Credit policy: the anchor of the credit culture," *The Journal of Commercial Lending*, 76 (11), pp.29-36.

Muneto O. (ed.). (1992), *Technological Change & Labor Relations*. Geneva: ILO.

Murmann, P. A. (1994), "Expected Development Time Reduction in the German Mechanical Engineering Industry", *Journal of Product Innovation Management*, 11 , pp.236-252.

Napier, N. K. & Smith, M. (1987), "Product diversification performance criteria and compensation at the corporate manager level."

Strategic Management Journal, 8, pp.195-201.

Newman,W. H., Summer, C. E. & Warren, E. K. (1965), *The Process of Management: Concepts, Behavior & Practice.* New York: Prentice-Hall Inc.

Newman,W. H., Warren, E. K. & McGill, A. R. (1987), *The Process of Management: Strategy, Action, Results.* N. J.: Prentice-Hall Inc.

Oliver, B. L. (1996, August), "Keeping Quality Alive", *Training & Development*, p.9.

Olson, E. M., Walker, O. C. & Ruekert, R. W. (1995), "Organizing for Effective New Product Development : The Moderating Role of Product Innovativeness", *Journal of Marketing*, 59, pp.43-61.

Pasmore, W. A. (1994), *Creating strategic change : designing the flexible, high- performing organization.* New York: John Wiley & Sons, Inc.

Penrose, E. T. (1959), *The Theory of The Growth of The Firm*, New York: John Wiley.

Peteraf, M. A. (1993), "The Cornerstones of Competitive Advantage: A Resource-Based View", *Strategic Management Review*, 14, pp.179-191.

Peterson, R. B., & Tracy L. (1988), Lessons from Labor-Management Cooperation. *California Management Review*, 30 (1), 40-53.

Pissarides, C. A. (1990), *Equilibrium unemployment theory.* Oxford, UK: Basil Blackwell Ltd.

Pitts, R. A. (1974, March), "Incentive compensation and organization design". *Personnel Journal,* pp.49-57.

Pitts, R. A. (1976), "Diversification strategies and organizational policies of large diversified Firms," *Journal of Economic and Business*, 8, pp.181-188.

Porter, L., Crampon, W., & Smith, F. (1976), "Organization commitment and managerial turnover : A longitudinal study" , *Organizational Behavior and Human Performance*, 15, pp.87-98.

Porter, M. E. (1981), "The Contribution of Industrial Organization to Strategic Management" , *Academy of Management Review*, 6, pp. 609-620.

Porter, M. E. (1985), *Competitive Strategy*, 台北：華泰。

Porter, M. E. (1985), *Competitive Advantage: Creating and Sustaining Superior Performance*, New York: Free Press.

Prahalad, C. K. & Hamel, G. (1990), "The Core Competence of the Corporation" , *Harvard Business Review*, May-June, pp.79-91.

Prescaott, J. (1986), "Environments as moderators of the relationship between strategy and performance." *Academy of Management Journal*, 39, pp.239-346.

Price, J. L. (1977), *The study of turnover*. Ames, lowa: The lowa State University Press.

Price, K. F. (1990), "Declining employee commitment : What it means; why it is happening; what we can do about it" . In R. J. Niehaus, & K. F. Price(eds.), *Human Resource Strategies for Organizations in Transition*. New York: Plenum Press.

Purcell, J. (1990), The Impact of Corporate Strategy on Human Resource Management, In G. Salaman (Ed.), *Human Resource Strategies* (pp.59-81). London: Sage Publications Ltd.

Purcell, J. & Ahlstrand, B. (1994), *Human Resource Management in*

Multi-divisional Company. Oxford, UK: Oxford University Press.

Purcell, J. & Sisson, K. (1983), Strategies and Practices in the Management of Industrial Relations, In G. Bain (Ed.), *Industrial Relations in Britain* (pp.53-69). Oxford: Blackwell.

Quinn, J. B., Anderson, P. E., & Finkelstein, S. (1996), "Managing Professional intellect: making the most of the best" . *Harvard Business Review*, March-April, pp.71-80.

Quinn, J. B. (1985), "Managing Innovation : Controlled Chaos" , *Harvard Business Review*, May - Jun., pp.73-84.

Quinn, J. B. (1992), *Intelligent Enterprise*, New York : The Free Press.

Robbins, S. P. (1982), *Personnel: The Management of Human Resource*. Prentice-Hall Inc.

Robbins, S. P. (1998), Organizational Behavior (8th ed.), Upper Saddle River, NJ: Prentice - Hall International, Inc.

Robert, B. (1999), "HR's Link to the Corporate Big Picture" , *HR Magazine*, 44(4) pp.103-110.

Robert, M. H. & Goodale, D. D. (1986), *Personnel Management,* Boston, MA: Houghtom Mifflin.

Rockarts J. (1979), "Chief Executives Define Their Own Data Needs" , *Harvard Business Review*, Mar.-Apr.

Rockart, M. (1990), *Corporate Restructuring : A Guide to Creating the Premium — Valued Company*, New York : McGraw - Hill.

Roseman, E.(1981), *Managing employee turnover: A positive approach*. New York: A Division of American Management Associations.

Rumelt, R. (1977), "Strategies and structures for diversification" . *Academy of Management Journal*, 20, pp.197-208.

Rummler, G. A. & Branche, A. P (1995), *Improving Performance (2nd ed.)*. San Francisco, CA: Jossey-Bass Publishers.

Rynes, S. L., A. E. Barber (1990), "Applicant attraction strategies: an organization perspective" *Academy of Management Review*, 15, pp.286-310.

Salter, M. A. (1973), " Tailor incentive compensation to strategy" , *Harvard Business Review*, 51, pp.94-102.

Saur, R. J. & Voelker, K. E. (1993), *Labor Relations: Structure and Process*. New York: Macmillan Publishing Company.

Scholtes, P. R. (1988), *The team handbook —how to use teams to improve quality,* Joiner Associates Inc.

Schuler, R. S., (1994), "Strategic human resource management: linking people with the strategic needs of the business" , *Readings in Human Resource Management*, pp.58-76.

Schuler, R. S. & Jackson, S. E. (1987), "Linking Competitive Strategies with Human Resource Management Practices" , *The Academy of Management EXECUTIVE*, 1 (3), pp.207-219.

Schuster, M. (1990), Union-Management Cooperation. In J. A. Fossum (Ed.), *Employee and Labor Relations* (pp.44-79) , Washington DC: Bureau of National Affairs.

Scott, W. H. (1996), "Professionals in Bureaucracies-Areas of Conflict" , In V. Howard & M. Donald (eds.), *Professionalization*, NJ : Prentice - Hall, pp.265-275.

Shaw, K. L. (1987, January), "Occupational change, employer change, and the transferability of skills" . *Southern Economic Journal*, 53(3), pp.702-719.

Sheridan, J. E. (1985), "A catastrophe model of employee withdrawal leading to low job performance, high absenteeism, and job turnover during the first year of employment" . *Academy of Management Journal*, 28(1), pp.88-109.

Shulman, L. E., Evans, P. & Stalk, G. (1992), "Competing on Capabilities: The New Rules of Corporate Strategy" , *Harvard Business Review*, pp.57-69.

Sibson, R. E. (1974), *Compensation: A Complete Revision of Wage and Salaries*. New York: Advision of American of Management Association.

Simon, H. A. (1969), *Sciences of the Artificial*, Cambridge, MA : M. I. T Press.

Simonin, B. and Helleloid, D. (1994), "Organizational Learning and A Firm's Core Competence" , In G. Hamel & A. Heene (eds.), *Competence-Based Competition*, pp.213-234.

Snow, C. C. & Snell, S. A. (1993), "Staffing as strategy" . In N. Schmitt (ed.) *Personnel selection in organizations.* San Francisco, CA: Jossey-Bass, pp.448-478.

Speck, R. W., Jr. (1987), "Management compensation planning in diversified companies" . *Compensation and Benefits Review*, 19(2), pp.23-33.

Stalk, G. Jr. (1992), "Time-Based Competitive and Beyond : Competing on Capabilities" , *Planning Review*, 20(5), Sep. / Oct., pp.27-29.

Starcke, A. M. (1996), "Building A Better Orientation Program" , *HR Magazine,* Nov., pp.107-114.

Starr, M. K. (1992), "Accelerating Innovation" , *Business Horizons*,

Jul. / Aug., pp.44-51.

Stumpf, S. A. & Hartman, K. (1984), "Individual exploration to organizational commitment or withdrawal" . *Academy of Management Journal*, 27(2), pp.308-329.

Tayeb, M. H. (1995), "The competitive advantage of Nations: the role of HRM and its socio - culturial context " , *International Journal of Human Resource Management*, 6, pp. 588-605.

Tayeb, M. H. (1996), *The Management of a multicultural workforce*. New York: John Wiley & Sons.

Taylor, W. (1990), "The Business of Innovation: an Interview with Paul Cook" , *Harvard Business Review*, March-April 1990, pp.43-55.

Teece, D. J. (1982), "Toward an Economic Theory of the Multiproduct Firm" , *Journal of Economic Behavior and Organization*, Vol.3, pp.39-63.

Thurbin, P. J. (1994), Implementing the learning organization: the 17 dey prgram. UK: Pitman Publishing.

Tichy, N .M., Fombrun, C. J. & Deranna, M. A. (1982), "Strategic HRM" , *Sloan Management Review*, pp.47-60.

Tompkins, J. (1995), *The genesis enterprise: creating peak-to-peak performance*. New York: McGraw-Hill, Inc.

Triandis, H. C. (1972), *The analysis of subjective culture*. New York : Wiley.

Trompenaars, F. & Hampden-Turner, C. (1998). *Riding The Waves of Culture*. New York: McGraw-Hill.

Tung, R. L (1979), *US multinational: study of their selection and training procedures for overseas assignments*. Paper presented at the Annual Academy of management, August.

Tung, R. (1981), "Selection and training of personnel foe overseas assignments" . *Columbia Journal of World Business*, Spring, pp.68-78.

Tung, R. L. (1993), "Managing cross-national and international diversity" , *Human Resource Management Journal*, 23, pp.461-477.

Tushman, M. L. & O'Reilly III C. A. (1996), *Winning through innovation.* Boston, MA: Harvard Business School Press.

Twiss, B. (1986), *Managing Technological Innovation*, London : Pitman.

Ulrich, D. (1992), "Strategic and human resource planning: linking customers and employees" , *Strategic and Human Resource Planning*, 15(2), pp.47-62.

Ulrich, D. (1997), *Human Resource Champion*, Boston, MA: Harvard Business School Press.

Ulrich, D., Brockbank, W., Yeung, A. K., & Lake, D. G. (1995), "Human resource competencies : an empirical assessment" . *Human Resource Management*, 34, pp.473-495.

US Bureau of Labor Statistics (1966), *Measurement of labor turnover* (Unpublished study, US Dept. Labor).

Uttal B. & Stephen, A. W. D. (1987), "Speeding New Ideas to Market" , *Fortune*, 115(5), pp.62-66.

Vesey, J. T. (1991), "The New Competitors Think in Terms of 'Speed-to-Market'" , *SAM Advanced Journal*, Autumn, pp.26-33.

Voos, P. B. (1987), Managerial Perceptions of the Economic Impact of Labor Relations Programs. *Industrial and Labor Relations Review*,

40(2), 195-208.

Walker, J. W. (1992), *Human resource strategy,* Singapore: McGraw-Hill.

Walker, P. & A. M. Bowey. (1989), "Sex discrimination and job evaluation" , In Bowey, A. M. *Managing Salary and Wage Systems, (3rd ed.,),* Brookfield, Verment: Gower Publishing Co.

Walton, R. E. (1985), "From control to commitment in the workplace" , *Harvard Business Review*, March / April, pp.77-84.

Watson G. H. (1993), "How Process Benchmarking Supports Corporate Strategy" , *Planning Review*, 21, pp.12-15.

Weis, S. G. (1988), " Conditions for Innovation in Large Organizations" , In R. I. Kuhn (ed.), *Handbook for Creative and Innovative Management*, New York : McGraw - Hill.

Weitzman, M. & Kruse, D. (1990), "Profit sharing and productivity. In A. Blinder (ed.)" , *Paying for Productivity* (pp.115-138). Washington, DC: Brookings Institution.

Welch, D. (1994), "HRM implication of globalization" , *Journal of General Management*, 19, pp.52-68.

Wernerfelt, Birger (1984), "A resource-based view of the firm" , *Strategic Management Journal*, 5, pp.171-180.

Wilson, T. B (1994), *Innovative reward system for the changing workplace*. New York: McGraw-Hill, Inc.

Williams, A. P. O.& Dobson, P. (1997), "Personnel Selection and corporate strategy" . In N. Anderson & P. Herriot (eds.). *"International Handbook of Selection and Assessment"* , New York: John Wiley & Sons.

Woodworth, W. P. & Meek, C. B. (1995), *Creating Labor-Management Partnership*. Reading, MA: Addison-Wesley Publishing Company.

Wright, P. M., McMahan, G. C., McCormick, B. & Sherman. S. (1998), "Strategy, core competence, and HR involvement as human resource management", *Human Resource Management*, 37(1), pp.17-29.

Ziskin, I.V. (1986), "Knowledge-based pay: a strategic analysis", In C.H. Fay & R. W. Beatty, (eds.), *The Compensations Sourcebook*, Amherst: Human Resource Development Press.

人力資源策略管理　　商學叢書 9

作　　者／李漢雄
出 版 者／揚智文化事業股份有限公司
發 行 人／葉忠賢
執行編輯／鄭美珠
登 記 證／局版北市業字第 1117 號
地　　址／台北市新生南路三段 88 號 5 樓之 6
電　　話／(02)2366-0309　2366-0313
傳　　真／(02)2366-0310
E-mail／ tn605547@ms6.tisnet.net.tw
網　　址／http://www.ycrc.com.tw
郵政劃撥／14534976
印　　刷／偉勵彩色印刷股份有限公司
法律顧問／北辰著作權事務所　蕭雄淋律師
初版一刷／2000 年 1 月
初版四刷／2001 年 5 月
ISBN／957-818-069-1
定　　價／新台幣 500 元

國家圖書館出版品預行編目資料

人力資源策略管理 ／ 李漢雄著. -- 初版. --
台北市：揚智文化，2000 [民 89]
面； 公分. --（商學叢書；9）
參考書目：面
ISBN 957-818-069-1（平裝）

1. 人事管理 2. 人力資源 – 管理

494.3 88014850